Nina Steigerwald

# MEDICAL TRAINING

## FÜR PFERDE

Entspannt bei Tierarzt, Hufschmied & Co.

Müller Rüschlikon

**Aus Gründen der Lesbarkeit benutzen wir in diesem Buch die maskuline Form all derer, die mit Pferden zu tun haben. Selbstverständlich beziehen wir Pferdemenschen jeden Geschlechts in die Beschreibungen ein.**



**ISBN 978-3-275-02210-6**


Postfach 103743, 70032 Stuttgart
Ein Unternehmen der Paul Pietsch Verlage GmbH & Co. KG

1. Auflage 2021

Sie finden uns im Internet unter:
www.mueller-rueschlikon-verlag.de



Lektorat: Claudia König
Einbandgestaltung: R2 I Ravenstein, Verden
Titelbild: Maike Klein
Foto auf der Umschlagrückseite: Nina Steigerwald
Innengestaltung: R2 I Ravenstein, Verden
Druck und Bindung: Graspo CZ, 76302 Zlin
Printed in Czech Republic

**Dieser Link führt Sie zu den in diesem Buch enthaltenen Medien. Die QR-Codes zu den Videos und Trainingsplänen finden Sie auch an den entsprechenden Stellen in den Kapiteln.**

# INHALT

# VORWORTE

Freiwillige Injektion
Trainer: Charlie Pedersen u. Brian Stefanski, Kopenhagen Zoo

# Medical Training auch für Pferde

Tieren eine aktive Teilnahme an ihrer medizinischen Versorgung beizubringen ist seit vielen Jahren ein wichtiger Bestandteil des Managements in Wildparks, zoologischen Gärten und Aquarien. Der tägliche Umgang mit exotischen Tierarten bedeutet manch große Herausforderungen und kann sowohl für die Pfleger als auch für die Tiere schnell gefährlich werden. Ohne eine gründliche Vorbereitung führen die zur Pflege notwendigen Handgriffe und Manipulationen leicht zu Verletzungen und zu einem hohen Maß an Stress. Beides wirkt sich stark negativ auf das Wohlbefinden der Tiere in ihrem Alltag und im Kontakt zu ihrem Pfleger aus.



Mit professionellem Medical Training lassen sich diese Hürden leicht meistern. Hat das Tier gelernt, freiwillig und proaktiv an pflegerischen oder medizinischen Maßnahmen teilzunehmen, können diese schnell, zuverlässig und sicher für Mensch und Tier durchgeführt werden. Neben der immensen Zeitersparnis können oft sogar die benötigten Medikamentenmengen herabgesetzt werden, weil das Tier die Behandlung ruhig und entspannt mitmacht.

Tägliche Gesundheitskontrollen können durch Medical Training problemlos durchgeführt werden, zudem werden Anzeichen von Krankheiten und Infektionen frühzeitig erkannt. Kaum sichtbare oder verborgene Verletzungen, die andernfalls unbemerkt und unbehandelt geblieben wären, werden entdeckt, so dass sich aus ihnen keine ernsten Probleme entwickeln. Heilungsprozesse lassen sich einfach und gefahrlos überwachen. Untrainierte Tiere hingegen müssen für Check-ups und Behandlungen narkotisiert oder zumindest fixiert werden, wodurch Stresslevel und Verletzungsgefahr enorm ansteigen. Oftmals werden Gesundheitschecks daher leider verschoben, bis das Tier klar sichtbare physische Anzeichen von Krankheit oder Unwohlsein zeigt.

Dank Medical Training können die Situationen, in denen ein Tier narkotisiert werden muss, drastisch reduziert werden. Wird eine Anästhesie erforderlich, kann die Dosierung des Narkosemittels merklich verringert werden, weil das Tier ruhig und entspannt ist und nicht schon durch die Injektion hochgradig gestresst wird.

Ein weiterer großer Vorteil aus dem Medical Training mit positiver Verstärkung ergibt sich aus dem Spaßfaktor, den diese Art des Trainings hat. Das tägliche Medical Training wird zu einem spannenden, bereichernden Ereignis im Leben der Tiere, stärkt die Bindung zum Menschen und schenkt ihren Pflegern intime Einblicke in den Charakter und das Wesen ihrer Schützlinge.

All diese Vorteile des belohnungsbasierten Tiertrainings gelten natürlich nicht nur für exotische Tierarten, sondern auch für unsere Haus- und Nutztiere. Tieren wissenschaftlich fundiert beizubringen, freiwillig bei ihrer Pflege und medizinischen Versorgung mitzuarbeiten, erleichtert und verbessert selbstverständlich auch das Leben unserer Pferde, Katzen oder Hunde.

Vor allem Pferde zählen zu denjenigen unserer Haustiere, die in besonderem Maß vom Medical Training profitieren können. Pferde sind zum einen aufgrund ihrer Größe und Kraft potentiell gefährlich und erdulden als stark sozial orientierte Herdentiere auf der anderen Seite vieles. Deswegen wird oft und gern aus Bequemlichkeit zu Zwangsmaßnahmen gegriffen. Die Geschichte ihrer Domestikation ist von Dominanz und physischer Kontrolle durch den Menschen geprägt.

Dabei kann Pferden durch den Einsatz des Clickertrainings mit etwas Wissen, Geschick und Geduld mühelos beigebracht werden, freiwillig bei ihrer eigenen Gesundheitsversorgung mitzuwirken.

Durch meine Zusammenarbeit mit Nina Steigerwald weiß ich, dass sie wie keine andere prädestiniert ist, ein Buch über Medical Training für Pferde zu schreiben. Sie ist eine erfahrene Trainerin, die ihr Leben dem Wohl der Pferde gewidmet hat. Ich bin begeistert, dass sie Ihnen, liebe Leser, den Weg zu einem harmonischeren Miteinander mit Ihrem Pferd aufzeigt und Sie ein Niveau erreichen können, das womöglich Ihre Vorstellungskraft übersteigt.

***Annette Pedersen***

Animal Training Coordinator Zoo Kopenhagen
Vorstand der EAZA Animal Training Working Group

# Vorwort aus der Tierarztpraxis

Bereits auf einem der ältesten überlieferten Dokumente der Tierheilkunde, dem ägyptischen Papyrus von Kahun (1900 v. Chr.), sind Pferde abgebildet. Der Mensch beschäftigt sich bereits seit sehr langer Zeit mit der Aufzucht, der Pflege und der Therapie von Pferden. Der medizinische Fortschritt der letzten Jahre brachte viele neue, aber zum Teil auch schmerzhafte Therapiemöglichkeiten für Pferde. Auf diese oftmals als unangenehm empfundenen Behandlungen reagiert das Pferd zunächst mit Angst und Abwehrverhalten. Oftmals wird diesem natürlichen Verhalten der Pferde mit Zwangsmaßnahmen begegnet, um die beteiligten Personen vor der eventuellen Gegenwehr des Pferdes zu schützen.

Glücklicherweise bemühen sich die Menschen mehr und mehr um einen respektvollen Umgang mit Pferden. Diese guten Freunde des Menschen sind Lebewesen mit Seele, welche Schmerzen empfinden, jedoch leider keinen eigenen Laut besitzen, um diesen auszudrücken. Gemeinsam für und mit dem Pferd können Pferdebesitzer, Tierärzte, Pfleger und andere Berufsgruppen versuchen, unangenehme Situationen harmonisch zu meistern.

Durch Verständnis, Rücksicht und positive Verstärkung wird dem Pferd eine Chance gegeben, nicht nur verängstigt und in die Ecke gedrängt eine unangenehme Situation über sich ergehen zu lassen. Durch positiv verstärktes Training kann dem Pferd die Möglichkeit gegeben werden, sich auszudrücken und »Ja« zu sagen, auch zu eventuell schmerzhaften Situationen, wie sie in der Diagnostik und Therapie von Krankheiten entstehen können.



Ziel des Medical Trainings ist neben einer Reduzierung von Zwangsmaßnahmen vor allem das Erarbeiten einer generellen vertrauensvollen Kooperation. Des Weiteren wird durch diesen besonderen Bereich des Clickertrainings nicht nur eine deutlich aussagekräftigere Diagnostik ermöglicht, sondern auch die Therapiemöglichkeiten vervielfältigt. Es ist somit nicht nur ein Beitrag zum Pferdewohl, sondern auch ein wertvoller Beitrag zur modernen Tiermedizin.

Ich freue mich darüber, die Ausbildungsgänge der Steigerwald.T-»Medical Trainer« zu begleiten und bin immer wieder von jedem Beispiel des harmonischeren Miteinanders begeistert. Ich wünsche allen Lesern dieses Buches ganz viel Spaß bei dem unendlich tollen Gefühl, wenn sich der eigene Horizont erweitert und danke schon jetzt jedem für die Bereitschaft, etwas PRO Pferd verändern zu wollen.

***Samantha Krost-Reuhl***

Tierarzt für Pferde, FEI permitted treating vet, Trainer B + C Reiten FN

# 1

# GRUNDLAGEN

# Warum dieses Buch?

Pferdefreundlichkeit und Ethik spielen eine immer größere Rolle im Miteinander mit unseren Pferden. Es geht zum Glück nicht mehr nur um höher, schneller, weiter. Funktionalität reicht vielen nicht mehr und das Bewusstsein über das »Wie« wächst. Menschen stellen sich Fragen, die mit den »altbewährten« Methoden nicht befriedigend zu beantworten sind. Dies gilt vor allem für das weite Feld all der Sachen und Eingriffe, die dem Medical Training zuzuordnen sind.

Was muss ein zivilisiert lebendes Pferd mit einem gesundheitsbewussten und verantwortungsvollen Besitzer alles kennen? Wobei sollte es vertrauensvoll kooperieren, im Idealfall so, dass alles wie am Schnürchen läuft?

Sie sehen an der Fülle der Kapitel in diesem Buch, dass ...

... man lange bevor man einen Sattel auf den Pferderücken legt, mit der Ausbildung eines Pferdes beginnen kann und sollte.

... die Medical Training-Ausbildung eines Pferdes sehr viele Lektionen enthält. Von einem gewissen Teil erhofft man sich, der Kelch möge an seinem eigenen Pferd vorübergehen. Es kann ja theoretisch auch sein, dass dieses Pferd nie in seinem Leben geröntgt werden muss und auch die Lunge in einer so guten Verfassung bleibt, dass Inhalieren nie nötig ist. Daher haben wir keine Ausbildungsskala im klassischen Sinne. Die individuelle Konstitution Ihres Pferdes entscheidet, welche Themen neben der Höflichkeit, der Basisübung für alle, und der Allgemeinen Untersuchung trainiert werden müssen.



Es ist auch ein wichtiger Unterschied, ob Sie mit einem Pferd zu tun haben, welches schon schlechte Erfahrungen gemacht hat oder ob Sie mit einem vertrauensvoll und neugierig in die Welt schauenden Jungpferd das Medical Training beginnen. Die Realität in der Ausbildung sieht leider oft so aus, dass bei einem Jungpferd, wenn überhaupt, nur Hufegeben trainiert wird. Die weiteren Schrecknisse wartet man erst einmal ab. Zappelt es bei der Wurmkur – festhalten! Wehrt es sich beim Chippen oder Geben der Impfung – auch festhalten! Und schon hat das junge Pferd für das Leben prägende Erfahrungen gemacht. Je nachdem, wie es gelaufen ist, haben wir unterschiedliche Effekte und Emotionen, die gespeichert werden.

So möchte man es niemals im Training haben!

Schon besser, obwohl Frekjas Hals immer noch zum Menschen geneigt ist.

Ein Grundsatz: Mittiges Anreichen des Futters.

Die sogenannte »erlernte Hilflosigkeit« beschreibt das Phänomen, dass ein Individuum aufgrund von Ohnmachtserfahrungen keinen Ausweg aus einer von ihm als unangenehm empfundenen Situation sucht. Das ist für die Verabreichung einer bitteren Paste sehr praktisch, für das davon betroffene Wesen aber erst einmal ein unschöner Zustand. Vor allem: Wie fühlt man sich, wenn man merkt, dass all das, was man unternimmt oder unternehmen möchte, um etwas Schmerzhaftes zu vermeiden, einfach nicht fruchtet? Beim Menschen kann dieses Erleben von Resignation bis hin zu Depression führen.

Reagiert ein Pferd dergestalt auf den Halftergriff, ist Training vonnöten.

Als nächstes gibt es die Pferde, die sich vehementer wehren und dabei sogar Erfolg haben. Selbst wenn es die Prozedur der Wurmkurgabe nur hinauszögert oder verlängert, die Lippen zusammenkneift und den Kopf hochreißt – das Pferd erfährt die Wirksamkeit seiner Maßnahmen. Wiederholt sich eine solche Situation, wird es auf die bewährte Strategie zurückgreifen, die ihm Erleichterung verschafft hat. Leider endet so etwas oft in einer Gewaltspirale – auf beiden Seiten. Fragen Sie einmal Ihren Tierarzt, wie oft in seinem Alltag eine Sedierung für Standardbehandlungen nötig ist.

Das Stillhalten des Schwanzes ist für sich schon eine Trainingsaufgabe bei Katzenartigen.

Die Vorteile vom Medical Training liegen klar auf der Hand: Die Sicherheit aller Beteiligten ist einer der ganz großen Pluspunkte, wenn man ein Pferd sinnvoll auf die Eingriffe und Manipulationen an seinem Körper vorbereitet. Es bedeutet weniger Stress für alle. Die Beziehung zwischen Pferdebesitzer und Behandler, zwischen Mensch und Pferd und zwischen Behandler und Pferd ist deutlich besser, wenn alles reibungslos funktioniert.

Es ist wirklich faszinierend, was mit Training alles möglich ist.

Wenn man einen Tiger dazu bringen kann, sich an ein Gitter zu legen, um seinen Schwanz herausziehen und abbinden zu lassen und dann Blut aus der Vene zu entnehmen, warum sollte diese Vorgehensweise nicht auch bei einem seit Jahrtausenden domestizierten Tier wie einem Pferd funktionieren?

Bei einem Elefanten käme man, nicht nur wegen der Anatomie, niemals auf die Idee, ihm eine Nasenbremse aufzuziehen, um die Füße zu pflegen. Hier wird auf Kooperation gesetzt. Alle diejenigen, die Umgang mit Pferden pflegen, sind gefragt, sich alternative Handlungsstrategien anzueignen. Suchen Sie nach einem Trainer, der mit Positiver Verstärkung (PV) arbeitet und lassen Sie sich auf Ihrem Weg fachkundig unterstützen und begleiten.

## Ein Gewinn für alle

Wir möchten einen Beitrag für ein entspannteres, gesünderes und zufriedeneres Leben möglichst vieler Mensch-Pferd-Teams leisten. Auch die Gesundheit und Sicherheit der Tierärzte, Hufbearbeiter, Physiotherapeuten, Heilpraktiker etc. liegt uns sehr am Herzen. Das Training mit PV wird vielerorts noch belächelt oder in Bausch und Bogen verdammt. Verwechseln Sie jedoch nicht schlecht durchgeführte Umsetzung eines Prinzips mit dem Prinzip selbst! Sie erreichen mit PV eine Kommunikation mit Ihrem Pferd, die auf konventionellem Wege kaum möglich ist. Die Grundlage hierfür ist ein solides Höflichkeitstraining (s. S. 44), welches von jedem Pferd in jeder Altersgruppe verinnerlicht werden kann.

Medical Training ist für alle Pferde jeder Altersgruppe nicht nur geeignet, sondern sollte verpflichtend für Halter, Züchter und Trainer sein: Die Grundlage auf der Verhaltensebene ist stillzustehen und sich dann auf vielerlei Arten untersuchen und behandeln zu lassen. Auf emotionaler Ebene geben Sie Ihrem Pferd Vertrauen: Es lernt, dass Sie auf seine Bedürfnisse und Ängste eingehen und es freundlich und fair auf seinem Lernweg begleiten.

Ein geschultes Pferd ist in jeder Lebenslage voller Vertrauen.

# Lernen und Training – Ein Blick hinter die Kulissen

Lernen ist (über)lebenswichtig, jedes Lebewesen lernt permanent. Aber was passiert dabei überhaupt? Und warum machen wir uns über das »Wie« Gedanken? Wenn Sie mit Ihrem Pferd trainieren, möchten Sie ihm etwas beibringen, was es vorher noch nicht konnte, zumindest nicht in der angestrebten Form.

Auch mit 38 Jahren kann ein Pferd Neues lernen.

Jedes Training dreht sich um den einen zentralen Punkt: Lernen. Ein Beispiel: Ihr Pferd trippelt am Anbinder hin und her. Sie möchten aber viel lieber, dass es stillsteht. Es soll lernen, sich am Anbinder anders zu verhalten als bisher.

Damit Sie Ihrem Pferd etwas beibringen können, ist es wichtig, dass Sie wissen, wie Sie das am besten bewerkstelligen – oder anders ausgedrückt: wie Lernen »funktioniert«.

Darüber haben sich in den vergangenen 200 Jahren viele kluge Menschen den Kopf zerbrochen, viel geforscht und experimentiert und dabei herausgefunden, was beim Lernen eine Rolle spielt. Und es kommen fast täglich neue, spannende Erkenntnisse hinzu. Dieses Thema umfassend zu behandeln, würde den Rahmen des Buches sprengen. Daher beschränken wir uns auf die wichtigsten Begriffe und Zusammenhänge.

Vereinfacht gesprochen findet Lernen auf zwei unterschiedliche Arten statt.

# Klingelingeling – Die klassische Konditionierung

Kennen Sie das? Es ist Hochsommer, die Temperaturen sprengen das Thermometer. Durch das offene Bürofenster hören Sie das Bimmeln einer Glocke – und fangen unwillkürlich an zu grinsen. Ihre Kollegen springen mit einem erfreuten Juchzer vom Bürostuhl hoch, und einer fragt, während er nach seinem Portemonnaie angelt: »Noch jemand ein Eis?«

In diesem Beispiel hat in den Wochen zuvor ein Lernprozess stattgefunden: Die infernalische Bimmelei kündigt die Ankunft des Eismanns an. Sie können loslaufen und sich eine leckere Erfrischung kaufen. Bei Ihrer unwillkürlichen Reaktion auf das von Haus aus eigentlich völlig unbedeutende Gebimmel handelt es sich um eine so genannte »klassische Konditionierung«. Sie beschreibt die unwillkürliche oder reflexhafte Reaktion auf einen vormals bedeutungslosen Reiz.

Das Kraulen der Lieblingsstelle lässt Pferde sofort reagieren.

Diese Art des Lernens, bei der ein Lebewesen salopp ausgedrückt »ohne nachzudenken« auf einen wiederkehrenden Reiz reagiert, hat ein russischer Physiologe namens Ivan Pavlov intensiv erforscht. In der zeitlichen Abfolge liest es sich so: Reiz → Gefühl/Reflex. Die amerikanischen Ureinwohner haben die klassische Konditionierung genutzt, um ihre Pferde schussfest zu machen. Wann immer Schießübungen veranstaltet wurden, standen sie bei ihren Pferden und fütterten sie nach jedem Schuss großzügig mit Hafer. Die Pferde haben gelernt: Es knallt → es gibt Leckerschmecker, mit dem Effekt, dass sich die Pferde bei jedem Schuss aufs Essen gefreut haben, statt panisch das Weite zu suchen: Schuss → große Freude (Quelle: »Horse, follow closely«, GaWaNi Pony Boy, I-5 Press, 1998).

Reiz → Futter → Reflex/Gefühl

## Das merk ich mir – Die operante Konditionierung

Der zweite große Bereich des Lernens beschäftigt sich mit dem willentlichen, bewussten Lernen und wird »operante Konditionierung« genannt. Dabei handelt es sich um eine gänzlich andere Form des Lernens als bei der klassischen Konditionierung. Bei der operanten Konditionierung wird der Lerneffekt durch die Konsequenzen bestimmt, die auf das eigene Verhalten folgen.

Eine Farbunterscheidung lässt sich mit den Methoden der operanten Konditionierung leicht trainieren.



Das können angenehme, aber auch unangenehme Konsequenzen sein. Sie lernen in beiden Fällen. Ein Beispiel: Sie setzen sich ins Auto und fahren los. Nach ein paar Metern beginnt der Wagen penetrant zu piepen. Ups! Sie sind nicht angeschnallt, haben aber auch keine Lust, sich einengen zu lassen. Nun machen Sie die Erfahrung, dass das Piepen zunehmend lauter und durchdringender wird, bis Sie augenrollend nach dem Gurt greifen und den Verschluss zuschnappen lassen. Aah, nun, endlich herrscht Ruhe! Erleichterung macht sich breit. Sie werden sich vermutlich das nächste Mal, wenn Sie sich ins Autos setzen, sofort daran erinnern, den Gurt zu schließen, um dem nervigen Gepiepe zu entgehen. Das Anlegen des Gurtes wurde bei Ihnen operant antrainiert.

Um die Erforschung der Grundlagen der operanten Konditionierung hat sich der amerikanische Psychologe Burrhus Frederic Skinner verdient gemacht. Dadurch spricht die Fachwelt in amerikanischen Begriffen über dieses Forschungsfeld. Auf der Zeitachse stellt sich dieses Lernen so dar: Auf eine bestimmte Situation A (für Antecedent = alles, was einem Verhalten vorausgeht) reagiert Ihr Pferd mit einem Verhalten B (für Behavior = engl. für Verhalten) und erlebt eine daraus resultierende Konsequenz C (für engl. Consequence).

**A** Antecedent → **B** Behavior → **C** Consequence

Ist die Konsequenz vom ruhigen Stillstehen etwas Angenehmes, wird jedes Pferd dieses Verhalten wieder anbieten.

Diese Konsequenz merkt sich Ihr Pferd gut und teilt sie in eine von zwei Kategorien ein: Angenehm/lebensverbessernd oder unangenehm/lebensverschlechternd.

In der Praxis bedeutet es, dass Sie über das C (die dem Verhalten Ihres Pferdes folgende Konsequenz) Einfluss haben auf das B, das Verhalten Ihres Pferdes. Kehren wir zu dem Beispiel vom Anfang dieses Kapitels zurück, könnte der Ablauf folgendermaßen aussehen: Sie binden Ihr Pferd am Anbinder an → es hält dort still → Sie geben Ihrem Pferd Futter. Ihr Pferd lernt: Wenn es stillhält, hat das eine tolle Konsequenz, nämlich Essen.

Im Beispiel des Anschnall-Warntons haben Sie zwei unterschiedliche Konsequenzen kennengelernt: A – Sie setzen sich ins Auto → B – Sie fahren unangeschnallt los → C – der Wagen malträtiert Ihre Ohren. Die Konsequenz von Nicht-Anschnallen ist Krach. Lernweg zwei: A – Sie setzen sich ins Auto → B – Sie fahren angeschnallt los → C – der Wagen bleibt still. Sie lernen: Wenn Sie sich anschnallen, bleibt das Auto angenehm ruhig.

## Verstärkung

Über die Konsequenzen, mit denen Sie auf das Verhalten Ihres Pferdes reagieren, können Sie also sehr zuverlässig beeinflussen, wie sich Ihr Pferd in Zukunft verhalten wird. Dabei spricht die Fachwelt von »Verstärkung«, wenn ein Verhalten künftig häufiger auftritt, und von »Strafe«, wenn ein Verhalten seltener auftritt. Das klingt ein bisschen akademisch, drückt aber aus, dass Lernen in aller Regel ein Prozess ist und kein einmaliges Ereignis.

Daher ist es sinnvoll davon zu sprechen, dass sich die Wahrscheinlichkeit verändert, mit der ein Verhalten gezeigt wird.

Um ein Verhalten zu verstärken oder zu strafen, haben Sie wiederum zwei Möglichkeiten: Sie können der Trainingssituation etwas hinzufügen, wie zum Beispiel ein Leckerchen oder einen Ruck am Halfter, oder Sie können etwas entfernen, beispielsweise die Futtertasche oder den Sporeneinsatz.

Um das zu verdeutlichen, gibt es im Rahmen der operanten Konditionierung ein weit verbreitetes Schaubild, das die Einteilung möglicher Konsequenzen aufzeigt. Wenn Ihnen der Ausdruck »die vier Quadranten der operanten Konditionierung« begegnet, ist Folgendes damit gemeint:

| | | |
|---|---|---|
| Verhalten wird mehr | **Positive Verstärkung**<br>Etwas Angenehmes kommt hinzu<br>z.B. Futter, Kraulen<br><br>*Emotion: Freude* | **Negative Verstärkung**<br>Etwas Unangenehmes wird weggenommen<br>z.B. Schenkeldruck, Zügelzug<br><br>*Emotion: Erleichterung* |
| Verhalten wird weniger | **Positive Strafe**<br>Etwas Unangenehmes kommt hinzu<br>z.B. Touchieren mit der Gerte, Ruck am Halfter<br><br>*Emotion: Angst* | **Negative Strafe**<br>Etwas Angenehmes wird weggenommen<br>z.B. Wegziehen des Futtereimers<br><br>*Emotion: Frustration* |

## Primäre und sekundäre Verstärker

Das, wofür Ihr Pferd mitarbeiten wird, ist der primäre Verstärker. Es ist etwas, was Ihr Pferd von sich aus gerne haben möchte, weil es der Verbesserung seiner Lebensumstände und damit seiner persönlichen Fitness dient. Am einfachsten ist Futter als primärer Verstärker. Denken Sie immer daran: Ihr Pferd entscheidet, ob eine Maßnahme verstärkend wirkt oder nicht. Sie können es ganz einfach durch genaue Beobachtung beurteilen. Wird das Verhalten, dem die Maßnahme wie z.B. die Futtergabe unmittelbar folgt, häufiger gezeigt, dann war der Verstärker verstärkend. Verwechseln Sie es aber bitte nicht mit dem Effekt, der auftritt, wenn Sie das Verhalten über eine negative Verstärkung ausgelöst haben. Diese Vorgehensweise beobachtet man häufig bei Trainern, die die Lernwege »mischen«. Dabei wird z.B. das Bein mit einer Gerte touchiert. Nach dem Anheben des Beines hört das Touchieren auf (= Erleichterung), und danach bekommt das Pferd ein Leckerli. Die vorrangige Handlungsmotivation des Pferdes ist das Vermeiden der Berührung mit der Gerte.

Der sekundäre Verstärker bekommt seinen Wert durch die zuverlässige, zeitlich enge Kopplung mit einem primären Verstärker. Wenn immer auf ein bestimmtes Geräusch hin etwas Angenehmes folgt, dann freut sich Ihr Pferd schon nach dem Click-Geräusch auf das nachfolgend angereichte Futter. Der sekundäre Verstärker ist also nur über Erlebnisse erlernt und kann seine Bedeutung genauso schnell wieder verlieren. Oft kursiert nämlich auch die Mär, man würde mit der Zeit nur noch clicken und muss danach nicht mehr füttern, weil das Pferd ja »weiß«, dass der Click sagt: Gut gemacht! Von Worten wird aber keiner satt, und »Leerclicks« führen zu einer abnehmenden Motivation Ihres Pferdes. Die Abstände zwischen den Clicks werden im Laufe des Trainings einer bestimmten Aufgabe immer größer, aber Sie sollten stets dem sekundären Verstärker den primären folgen lassen.

Sie sollten im Training immer mit einem sekundären Verstärker arbeiten, weil Ihr Pferd dadurch sehr klar vermittelt bekommt, dass immer nur nach dem Click mit Futter zu rechnen ist. Damit helfen Sie ihm, sich wirklich auf seine Aufgaben zu konzentrieren, anstatt nach Futter zu gieren. Vereinfacht gesagt: Ohne Click kein Keks!

## Medical Training positiv verstärkt

Um Ihrem Pferd etwas beizubringen, haben Sie innerhalb dieser vier Quadranten freie Auswahl. Alle Quadranten »funktionieren« in dem Sinne, dass Sie Einfluss auf Verhalten haben und es mehr oder weniger häufig auftreten lassen. Interessant wird es, wenn Sie sich die damit verknüpften Gefühle anschauen, die Ihr Training bei Ihrem Schützling auslöst. Sie haben die Wahl, Ihrem Pferd für richtiges Verhalten eine Freude zu bereiten oder ihm

Auch hier hat ein Tier durch Anwendung der positiven Verstärkung gelernt, seine natürlichen Impulse in ein anderes Verhalten umzuwandeln.

Erleichterung zu verschaffen. Zudem können Sie Ihrem Pferd Angst machen, sich falsch zu verhalten, oder Sie können es frustrieren. Die größte Motivation zum Mitarbeiten liefert das Gefühl »Freude«. Diese Erkenntnis führt weltweit dazu, dass Firmenbosse ihren Führungsstil umstellen und zunehmend dazu übergehen, Mitarbeiter zu loben und Bonusprogramme ins Leben zu rufen. Ein freudig motivierter Mitarbeiter leistet nachweislich freiwillig ein Vielfaches von dem, was ein Mitarbeiter zu leisten bereit ist, der aus Angst vor Repressalien seinen Dienst »nach Vorschrift« versieht.

Zudem gilt unter Psychologen als nachgewiesen, dass Lernen am schnellsten und leichtesten in einer entspannten und freudig-positiv gestimmten Atmosphäre stattfindet. Der Faktor »Stress« behindert Lernprozesse im Gehirn oder kann sie gar vollständig blockieren.

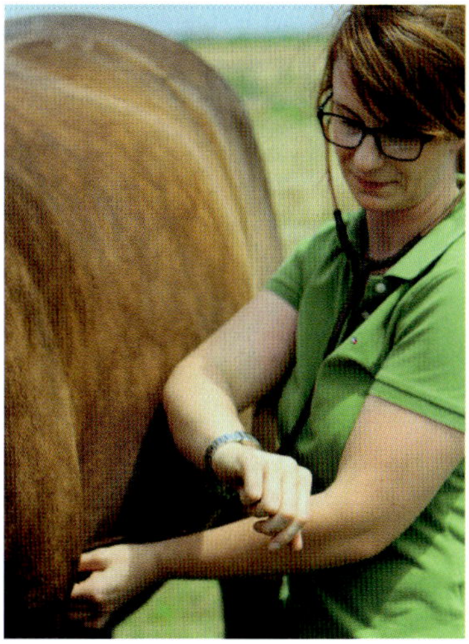

Je entspannter ein Pferd beim Abhören ist, desto eindeutiger ist der Wert für die Diagnose einzuordnen.



Mit entsprechender Vorarbeit bleibt ein Pferd auch in einer Notsituation ruhig und vertrauensvoll.

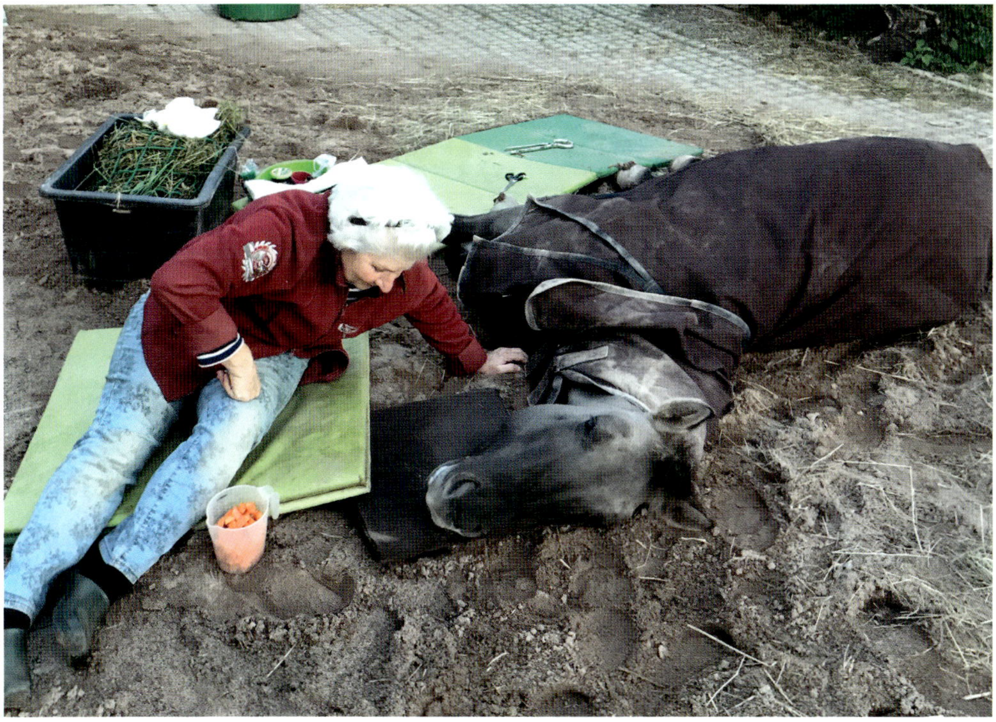

Und als wären diese Gründe, mit positiver Verstärkung zu trainieren, noch nicht genug, spielt im Medical Training ein weiterer Aspekt eine wichtige Rolle: Sie möchten Ihrem Pferd beibringen, unangenehme bis schmerzhafte Prozeduren über sich ergehen zu lassen. Es soll beim Reinigen einer Wunde stillstehen und bei der Blutabnahme hilfreich den Hals hinhalten und warten, bis der Tierarzt alle Röhrchen gefüllt hat. Ein solch kooperatives Verhalten können Sie am pferdefreundlichsten mit belohnungsbasiertem Training erreichen. Hinzu kommt, dass »Freude« ein wahres Wundermittel in seiner Wirkung auf Körper und Seele ist. Ein Lebewesen, das sich freut und in einer positiven Grundstimmung lebt, empfindet Schmerzreize weniger stark als ein Tier mit einem hohen Stresspegel. Viele tierärztliche Untersuchungen verlieren ihre diagnostische Aussagekraft, wenn das Pferd gestresst ist. Das gilt insbesondere für Puls und Atmung. Pumpt Ihr Pferd mit 60 Atemzügen pro Minute, weil es krank ist oder weil es Angst vor dem Tierarzt hat? Stress beim Tierarzt verwässert und kaschiert die tatsächlich vorhandenen Symptome, die Behandlung wird gefährlicher für alle Beteiligten und unnötig in die Länge gezogen, ja, mitunter unmöglich gemacht.

Mit Medical Training über positive Verstärkung können Sie diesen Knoten lösen und dazu beitragen, dass Pflegemaßnahmen und Behandlungen leichter, sicherer und schneller vonstattengehen. Ihr Pferd und Ihr Tierarzt werden es Ihnen danken.

## Alternative zur Überbrückung

Natürlich ist das Training mit einem eindeutigen sekundären Verstärker, gutem Timing, einem vernünftigen Plan und hochwertigem Belohnungsfutter am erfolgreichsten. Es gibt aber immer wieder Situationen, in denen es aus verschiedenen Gründen nicht möglich ist, das Training entsprechend

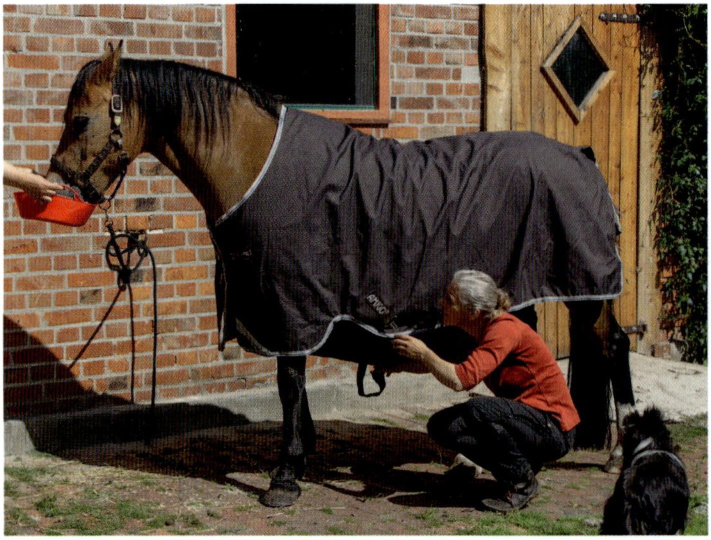

Eine extrem schnelle und praktische Lösung: Dauerfüttern in der Prozedur, während der das Pferd sonst nicht stillstehen würde.

aufzubauen. Es würde vielen Pferden schon direkt helfen, wenn Sie bei allen unliebsamen Prozeduren einfach ein Heunetz oder eine Leckschale vor der Nase hätten. Das sogenannte Dauerfüttern mit z.B. Hafer können Sie bei entsprechend kurzen Prozeduren auch einsetzen.

## Trainingsort und -bedingungen

Der Trainingskontext für das Clickertraining sollte ein anderer sein als während des »altbewährten« Umgangs mit dem Pferd. So wird Ihrem Pferd das Erlernen der neuen Aufgaben leichter fallen, als wenn Sie positive und negative Verstärkung »mischen«. Ein spezielles Halfter nur für Clickertraining oder ein Halsring schaffen veränderte Bedingungen zum Alltagsumgang. So ist für Ihr Pferd von Beginn an klar, wann es Training mit Futter erwarten kann und wann nicht.

Als Trainingsziel wollen wir unserem Veterinär natürlich mit einem gesittet mit Halfter und Strick angezogenem Pferd an jedem Ort der Welt begegnen können. Wenn Sie mit dem Medical Training gerade beginnen, ist es nach dem Höflichkeitstraining (s. S. 44) ideal, mit Ihrem Pferd frei zu arbeiten. Es kann Ihnen dann noch besser mitteilen, wie attraktiv die Maßnahmen bzw. Belohnungen sind. Bleibt es bei Ihnen – alles gut! Entfernt es sich, um schnüffeln oder gucken zu gehen, sagt es Ihnen, dass Sie kleinere Trainingsschritte wählen sollten, um eine bessere Belohnungsrate zu haben. In Ställen mit vielen Einstellern scheint es manchmal unmöglich, ablenkungsfrei zu trainieren. Bis Sie ein gewisses Level an Routine erreicht haben, hilft es Ihnen beiden, sich ohne gesprächsbedürftige Miteinsteller und deren Pferde auf die Trainingsaufgabe konzentrieren zu können. Wählen Sie Zeiten, in denen auf dem Hof wenig los ist. Ein mobiler Weidezaun ist schnell aufgebaut und verschafft Ihnen auf der Sommerweide oder im Paddock ein ruhiges Eckchen für fokussiertes Arbeiten.



Vermeiden Sie Konkurrenzsituationen und trainieren Sie an einem ruhigen Ort.

Ein großes Ablenkungspotenzial und Fehlerquellen bilden Fluginsekten aller Art. Es ist für Ihr Pferd ungleich schwerer, sich auf das Stillhalten zu konzentrieren, wenn Bremsen sich an seinem Hals niederlassen und Sie gleichzeitig sein Auge anfassen wollen. Gehen Sie also in den Stall, legen Sie eine Fliegendecke auf Ihr Pferd und benutzen Sie Fliegenmittel (s. S. 250 Einsprühen).

Haben Sie einen guten Trainingsort gefunden und einen strukturierten Trainingsplan (s. S. 60) im Kopf oder, besser noch, in der Tasche, können Sie das Training beginnen. Dabei sind einige Dinge zu beachten, die im Folgenden näher ausgeführt werden.

## Timing

Ein gutes Timing ist elementar für das Lernen Ihres Pferdes, denn es ist entscheidend dafür, dass Ihr Pferd eindeutig versteht, was es wann tun soll, wenn Sie mit ihm arbeiten. Betrachten wir die unterschiedlichen Timing-Momente während des Trainings:

Ein gutes Timing beginnt schon mit der Wahl des Trainingszeitpunktes. Möchten Sie zum Beispiel während der Fütterungszeit trainieren, kann es durchaus sein, dass Ihr Pferd Ihrem Training nicht ganz so viel Aufmerksamkeit widmen kann wie zu einem anderen Zeitpunkt.

Wie Sie bereits wissen, geht es beim Lernen immer um die unmittelbare Konsequenz auf das Verhalten Ihres Pferdes. Damit Ihr Pferd ein von Ihnen gewünschtes Verhalten mit der Belohnung (beispielweise mit Ihrem Leckerli) verknüpft und Sie damit sein Verhalten verstärken, muss die Belohnung in kürzester Zeit auf das gezeigte Verhalten folgen. Je schneller dies geschieht, umso besser kann eine Verknüpfung erfolgen, weil die entsprechenden Bereiche im Gehirn noch aktiv sind. Im Training kann es manchmal schwierig sein, ein gutes Timing einzuhalten. Beispielsweise dann, wenn man selbst etwas weiter vom Pferd entfernt steht oder man innerhalb einer ganzen Bewegungsabfolge nur eine bestimmte Sequenz verstärken möchte wie beispielsweise beim Wippentraining. Aus diesem Grund machen wir uns das sogenannte Markersignal als sekundären Verstärker zu Nutze.

Ein Markersignal ist ein Geräusch wie z.B. der Clickton, ein Lobwort, ein Pfiff etc., das zuerst über eine klassische Konditionierung auftrainiert wird und hierdurch eine spezifische Bedeutung erhält. Ihr Pferd lernt dabei, dass auf den entsprechenden Ton eine Belohnung folgt. Das wird ganz automatisch geschehen, wenn Sie das Höflichkeitstraining (s. S. 44) wie beschrieben durchführen. Das bestimmte Geräusch ertönt bei präziser Anwendung »punktgenau« in dem Moment, in dem das gewünschte Verhalten gezeigt wird. Es »markiert« das gewünschte Verhalten, weshalb man von einem Marker oder Markersignal spricht. Ein typischer Marker ist der häufig genutzte Clicker. Beachten Sie, dass durch die Arbeit mit einem Marker zwei Zeitfenster entstehen, in denen Sie ein gutes Timing brauchen: Verhalten bis zum Click und vom Click bis zur Futtergabe.

Wenn ein Trainingsschritt wunderbar klappt, clicken Sie. Der Clicker ist wirklich ein wertvoller Timing-Helfer. Man kann ein gewünschtes Verhalten sehr präzise markieren und nicht erst zeitverzögert durch das Anreichen der Belohnung bestärken.

Mit einer Pfeife als Marker haben Sie beide Hände zum Arbeiten frei. Trainer: Rasmus Pedersen, Kopenhagen Zoo



Möchten Sie zum Beispiel das Anheben eines Hinterbeines trainieren, können Sie durch den Click tatsächlich auch dieses Anheben des Beines markieren. Ihr Pferd lernt: Das Anheben des Beines führt zum Click, der ihm wiederum das Futter ankündigt. Sie merken es schon, vor allem beim Markern ist Timing elementar: Clicken Sie ein bisschen zu früh oder zu spät, kann Ihr Pferd das falsche Verhalten mit dem Belohnungsfutter verknüpfen. Sie können sich den Click dabei wie das Drücken des Auslösers beim Fotografieren vorstellen. Den perfekten Augenblick bekommen Sie nur auf das Foto, wenn Sie genau zum passenden Zeitpunkt auslösen. So bekommen Sie auch den optimalen Lernfortschritt, wenn Sie im richtigen Moment den Click ertönen lassen.

Nach dem Click kommt das Füttern. Wieder können Sie mit gutem Timing viel gewinnen, mit schlechtem können Sie Ihr Pferd verwirren und ihm sogar aus Versehen unerwünschtes Verhalten beibringen. Elementar wichtig ist die Abfolge: Sie dürfen Ihre Futterhand erst nach dem Click in Richtung Pferdemaul bewegen. Sonst wird nicht der Click, sondern die bewegte Futterhand für das Pferd zum Ankündiger des Futters. Passiert das mehrmals, so wird Ihr Pferd immer nach Ihrer Hand oder der Bewegung in der Futtertasche schielen, anstatt auf den Click zu achten.

Ein Kastenclicker wird häufig benutzt, kann aber im Bereich des Pferdekopfes zu laut sein.

Der Zeitraum, der zwischen dem Click und dem Füttern vergeht, ist tatsächlich ein wichtiges Timing-Element beim Training. Benötigen Sie beispielsweise nach dem Click länger, um mit dem Futter am Pferdemaul anzukommen, hat Ihr Pferd viel Zeit, unerwünschte Verhaltensweisen wie Drängeln oder sogar Schnappen an den Tag zu legen. Dieses Verhalten belohnen Sie mit dem Futter dann leider mit, obwohl Sie eigentlich etwas ganz anderes meinten. Versuchen Sie also so schnell zu sein, dass Ihr Pferd zwischen Click und Belohnung nichts anderes tun kann, als höflich auf sein Futter zu warten.

### Tipps und Tricks für ein schnelleres Füttern

- *Futter schon vor dem Click in der Hand bereithalten*
- *nach dem Füttern direkt das Futter für den nächsten Click in die Hand nehmen*
- *bei der Auswahl der Bauchtasche auf eine leichte Zugänglichkeit achten*
- *beim Training im hinteren Bereich Ihres Pferdes Helfer füttern lassen*
- *Trainings- und Timingspiele*
  *z.B. beim Fernsehen immer, wenn der Nachrichtensprecher blinzelt, clicken*

Geben Sie ein Signal, ist das Timing auch hier wieder zu beachten. Es geht um den Zeitpunkt, in dem Sie aktiv werden und Ihrem Pferd eine Möglichkeit offerieren, sich etwas zu verdienen. Signale, und im Medical Training vor allem die Reize, die Sie setzen, sind für Ihr Pferd die Chance, an Futter zu gelangen. Deshalb wird beim Training mit positiver Verstärkung das Verhalten, welches Ihr Pferd im Moment vor dem Signal zeigt, automatisch mitbelohnt. Bitten Sie Ihr Pferd auf die Matte und es stupst Sie in dem Augenblick kurz vor Ihrer einladenden Geste an, dann wird es Sie beim nächsten Warten höchstwahrscheinlich wieder anstupsen. Weil das Stupsen der »Türöffner« für das Betreten und das nachfolgende Futter ist.

## Kriterien

Vor jedem Trainingsdurchgang müssen Sie sich fragen: »Was ist in dieser Runde das Kriterium, für das ich clicke?« Nur, wenn Sie genau wissen, was Sie bestätigen wollen und was nicht, sind Sie in der Lage, es im Training mit Ihrem Pferd auch umzusetzen. Und nur dann kann Ihr Pferd Sie verstehen und sich entsprechend verhalten. Dabei ist es wichtig, dass Sie nur ein Kriterium auf einmal trainieren, sich also vor dem Trainingsschritt für nur ein Kriterium entscheiden. Möchten Sie zwei Kriterien zugleich trainieren, entsteht folgendes Problem: Wenn Sie eine Ausführung nicht clicken, weil eines Ihrer beiden Kriterien nicht erfüllt wurde, weiß Ihr Pferd nicht, warum genau es jetzt nicht belohnt wird.

Das Spiel »Train the trainer« eignet sich hervorragend, um selbst etwas über Training zu lernen.



## Training in Päckchen

Im Medical Training ist ein solider Aufbau äußerst wichtig. Das Arbeiten mit »Päckchen« ist dafür sehr hilfreich (s. S. 72). Dabei wiederholen Sie jeden einzelnen Trainingsschritt in genau derselben Ausführung mindestens fünf, je nach Schwere der Aufgabe auch gerne zehn Mal. Sie festigen die positive Erfahrung mit dem Erlebnis und können beim Steigern des Schwierigkeitsgrades sicher sein, dass etwas nicht nur zufällig einmal, sondern zuverlässig reproduzierbar funktioniert hat.

## Konto-Bewegungen

Die Menge an Verstärkern und Hemmern, die Ihr Pferd bei einem bestimmten Verhalten erfahren hat, kann man als Art Sparkonto betrachten. Sie legen im Gehirn Ihres Pferdes gleichsam Konten mit verschiedenen Namen an. Jeden Trainingsdurchgang, bei dem Ihr Pferd in einem bestimmten Kontext für ein bestimmtes Verhalten belohnt wurde, kann man als Einzahlung betrachten. So beispielsweise beim Spritzentraining: Jeder Trainingsdurchgang, in dem Sie einen Schmerzreiz setzen, Ihr Pferd stillhält und Sie dieses Stillhalten belohnen, ist also eine Gutschrift auf Ihrem Spritzenkonto. Jeder Trainingsdurchgang, der über die bisher gemachten Trainingsschritte hinausgeht, ist eine Abhebung von diesem Konto. Muss zum Beispiel der Tierarzt die Kanüle vier Mal schieben, weil die Vene kein Blut rauslässt, wird viel von Ihrem Spritzenkonto abgehoben. Sie könnten gegensteuern, indem Sie nach dem Herausziehen der Kanüle wieder clicken und füttern.

Eine so hohe Einstellung senkt die Bereitschaft, seinen Huf wieder prompt und freudig hochzuheben.

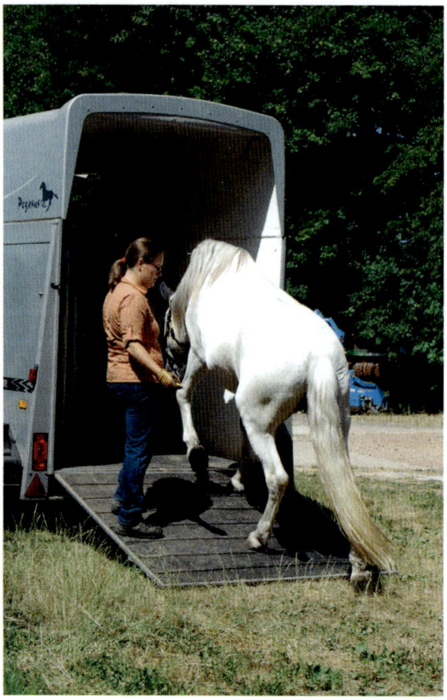

Ist der Anhänger noch genug »aufgeladen«?

Hält der Hufbearbeiter die Hufe so hoch, dass die Gelenke schmerzen, wird von Ihrem Hufbearbeitungskonto abgehoben.

Je nachdem, wie viel Guthaben Sie vorher auf Ihrem Konto hatten, sind Sie jetzt noch im Plus oder schon im Minus. Den Klassiker können Sie wunderbar beim Anhängertraining beobachten: Sie üben geduldig zuhause, Ihr Pferd geht auch mehrmals brav rauf und bekommt im Anhänger eine gute Portion Hafer. Dann findet der wunderbar interessante Kurs, den Sie schon immer einmal mitmachen wollten, nur eine Stunde entfernt statt. Sie verladen Ihr Pferd und fahren dorthin. Sonntagnachmittag weigert Ihr Pferd sich strikt, auch nur einen Huf auf die Rampe zu setzen. Das passiert nicht, weil es sich am Kursort so wunderbar wohlfühlt, vielmehr ist das durch die Hinfahrt leergeräumte Konto der Grund. Die Konsequenzen, die Sie Ihrem Pferd für ein bestimmtes Verhalten bieten, müssen sich in Relation zu Aufwand und/ oder Stress lohnen. Die Rückmeldung Ihres Pferdes, ob dies der Fall ist, bekommen Sie im weiteren Verlauf des Trainings.

## Seiten- und Positionswechsel

Um die Wichtigkeit eines Trainings von beiden Seiten zu zeigen, lohnt es sich, einen kleinen Ausflug in die Welten des Pferdegehirns, genauer des Thalamus, zu unternehmen. Der Thalamus ist ein Teil des Zwischenhirns und wird auch »Tor zum Bewusstsein« genannt. Es leitet alle wichtigen Reize, mit Ausnahme des Geruchs, aus den Sinnesorganen weiter. Bei Pferden liegen die Augen seitlich, sodass es fast rundum sehen kann, wenn es Kopf und Hals nur wenig bewegt.

Von einer Seite geht etwas, von der anderen nicht. Trainieren Sie deswegen alles grundsätzlich auf beiden Seiten.



Dabei sehen beide Augen unabhängig voneinander. Aus diesem Grund werden optische Eindrücke bei Pferden anders verarbeitet als bei Menschen. Die Informationen aus einem Auge fließen durch den Sehnerv in die gegenüberliegende Hirnhälfte. Zwischen den beiden Hirnhälften ist nur eine geringere Übertragungsrate: Informationen aus dem einen Auge landen nach der Verarbeitung in einer Hirnhälfte nur zu etwa 15 bis 20 Prozent in der zweiten Hirnhälfte. Hat das Pferd gelernt, dass eine Person mit Stethoskop auf der linken Seite nicht schlimm ist, heißt das deshalb nicht automatisch, dass die Person auch auf der rechten Seite des Pferdes als harmlos empfunden wird.

Beginnen Sie immer auf der Seite, die Ihrem Pferd leichter fällt. Erst wenn Sie dort erfolgreich an Ihrem Trainingsziel für die jeweilige Aufgabe angekommen sind, wechseln Sie. Das ist im Medical Training anders als beim Reiten, wo wir wegen der körperlichen Komponente auf häufige Wechsel achten. Neben der Verarbeitung der optischen Reize spielt auch das sogenannte »Signalbild« eine Rolle in Ihrer Positionswahl während des Trainings.

Hier ist der Körper des Menschen eine deutliche Komponente, die das Pferd mit der Aufgabe verknüpft.

## Signalbilder

Doch was soll ein solches Signalbild überhaupt sein? Nehmen wir als Beispiel ein Kopfsenken Ihres Pferdes auf das Signal »deutliches Ausatmen des Menschen«.

Dann gehört zu Beginn für Ihr Pferd noch viel mehr zum Signalbild dazu, als nur das Geräusch von strömender Luft. Der Trainingsort gehört für Ihr Pferd genauso in das Signalbild hinein, wie Ihre Position und Ausrichtung zu Ihrem Pferd und eventuelle Körperbewegungen – beim Kopfsenken neigen wir dazu, auch unseren Kopf ein kleines Stückchen tiefer zu nehmen.

Möchten Sie nun, dass Ihr Pferd schlussendlich alleinig auf das akustische Signal hin den Kopf senkt, müssen Sie ihm beim Training alle anderen Elemente als unwichtig beibringen.

Verändern Sie schrittweise Ihre Position, wechseln Sie immer wieder den Trainingsort und bewegen sich explizit anders bzw. achten auf vollkommenes Stillstehen, während Sie das akustische Signal geben. Ändern Sie hierbei wieder nur ein Kriterium pro Trainingsschritt, denn auch ein verändertes Signalbild gilt als Kriterium. Sie können sich das Signalbild wie einen Trichter vorstellen, den Sie nun immer kleiner machen: Zu Beginn zählt noch alles in das Signalbild mit rein, der Trichter hat oben einen sehr großen Durchmesser. Mit jedem Element, welches Sie aus dem Signalbild ausschließen, wird der Durchmesser Ihres Trichters kleiner, bis schließlich nur noch das gewünschte Signal in den Trichter hineinpasst.

Übertragen wir das Gelernte ins Medical Training am Beispiel Spritzentraining (s. S. 120). Ihr Pferd hat bisher gelernt: Am Medical-Training-Ort lohnt es sich, absolut stillzuhalten, auch wenn Sie unterschiedlich starke Schmerzreize an der linken Halsseite setzen. Im Signalbild Ihres Pferdes sind zu Beginn mindestens: der Ort, Sie als Besitzer als ein vertrauter Mensch, Ihre Position und Ausrichtung auf der linken Halsseite. Jetzt gilt es, dieses Signalbild Schritt für Schritt zu erweitern. Denn Sie möchten auf Dauer ja, dass der Tierarzt Ihr Pferd an unterschiedlichen Orten und auf unterschiedlichen Positionen behandeln kann. Wie Sie die unterschiedlichen Elemente im Detail generalisieren können, lesen Sie auf S. 254.

## Signale

Im Training mit positiver Verstärkung ist ein Signal etwas, was Ihrem Pferd sagt: Jetzt lohnt sich dieses konkrete Verhalten, weil ich danach Futter für diese bestimmte Handlung bekomme. Da das Futter etwas sehr Attraktives für Ihr Pferd ist, wird es permanent danach Ausschau halten, ob Sie nicht den erwünschten Hinweis geben. Sind Ihre Signale unklar für Ihr Pferd, wird es jede Gelegenheit nutzen, um ein Verhalten aus seinem Repertoire anzubieten. Das sieht dann nach Übermotivation aus, ist aber letztendlich nur der Versuch Ihres Pferdes, sich etwas zu verdienen. Wäre Ihrem Pferd klar, dass sich Aktivität wirklich nur auf ein ganz bestimmtes Signal hin lohnt, dann würde es in der Zeit ohne Signal sein »Default behavior« (s. S. 49) zeigen. Ein Signal muss eindeutig für Ihr Pferd erkennbar sein. Auch wenn wir Menschen gerne sprechen, ist für Ihr Pferd fast immer das als Signal relevanter, was Sie über Sichtzeichen mitteilen. Ein Sichtzeichen ist all das, was Sie über Ihren Körper und Ihre Bewegungen vermitteln. Bestärken Sie Ihr Pferd im Falle von ungefragtem Verhalten für das Alternativverhalten »Stillstehen«. Je häufiger Sie dieses bestärken, desto eher wird das Verhalten des Stillstehens zum »Default behavior« und somit eine gute Basis für das Medical Training.

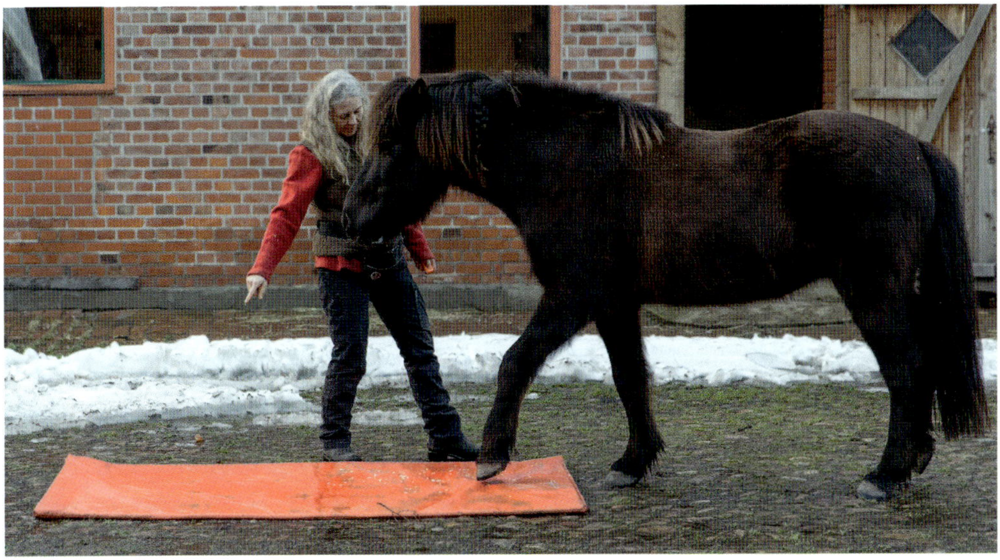

Der gestreckte Arm weist den Weg auf die Matte.

Feedback von außen hilft sehr, sich über wichtige Details im Training klar zu werden.



## Co-Trainer

Vier Augen sehen mehr als zwei, vor allem wenn Ihre beiden Augen nebenher noch mit Trainieren beschäftigt sind. Deshalb ist es hilfreich, ab und zu eine zweite Person beim Training dabei zu haben. Diese Person sollte Sie jedoch nicht mit langen Reden und Interpretationen oder langen Erklärungen ablenken. Stattdessen sollte Ihr Co-Trainer Pferd und Mensch genau beobachten.

Weitere Aufgaben: Dokumentieren (s. S. 78), auf einen besonderen, vorher abgesprochenen Aspekt aufmerksam machen (z.B. Haben Sie sich vor dem Click bewegt?) und auf Ihren Wunsch das Füttern Ihres Pferdes übernehmen, insbesondere wenn Sie im hinteren Bereich arbeiten z.B. beim Training des Fiebermessens.

Etwas niederwertigeres Futter als das Trainingsfutter eignet sich gut für Pausen im Training.

## Pausen

Nicht nur um von Ihrem Co-Trainer Feedback zu erhalten und es mental umsetzen zu können, sollten Sie zwischendurch immer wieder kleine Pausen machen. Für alle am Training Beteiligten sind regelmäßige Pausen, in denen Sie in einen Bereich außerhalb der Reichweite Ihres Pferdes gehen und die letzte Trainingsphase resümieren, ein enormer Gewinn. Hilfreich ist es, sich hierfür einen Timer zu stellen, der beispielsweise alle fünf Minuten klingelt. So weiß Ihr Pferd schon nach kurzer Zeit, dass das Klingeln des Timers das Signal für eine Pause ist. Sie selbst haben immer einen vergleichbaren Zeitabschnitt des Trainings, über den Sie reflektieren oder mit Ihrem Co-Trainer reden können.

Pausen sind hilfreich für ein fokussierteres Training, weil Sie sich währenddessen immer wieder darauf besinnen können: Was lief im letzten Durchgang gut, was nicht so gut? Was ist im nächsten Durchgang mein Kriterium für den Click? Was ist mein nächster Trainingsschritt? Auch wenn es sich zu Beginn wie vertane Zeit anfühlt, da die Gesamttrainingszeit an Ihrem Pferd durch die Besinnungspausen ja kürzer wird, wird Ihr Training durch die verbesserte Konzentration deutlich schneller voranschreiten! Die durch die Pausen gewonnene Klarheit hilft aber nicht nur Ihren Trainingsfortschritten und der Reduktion von Fehlern, sie ist auch fairer für Ihr Pferd. Je klarer Sie sind und je weniger Fehlclicks Sie machen, desto einfacher ist es für Ihr Pferd herauszufinden, was sich momentan lohnt und was nicht.

Geben Sie Ihrem Pferd in der Phase Zugang zu Heu oder streuen etwas Clickerfutter auf den Boden, so wird die Pause nicht aus Versehen zu einer negativen Strafe für Ihr Pferd. Vergegenwärtigen Sie sich immer, dass beim Training mit positiver Verstärkung das Sich-nichts-mehr-verdienen-Können ein unangenehmer Zustand ist. Es ist, als habe der Kiosk plötzlich gerade zu und Sie bekommen kein Eis mehr, obwohl Sie gerne eines hätten und auch solvent sind.

## Dauer und Ende einer Trainingseinheit

Mit einem so gestalteten Trainingsende kommt kein Frust auf.

Eine häufige Frage ist die nach der Dauer einer Trainingseinheit. Wenn Sie konsequent alle fünf Minuten eine kurze Pause machen, können die allermeisten Pferd gut eine ganze Stunde lang arbeiten. Selbst ein Huhn mit einem erbsengroßen Gehirn kann zwanzig Minuten am Stück trainiert werden – mit einer deutlich ansteigenden Lernkurve! Entscheidend ist die Qualität des Trainings. Mit vielen, kleinen Trainingsschritten und einer guten Belohnungsrate fällt es Ihrem Pferd natürlich leichter, am Ball zu bleiben. Erinnern Sie sich an die Schulfächer, die nicht Ihre Stärke waren. Man neigt dann viel eher zum Abschweifen, als wenn man jede gestellte Aufgabe des Lehrers lösen kann. Die Konzentrationsfähigkeit ist bei einem Fohlen oder Jungpferd natürlich nicht so lange aufrechtzuerhalten wie bei einem erwachsenen Pferd. Dasselbe gilt für Pferde mit stark traumatischen Erfahrungen, hier sind ein paar Minuten oft schon genug. Sie sollten immer genau hinschauen, wieviel Erfolg Ihr Pferd im Training hat. Mehren sich die Fehlerdurchgänge, ist das ein guter Grund, das Training zu beenden. Im Durchschnitt kann eine Trainingseinheit gut eine halbe Stunde dauern.

Finden Sie eine Möglichkeit für ein angenehmes Trainingsende, ohne dass dies als negative Strafe wahrgenommen wird. Zum Abschluss ritualmäßig einfache, andere Verhalten abzufragen, zu kraulen, am Strick grasen zu gehen oder etwas Extra-Futter auf dem Boden zu präsentieren, sind hier gute Möglichkeiten. Außerdem sollte der Kontext nach dem Trainingsende verändert werden. Das können Sie umsetzen, indem Sie die Futtertasche für Ihr Pferd deutlich sichtbar abnehmen und sich vom Trainingsort entfernen.

## Sportkommentator

Sowohl beim Training mit als auch ohne Co-Trainer ist der sogenannte »Sportkommentator« ein grandioses Hilfsmittel, um weniger Fehlclicks zu machen, diese schneller zu identifizieren und Ihren Trainingsfortschritt klarer vor Augen zu haben. Damit ist gemeint, dass Sie alles, was Ihr Pferd macht, kommentieren. Wollen Sie Ihrem Pferd beispielsweise ein absolutes Stillhalten antrainieren, könnte Ihr Sportkommentar so aussehen: »Kopf geht hoch, Kopf geht runter, Kopf geht hoch, er sucht nach Leckerlis, Kopf geht nach rechts, Kopf hält kurz still, geht direkt wieder hoch, Kopf hält still –« und in dem Moment, in dem Sie das gewünschte Verhalten sehen, muss Ihr Daumen den Clicker auslösen. Hätten Sie in der Sequenz im Beispiel ohne Sportkommentator gearbeitet, hätten Sie evtl. schon das erste kurze Stillhalten genommen und damit schon wieder in die Bewegung nach oben geclickt. Zu Beginn kann es sein, dass der Sportkommentator etwas überfordernd ist. Arbeiten Sie mit Co-Trainer, kann dieser auch phasenweise das Kommentieren übernehmen. Arbeiten Sie ohne, können Sie es immer wieder in Momenten, in denen Sie Hirnkapazitäten dafür freihaben, ausprobieren. Auch im Nachgang bei der Videoanalyse ist der Sportkommentator für Erkenntnisse hilfreich und trainiert nebenher auch Ihre Kommentator-Fähigkeiten. Sie werden merken, je öfter Sie es machen, desto leichter fällt es Ihnen und desto mehr können Sie und Ihr Pferd von der dadurch geschulten Beobachtungsgabe profitieren.

## Video

Eines der besten Hilfsmittel im Training Ihres Pferdes sind Filmaufnahmen. Anhand derer können Sie überprüfen, was gut funktioniert hat und was nicht. Auch Ursachen für Fehler Ihres Pferdes oder auffallend langsame Trainingsfortschritte können Sie mithilfe der Videoaufnahmen entlarven. Näheres zum Filmen finden Sie auf S. 79.



Auf dem Video wird man später überprüfen können, ob im richtigen Moment geclickt wurde.

# Umgang mit Fehlern

Ein Fehler im Medical Training ist meist eine unerwünschte Bewegung und wird auch bei bestem Training einmal auftreten. Generell gilt: Bleiben Sie entspannt, ärgern Sie sich nicht über einen Fehler. Er ist passiert, daran werden Sie nichts ändern können. Was Sie jedoch aktiv gestalten können, ist Ihre eigene Reaktion darauf. Lächeln und atmen ist immer gut. Es hilft Ihnen und Ihrem Pferd viel weiter als ein gemurmelter Fluch. Kombinieren Sie es auch noch mit einem laut ausgesprochenen »Hui!«, dann werden Laune und Konzentrationsfähigkeit automatisch besser. Und das brauchen Sie unbedingt, um Ihr Pferd im Training weiterhin gut begleiten zu können. Ein Fehler ist immer auch eine wertvolle Information! Er zeigt Ihnen auf, wann Sie Ihr Vorgehen nochmal genauer betrachten und ggf. anpassen müssen. Treten bei mehr als acht von zehn Durchgängen Fehler bei Ihrem Pferd auf, haben Sie einen zu großen Trainingsschritt gemacht. Überlegen Sie in Ruhe und nicht direkt am Pferd, wie Sie mit geeigneten Zwischenschritten Ihr Pferd wieder auf die Erfolgsschiene bringen. Als unmittelbare Reaktion steht Ihnen die sogenannte »Response Cost« zur Verfügung. Diese »Kosten der Verhaltensantwort« gestalten Sie z.B. über eine geringere Futtermenge bei »halbrichtigem« Verhalten Ihres Pferdes.

Sie sollten sich während der Planung überlegen, welche Konsequenzen Sie wofür bereithalten wollen. Ihnen stehen immer mehrere Optionen als Feedback an Ihr Pferd zur Verfügung.

---

## Reaktion auf Fehler

- *Response Cost*
  *z.B. ganz tief füttern, weniger Futter, länger arbeiten lassen für Click und Futter*
- *löschen: nicht clicken, ignorieren*
- *Neustart, dabei einen Zwischenschritt wählen*
- *negative Strafe: weggehen, Target entfernen*

---

Behalten Sie immer den Fokus auf dem Guten, auf dem, was im Training schon erfolgreich funktioniert. Belohnen Sie gute Durchgänge differenziert mit höherwertigem Futter oder größerer Menge. Finden Sie Zwischenschritte – es gibt immer mindestens einen! Ergreifen Sie Management-Maßnahmen, wie z.B. das Training hinter einer Absperrung, wenn Ihr Pferd in unhöfliches Verhalten zurückfällt.

## Fehlclicks

Wie sieht es mit Ihren eigenen Fehlern aus? Wenn Sie einen Fehlclick setzen, also im Moment eines unerwünschte Verhaltens clicken, ist die generelle Empfehlung, diesen nicht zu füttern. Ein verstärktes Verhalten wird wieder gezeigt werden, das möchten Sie ja auf keinen Fall. Ihr Trainingsziel sieht schließlich genau anders aus. Um bei Ihrem Pferd keinen Frust über das Ausbleiben des Futters nach dem Fehlclick aufkommen zu lassen, können Sie ein bereits etabliertes, einfaches Verhalten abfragen. Sie clicken und füttern dieses und kehren dann wieder zur Tagesordnung zurück.

Bemerken Sie, dass Sie einen guten Moment verpasst haben, versuchen Sie nicht hinterher zu clicken. Das funktioniert im Pferdegehirn nicht. Konzentrieren Sie sich auf das aktuelle Verhalten, um dort nichts zu versäumen. Geschehen Fehl- oder verpasste Clicks zu häufig, unterbrechen Sie das Training und geben Sie Ihrem Pferd etwas Heu. Fokussieren Sie sich auf das erwünschte Verhalten und visualisieren Sie es. Dann starten Sie mit frischer Konzentration neu.

## Stress und Abwehr

Wir möchten alle das Leben unserer Pferde so stressfrei wie möglich gestalten. Häufig höre ich: »Mein Pferd braucht kein Medical Training, es macht das alles ganz brav mit.« Wie brav ist brav? Ist ein um 30 Zentimeter angehobener Kopf bei der Wurmkur noch »brav«? Warum müssen die Pferde erst »laut werden«, bis auf ihre Äußerungen eingegangen wird? Einige Pferde haben mittlerweile gelernt, dass sie ihre Meinung äußerst deutlich zeigen müssen, damit sie »gehört« werden und endlich im Umgang mit ihnen etwas verändert wird. Bei einem Pferd, das steigt, sobald sich der Tierarzt nähert, wird die Behandlung nur selten durchgesetzt. Das Pferd lernt also: Wenn ich meine Abwehr nur leise zeige, hört keiner darauf. Wehre ich mich aber richtig stark, kann ich wieder zurück in meinen Paddock und habe meine Ruhe. Wenn Sie genauer hinsehen, können Sie schon viel früher Stress und Abwehrverhalten erkennen.

### Stress und Abwehrzeichen

- *Augen:*
- Augen weiten sich
- die Augen weisen nach hinten, das Weiß im Auge ist sichtbar
- dreieckige Form, Lid hochgezogen
- starrer oder in die Ferne schweifender oder in sich gekehrter Blick
- häufiges Blinzeln

- *Maulpartie*
- angespannte, geweiterte Nüstern
- angespannte Kaumuskulatur

- aufeinander gepresste Lippen, Falten um das Maul
- das Kinn ist verkrampft (fühlt sich beim Anfassen fest an, es entstehen zwei Grübchen am Übergang zum Unterkiefer)
- Abkauen nach dem Reiz (→ passiert häufig nach großer Anspannung des Pferdes, nicht zu verwechseln mit Futter kauen)

- *Ohren anlegen*
- *Schweifschlagen*
- *Mähne schütteln*
- *bei Wallachen und Hengsten: Ausschachten (kann auch Entspannung sein!)*
- *Kopf bewegt sich wenige Millimeter oder auch ganz vom Menschen weg*
- *erhöhter Muskeltonus*
- *der Pferdekörper lehnt sich weg vom Menschen*
- *das Pferd macht Schritte weg vom Menschen*
- *hastige, hapsige Futteraufnahme, obwohl sonst höflich*



Ein durchweg angespanntes Gesicht.

Aufmerksamkeit oder Stress? Schauen Sie auf die Lippen!

Scheinbar relativ entspannt, aber eine nach hinten orientierte Körperhaltung.

## Fresstechnik

Ihr Aufnahmekanal für die Mitteilungen Ihres Pferdes besteht in erster Linie aus Ihren Augen. Sie können Ihre Beobachtungsgabe auch außerhalb des Trainings mit dem Betrachten von Trainingsvideos schulen. Darüber hinaus bekommt Ihre Hand beim Füttern wertvolle Informationen. Jedes Pferd hat seine eigene Art, Futter mit den Lippen aufzunehmen. Haben Sie mit Ihrem Pferd solides Höflichkeitstraining gemacht, wird es gesittet das an seine Lippen angereichte Futter aufnehmen. Achten Sie nicht nur bei neuen Trainingsschritten darauf, ob sich die Fresstechnik verändert. Bei jedem Pferd ist Hektik, Hapsen oder gar der plötzliche Einsatz der Zähne ein deutliches Zeichen dafür, dass der Stresslevel gestiegen ist. Modifizieren Sie sofort den allernächsten Trainingsschritt und die nachfolgenden, bis Ihr Pferd wieder auf seine normale Art das Futter aufnimmt. Fühlen Sie beim Füttern hin, spüren Sie die emotionale Verfassung Ihres Pferdes und verhelfen Sie ihm zu mehr Vertrauen.

Es gibt unzählige Zeichen, die Ihr Pferd Ihnen bei Stress oder Abwehr senden kann, bevor es lauter werden muss. Doch warum ist es so wichtig, dass Sie beim Training Ihres Pferdes darauf achten, dass so wenig Stress wie möglich auftritt? Zum einen möchten Sie, dass Ihr Pferd dem Tierarztbesuch in Zukunft mit einer möglichst positiven Grundstimmung entgegensieht. Dies kann es nur, wenn es im Medical Training möglichst viele positive und möglichst stressarme Erfahrungen gesammelt hat. Weitere Gründe sind die kurzfristigen Begleiterscheinungen bei Stress. Dazu gehören u.a. eine stark eingeschränkte Lern- und Konzentrationsfähigkeit, eine angespannte Muskulatur sowie eine geringere allgemeine Belastbarkeit. All dies sind Dinge, die wir weder im Medical Training noch in anderen Situationen des Miteinanders mit dem Pferd absolut nicht haben wollen. Viele Gründe also, um während des Trainings genau hinzuschauen und auf die kleinsten Hinweise zu achten.

So sieht eine entspannte Fresstechnik aus.

Hier sieht man eine deutliche Falte über dem Maul.

2

Es gibt Clicker in diversen Ausführungen.

# VORAUSSETZUNGEN FÜR DIE PRAXIS

Sie brauchen den sogenannten Marker, mit dem Sie den richtigen Moment des Stillhaltens markieren können, um danach schnell das Futter an die Pferdelippen anzureichen. Wenn Sie ohne einen Marker einfach so aus der Hand füttern, erziehen Sie Ihr Pferd zur Unhöflichkeit! Dieses lästige und teilweise gefährliche Verhalten resultiert daraus, dass Ihr Pferd beim »Einfach-so-Füttern« nie wissen kann, wann Futter angereicht wird und wann es stillhalten soll. Konsequentes Verhalten Ihrerseits erleichtert das Training: Markern Sie nur gewünschtes, höfliches Verhalten und reichen Sie immer nur nach einem Markergeräusch das Futter an. Dadurch führen Sie eine sehr klare und faire Kommunikation mit Ihrem Pferd, die es Ihnen mit Futterhöflichkeit danken wird.

Es gibt verschiedene Clicker auf dem Markt. Hier entscheiden Sie sich nach Komfort in der Hand und Lautstärke. Ich trainiere hauptsächlich mit einem Kastenclicker. Dieser ist unter Umständen am Kopf Ihres Pferdes zu laut, dort ist ein Button- oder Laschenclicker besser. Da im Medical Training oft beide Hände gebraucht werden, sollten Sie einen Zungenclick üben. Normales Schnalzen ist natürlich etwas langsamer als ein mechanischer Clicker, aber Sie können mit etwas Übung dabei schneller werden. Achten Sie darauf, sich nicht zu »verraten«, wenn eine deutlich sichtbare Bewegung des Mundes den Click ankündigt. Trainieren Sie am Kopf und müssen sich nicht von der Stelle bewegen, können Sie auch mit dem Buttonclicker arbeiten. Bei diesem Clicker steht der Auslöseknopf hervor. Legen Sie den Clicker unter Ihren Schuh und betätigen Sie ihn mit einer kleinen Bewegung des Fußes. Üben Sie es erst einmal ohne Pferd, um in der Bedienung sicher zu werden.

Von den Meeressäuger-Trainern können Sie sich den Einsatz einer Pfeife abschauen, auch hierbei haben Sie komfortabel beide Hände für die Griffe am Pferd frei und mit etwas Übung ein klares, gleichbleibendes Markergeräusch.

Ein Lob- bzw. Markerwort ist nie so schnell und präzise wie ein Clicker, dessen Frequenz und Art deutlich aus dem hervorsticht, was wir sonst mit unseren Pferden kommunizieren. Wenn Sie ein kurzes, prägnantes Wort wie »top, jip, fein« wählen und es immer nur zum Markern benutzen, können Sie jedoch auch damit Erfolge erzielen.

So haben Sie eine Hand für das Futter frei.

Der Test, ob Ihr Pferd auf das Geräusch oder die Bewegung der Futterhand konditioniert ist, sieht wie folgt aus: Ihr Pferd steht nett und höflich neben Ihnen und Sie lösen das Geräusch aus. Währenddessen und danach bewegen Sie sich keinen Millimeter, beobachten aber Ihr Pferd genau. Spitzt es die Ohren? Verändert sich der Blick? Bewegt es seine Lippen? Kommt der Kopf zu Ihnen? Letzteres ist zwar nicht wünschenswert, zeigt aber, genau wie die anderen Reaktionen, dass die Verknüpfung »Geräusch = etwas Angenehmes folgt« sitzt.

## Das Futter

Es gibt einen wichtigen Satz: Das Pferd entscheidet, ob ein Verstärker ein Verstärker ist oder nicht. Was bedeutet das für Ihr Training? Es muss Ihrem Pferd schmecken. Sie sehen es nicht nur daran, dass Ihr Pferd es frisst, sondern an der Beobachtung, dass das belohnte Verhalten häufiger wird. Von daher bietet es sich an, ein möglichst hochwertiges, leckeres Belohnungsfutter zu nehmen. Konventionelle Leckerli sind meist zu groß und enthalten im Regelfall viel zu viel Zucker.

Wenn Sie Gemüse nehmen, sollten Sie es in schön kleine Stücke schneiden.

Wenn Sie beide Hände brauchen, kann auch ein Zungenclick hilfreich sein, damit Sie schneller füttern können.



Dasselbe gilt für manche Müslisorten. Haben Sie ein Futter ohne viel Zucker, können Sie auch gut damit trainieren. Ich bevorzuge Quetschhafer im Training. Er ist gut zu portionieren, jedes Pferd mag ihn und es sind garantiert keine Zusatzstoffe drin. Auch kleingeschnittene Möhren erfüllen diesen Anspruch. Nun ist es leider so, dass sich die Ernährung von Pferden immer schwieriger gestaltet, weil Stoffwechselprobleme oder blankes Übergewicht auf dem Vormarsch sind. Für solche Kandidaten gibt es eine stetig wachsende Palette an trocken verfütterbaren (!) Heu-, Grünmehl- oder Luzernecobs. Gerade wenn Sie anfangs hochfrequent füttern, weil viele kleine Trainingsschritte aufeinander folgen, besteht bei anderen Cobs das Risiko einer Schlundverstopfung! Manche Besitzer rehegefährdeter Pferde nehmen auch Stangen- und Staudensellerie, Rote Beete oder Gurke mit ins Programm auf. Achten Sie auf eine langsame Gewöhnung an neue Futtermittel. Hagebutten werden auch von vielen Besitzern genommen, eignen sich für kleinschrittiges Training aber nicht, weil die Menge pro Trainingseinheit dann zu groß werden würde.

Gurke enthält fast keine Kalorien.

Die durchschnittliche Portion pro Click für ein Shetty.

Pro Click sollte es ca. 5–10 Gramm Belohnungsfutter geben. Es sind bei einer durchschnittlichen Session von 20 Minuten Training ungefähr 500 Gramm, die Ihr Pferd bekommt. Ziehen Sie es auch gerne von der Kraftfutterration ab.

Beim Zahntraining (s. S. 134) oder manchen Teilen der Allgemeinen Untersuchung (s. S. 106) kann es Ihnen im Training sehr helfen, wenn Ihr Pferd an Breifutter aus der Spritze gewöhnt wird. Ihr Pferd muss vor dem Abschlucken nicht lange kauen und hält deswegen deutlich schneller seinen Kiefer still. Sie können eher mit dem nächsten Trainingsschritt fortfahren und mehr erfolgreiche Durchgänge in derselben Trainingszeit machen.

Eine Spritze mit 60 ml Fassungsvermögen reicht für ca. 15 Clicks. Was Sie in die Spritze füllen, sollten Sie gemeinsam mit Ihrem Pferd entscheiden. Meine Pferde fanden bei den ersten Versuchen Apfelmus, sei es roh, gekocht, gesüßt oder ungesüßt, reichlich unattraktiv. Es gibt aber auch das Beispiel einer Stute, die wunderbar mit Gurken-Apfelmus arbeitet. Ich habe z.T. mit schon eingeweichten Heucobs aus

Apfelmus eignet sich gut für die Breifütterung.

der Hand trainiert. Ein ziemliches Gematsche an den Fingern – aber schnelleres Training. Seien Sie kreativ und probieren Sie aus, was Ihrem Pferd schmeckt, praktikabel und gesund ist. Hat Ihr Pferd ein Thema mit Spritzen am Maul, sei Ihnen das Kapitel »Wurmkuren« (s. S. 180) empfohlen.

## Leckschalen

Eine weitere Alternative können Leckschalen sein. Es gibt sogar Produkte ganz ohne Zucker. Nach dem Click halten Sie Ihrem Pferd schnell die Schale unter sein Maul, lassen es ein paar Schlecks machen und stellen die Schale wieder weg bzw. legen Sie in Ihre geräumige Bauchtasche. Damit haben Sie keine langen Kauzeiten und keine Futter- und Speichelreste an den Händen kleben.

## Die Futtertasche

Sie brauchen unbedingt eine geräumige und verschließbare Futtertasche mit ausreichend großer Öffnung zum Hineingreifen. Jackentaschen sind als Aufbewahrungsort für das Belohnungsfutter für vernünftiges und professionelles Training ungeeignet, weil der Griff in die Tasche und wieder hinaus zu lange dauert. Da Sie Ihrem Pferd grundsätzlich beim Einsatz von Futterlob die Höflichkeitsregeln beibringen (s. S. 44), dürfte die Versuchung des Futters in der Bauchtasche kein Thema mehr sein.

Bereit zum Training.

Einen solchen Fehler sollten Sie niemals aversiv strafen, sondern mit sofortigem Weggehen quittieren.



Sollte ein Pfund Essen, welches fast frei zugänglich vor dem Bauch des Menschen hängt, Ihr Pferd doch zu Aufdringlichkeit verleiten, verweilen Sie noch etwas länger beim Höflichkeitstraining. Ihr Pferd lernt dabei, seine Impulse zu kontrollieren. Diese Fähigkeit braucht es sowieso bei allen Aufgaben im Medical Training.

## Höflichkeit

In der Pferdewelt ist das Training mit Futterlob leider immer noch ein ziemliches Reizthema. Es wird häufig so dargestellt, als könne ein Pferd gar nicht anders als »schnappig«, »aufdringlich« oder »frech« werden, wenn es aus der Hand gefüttert wird. Wir dagegen sagen: Wenn die Pferde unhöflich werden, dann liegt das Problem in der korrekten Anwendung, nicht in der Methode an sich. Wenn wir einen Unfall bauen, weil wir ohne Führerschein Auto gefahren sind, würde ja auch niemand behaupten, dass das Auto schuld ist. Richtig angewandt macht das Clickertraining Ihr Pferd nicht aufdringlicher, sondern verwandelt es in einen entzückenden Minnesänger anstatt eines Raubritters.

Bei den meistens Menschen bedeutet »höflich« wahrscheinlich so viel wie »bettelt nicht nach Futter« oder »steckt seine Nase nicht in fremde Taschen«. Wenn wir Höflichkeit jedoch als Verhalten betrachten, dann ist es noch einiges mehr. Ihr Pferd wird sich weder bei Ihrer Annäherung noch, wenn Sie frontal oder neben ihm auf verschiedenen Positionen stehen, im Gehen, beim Anhalten oder wenn Sie einen Eimer mit Futter tragen, ungefragt bedienen wollen.

Der Beginn hinter einer Absperrung verhilft jedem Pferd zu schnellerer Höflichkeit.

Frei bleibt der Mensch erst einmal auf Distanz.

So bekommt man Schritt für Schritt ein höfliches Pferd.

## Es gibt viele Gründe, Höflichkeit beim Futterlob zu trainieren:

- *Ein unhöfliches Pferd ist nicht nur wegen angesabberter Jackenärmel lästig, sondern schlimmstenfalls sogar gefährlich: Aus einem netten Betteln mit Kulleraugen wird schnell ein beherzter Biss, wenn man keinen Keks dabeihat. Oder die nächsten Kinderfinger müssen daran glauben.*
- *Ein bettelndes Pferd sorgt definitiv nicht für Begeisterung bei den Stallkollegen.*
- *»Geiern« nach Futter reduziert die Konzentrationsfähigkeit.*
- *Unklare Futterregeln sind stressig für Ihr Pferd.*
- *Durch das Training der Impulskontrolle stellt Höflichkeit eine perfekte Vorbereitung für das Medical Training dar.*



Auch wenn Sie ein akutes Problem mit Medical Training bearbeiten möchten: Nehmen Sie sich ausreichend Zeit für die Basisübung beim Clickern schlechthin, die Höflichkeit. Es ist wie bei einem Hausbau: Je besser und fester das Fundament, desto stabiler werden die Wände und das ganze Haus sein.

Füttern Sie ohne vorangegangenen Click, so bedeutet jede Handbewegung potentiell »gleich kommt das Futter«. Ihr Pferd kann kaum unterscheiden, wann sich eine Hand zum Füttern annähert und wann sie nur das Halfter greifen oder die Nase streicheln möchte. Dementsprechend wird Ihr Pferd sicherheitshalber immer wieder die Hände kontrollieren. Ein Clicker schafft da deutlich mehr Klarheit. Diese Verknüpfung kann Ihr Pferd allerdings nur herstellen, wenn Sie Ihren Ablauf gut koordinieren. Das Geräusch muss ertönt sein, bevor irgendeine Reaktion Ihres Körpers erkennbar ist. Andernfalls wird Ihr Pferd nur auf Sie und Ihre Bewegungen achten und das Geräusch überhaupt nicht als trainingsrelevant wahrnehmen und abspeichern können.

Es erfordert Konzentration von beiden, wenn man an der Höflichkeit arbeitet.

## Erst clicken, dann füttern!

*Ab jetzt sollte Ihr Pferd von Ihnen nur noch etwas aus der Hand bekommen, nachdem Sie vorher geclickt haben. Keine Sorge, Sie müssen den Clicker nicht überallhin mitnehmen, ein Zungenclick oder ein Pfiff tun es auch. Hauptsache Ihr Pferd wurde vorher auf den Click oder den anderen Marker konditioniert. Instruieren Sie auch möglichst alle Menschen, die sonst mit Ihrem Pferd zu tun haben, dass es Futter aus der Hand nur für höfliches Verhalten und nach einem bestimmten Geräusch angereicht bekommt.*

# Techniktraining

Reiter werden zur Vorbereitung und Schulung ihrer Fähigkeiten auf Holzpferde, Franklin- oder Gymnastikbälle gesetzt. Clickertrainer üben zu Beginn noch ohne das Pferd und füttern erst einige Male in einen leeren Eimer. So können Sie in aller Ruhe die wichtigsten Bewegungsabläufe üben, damit diese reibungslos und präzise ablaufen. Sie werden Sicherheit in Ihrem Tun bekommen und schneller werden. Tempo und Reihenfolge Ihrer Handlungen müssen gut koordiniert werden, wenn Sie fein mit Ihrem Pferd kommunizieren wollen.

»Training ist ein Handwerk.«
*Bob Bailey*

Bereit zum Training.

Damit im Gehirn Ihres Pferdes die richtigen Verknüpfungen entstehen, ist die Reihenfolge Ihrer beiden Aktivitäten (erst clicken, dann füttern) elementar. Es gilt immer, sie einzuhalten: Sie beobachten Ihr Pferd, Ihre Hand ruht mit einer Futterportion in der Tasche; es hält still, Sie clicken; nach dem Click bewegen Sie Ihre Hand blitzschnell zum Pferdemaul und liefern das Futter ans Maul an; ihr Pferd nimmt es mit den Lippen auf; Sie führen Ihre Hand wieder in die Tasche und greifen die nächste Portion, halten wieder still usw.

Um diesen Ablauf zu üben, brauchen Sie kein Pferd. Sie nehmen zuerst einen Eimer und stellen ihn auf einen Hocker oder einen anderen Gegenstand. Die Höhe muss so bemessen sein, dass die Oberkante des Eimers sich dort befindet, wo bei Ihrem Pferd in Ruhestellung das Maul wäre. Wählen Sie den Abstand so, dass Sie Ihren Arm etwas strecken müssen, um mit Ihrer Hand mittig über den Eimer zu reichen. Dann greifen Sie eine Portion Futter, clicken, führen Ihre Hand mit dem Handrücken nach unten über den Eimer, lassen das Futter in den Eimer fallen, führen Ihre Hand wieder zur Tasche und greifen die nächste Portion.

Trainer mit etwas Übung schaffen ca. 60 Durchgänge pro Minute mit der rechten und auch der linken Hand. Es geht nicht darum, dass Sie jemals in dieser Frequenz Ihr Pferd füttern werden. Es geht um das Schaffen neuer neuromuskulärer Verbindungen, die Sie im Medical Training brauchen. Lassen Sie sich dabei beobachten oder filmen Sie sich beim Techniktraining. So bekommen Sie Rückmeldung, ob die einzelnen Bewegungen wirklich sauber aufeinander folgen. Selbstverständlich ist es besser, so schnell wie möglich zu füttern. Geht dies jedoch zu Lasten der Genauigkeit, üben Sie die Abläufe etwas langsamer.

Trainieren besteht aus einer Trias von Beobachten → Entscheiden → Handeln. Den motorischen Part hierbei haben Sie schon kennengelernt. Jetzt kommen beim Techniktraining die Beobachtung und die Entscheidung dazu. Nur wenn Sie sehen und wahrnehmen können, was Ihr Pferd in

Gut vorbereitet funktioniert es mit Pferd grundsätzlich besser.

dem Moment gerade tut, können Sie die richtige Entscheidung treffen. Die Frage lautet immer: Clicken oder nicht clicken?!

Hierfür bitten Sie einen zweiten Menschen, sich neben Sie zu stellen und sich im Stand ein wenig zu bewegen. Ab und zu hält er still und wenn Sie sicher sind, dass Sie wirklich ein Stillhalten sehen, clicken und »füttern« Sie die Hand Ihres Helfers. Eine andere schöne Möglichkeit ist das Ansehen eines beliebigen Ballsport-Videos. Sie drücken die Pause-Taste Ihrer Fernbedienung oder Maus immer, wenn Sie sehen, dass der Ball berührt wird. So sehen Sie direkt, ob Sie im richtigen Moment reagiert haben. Noch schöner ist ein Video von einem Pferd, welches mit einem Ball spielt. Hier können Sie sogar noch differenzieren. Clicken Sie nur bei der Berührung des Mauls und halten Ihren Daumen still, wenn ein Huf oder ein Bein Ballkontakt haben.

Auch wenn Sie es kaum erwarten können, mit Ihrem Pferd zu starten: Sorgfältiges Techniktraining lohnt sich sehr, denn wenn Sie bereits wissen und live umgesetzt haben, was im Training zu tun ist, wird es mit Ihrem Pferd leichter und schneller gehen.

## Praxis: Die Nullposition

Für einen Großteil der Aufgaben im Medical Training und für die Höflichkeit brauchen wir die sogenannte Nullposition. Das ist die Haltung, die immer dann eingenommen wird, wenn keine andere Aktion gefragt ist. Dieses »Default behavior« sollte so gut wie möglich etabliert sein. Praktisch bedeutet es, dass Ihr Pferd mit allen vier Hufen auf dem Boden steht und Kopf und Hals gerade und stillhält.

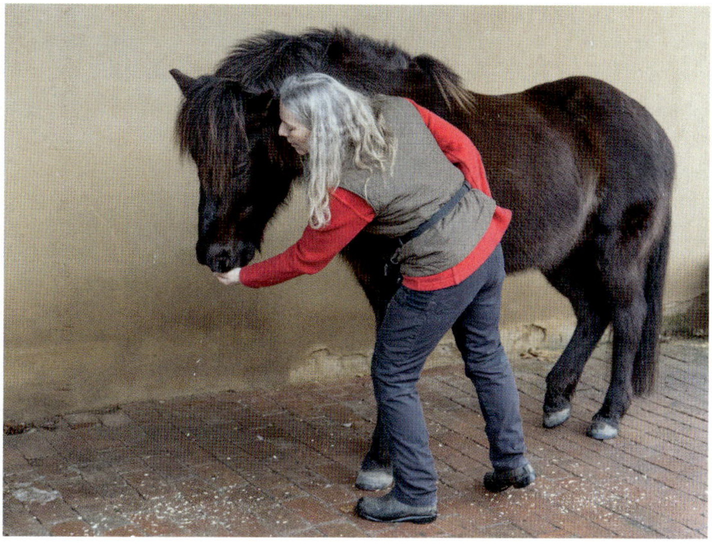

Bewegen Sie sich nach dem Click immer schnell so weit nach vorne, wie es für mittiges Füttern nötig ist.

Eine Hand in der Futtertasche stellt für ein korrekt trainiertes Pferd überhaupt keine Herausforderung dar.

Dieses Verhalten möchten Sie verstärken, es soll häufiger auftreten – auch beispielsweise dann, wenn Sie selbst sich bewegen. Wenn Sie sich ein inneres, genaues Bild davon machen, wird es Ihnen leichter fallen, es wahrzunehmen und verstärken zu können.

## Konditionierung und Höflichkeit

Mit Techniktraining sind Sie gut gerüstet für den praktischen Teil mit Ihrem Pferd. Dabei ist es immer das Ziel, die Übung für Ihr Pferd so offensichtlich wie möglich zu gestalten und möglichst viele Fehlerquellen auszuschließen. Aus diesem Grund starten Sie mit einem angebundenen Pferd oder stellen sich hinter eine Absperrung.

Stellen Sie sich außerhalb der Reichweite Ihres Pferdes hin. Die zum Pferd gewandte Hand ruht in der Futtertasche und greift bereits eine Portion Futter.

Es gibt Trainer, die davon abraten, da sie der Meinung sind, dass die Futterhand in der Tasche Pferde zum Betteln erzieht. Das ist jedoch nur eine Frage des Trainings und hat uns noch nie Probleme bereitet. Diese treten nur auf, wenn Sie zu häufig erst die Futterhand bewegen und dann erst clicken oder kein Höflichkeitstraining machen.

Gehen Sie nur zum nächsten Trainingsschritt weiter, wenn der aktuelle zehn Mal in Folge erfolgreich war. Bei anderen Aufgaben reichen manchmal fünf Wiederholungen. Da Sie hier an dem Fundament Ihrer Kommunikation arbeiten, lohnen sich mehr Durchgänge zum Festigen.

Sollte eine Reihe von Fehlern auftreten, machen Sie die Aufgabe etwas leichter und wählen Sie einen passenden Zwischenschritt. Das kann z.B. eine anstatt zwei Sekunden Wartezeit sein.

Eine zu erwartende Reaktion, wenn plötzlich Futter im Spiel ist.

### • Schritt 1: Ihr Pferd hält still, wenn Sie mit ein wenig Abstand neben ihm stehen.

Stellen Sie sich in Führposition so hin, dass Ihr Pferd Sie auch am gespannten Strick nicht erreichen kann. Beobachten Sie Ihr Pferd genau: Hängt es sich in den Strick, um irgendwie an Sie und die Tasche zu kommen? Dreht es sich hin und her, um die Reichweite des Stricks auszutesten? Das ist am Anfang völlig normal. Ihr Pferd muss erst lernen, dass diese Strategie – die sich in der Vergangenheit vielleicht auch schon mehrfach gelohnt hat – jetzt nicht mehr zum Ziel führt.

Das Wichtigste ist, dass Sie vollkommen ruhig und entspannt bleiben. Sprechen Sie Ihr Pferd nicht an. Warten Sie ab. Ihre Aufmerksamkeit wäre eine Belohnung, schließlich hätte es Sie ja äußerst gerne in seiner Nähe.

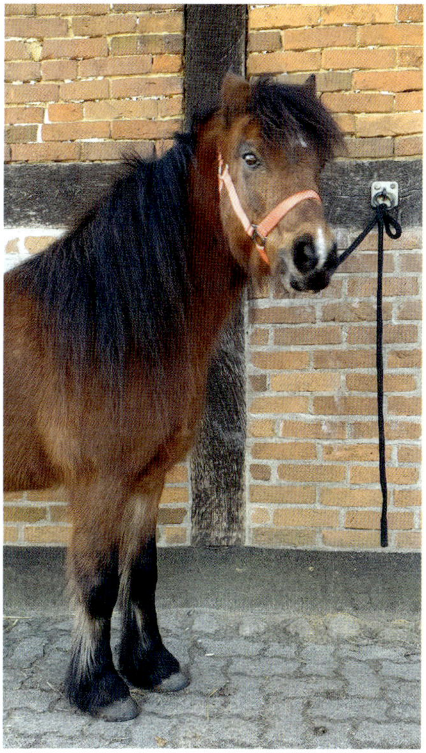

Jetzt gilt: Abwarten, bis der Strick locker und der Hals tiefer ist.

Erst wenn Sie beobachten, dass der Strick eine Sekunde locker hängt, dürfen Sie reagieren und clicken und dann füttern. Zählen Sie am besten ein-und-zwan-zig, um wirklich auf eine gewünschte Dauer zu kommen. Als Futterpunkt nutzen Sie die Nullposition: Mittig vor der Pferdebrust in leichter Dehnungshaltung. Hier zeigt sich ein Vorteil des Anbindens: Sie können hier ruhig gleich eine ganze Sekunde trainieren, das schafft eine solide Basis. Arbeitet man – nicht nur als ungeübter Trainer – mit kürzeren Kriterien mit einem freien Pferd, steigt das Risiko für Fehlclicks. Das ist ungünstig, da Ihr Pferd gerade etwas Neues lernt und daher möglichst präzise Informationen braucht.

Das passiert schnell, wenn man auf die Hufe guckt und nicht mit der kopfwärtigen Hand füttert.

Wichtig: Sie liefern das Futter an. Je schneller Sie dabei sind, desto weniger Gelegenheit hat Ihr Pferd, durch Entgegenkommen unhöflich zu werden und dafür auch noch belohnt zu werden. Seien Sie darauf gefasst, dass es immer wieder »Hampelphasen« gibt, selbst wenn das Pferd schon mehrmals hintereinander schnell den Strick lockergelassen hat. Es wird seine alte Strategie immer mal wieder hervorholen. Bleiben Sie geduldig und konzentrieren Sie sich darauf, die richtigen Momente zu verstärken. Die Dauer und die Intensität der Versuche werden immer weniger werden. Immer öfter wird Ihr Pferd nach dem Füttern erst einmal ruhig stehen bleiben. Das ist genau das Verhalten, welches Sie brauchen!

Ihr Pferd bleibt angebunden ohnehin ruhig stehen? Perfekt, dann clicken und füttern Sie einfach zehn Mal hintereinander das schöne Verhalten und gehen dann direkt zum nächsten Trainingsschritt.

Füttern in Nullposition.

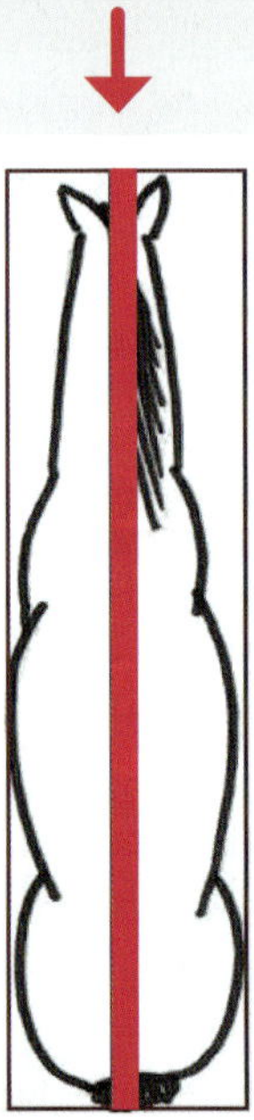

Immer schön mittig das Futter anreichen!

## Trainingsschritt 1 - Höflichkeit

*Pferd hampelt, scharrt, lehnt sich in den Strick → stehen, lächeln und atmen, warten, beobachten*

*Pferd lässt den Strick 1 Sekunde locker, alle Hufe auf dem Boden → clicken und schnell füttern*

Im nächsten Trainingsschritt wird es für Ihr Pferd schon ein wenig schwieriger. Und auch Sie müssen Ihr Verhalten nun noch schneller anpassen können. Sie sind also beide gefordert.

### • Schritt 2: **Ihr Pferd hält still, während Sie einen Schritt zu ihm hin machen.**

Sie warten, bis Ihr Pferd stillhält. Anstatt zu clicken, machen Sie nun einen Schritt in seine Reichweite hinein. Hält es immer noch still, clicken und füttern Sie. Unmittelbar nach dem Füttern bewegen Sie sich wieder auf die Startposition zurück.

Mit jedem neuen Trainingsschritt begeben Sie sich in einen Bereich, in dem wieder Fehler auftauchen können. Die meisten Pferde wissen ziemlich genau, wie lang ein Strick reicht. Wundern Sie Sich also nicht, wenn die alten Verhaltensweisen noch einmal auftauchen und das Pferdemaul in Richtung Tasche wandert und nach Futter sucht. Auch wenn Sie scheinbar nur eine »Kleinigkeit« verändert haben, macht es für viele Pferde durchaus einen Unterschied. Sobald Ihr Pferd versucht, Sie oder die Tasche zu berühren, machen Sie schnell einen Schritt nach hinten.

Warten Sie nach einem Fehler, bis Ihr Pferd wieder komplett zur Ruhe kommt.

So kommen Sie aus der Reichweite Ihres Pferdes hinaus. Hält es danach eine Sekunde still (wie in Schritt 1), machen Sie den Schritt wieder hin zu Ihrem Pferd, um sein Stillhalten bei Ihrer Annäherung zu clicken und zu füttern.

Auch nach einem Fehler wird Ihr Pferd für das Stillhalten nicht mehr geclickt, sondern Ihre Annäherung ist die Belohnung. Können Sie diesen Schritt zu Ihrem Pferd herangehen und es bewegt sich dabei nicht, wird es dafür geclickt und gefüttert.

Möglicherweise ist dieser Schritt für Ihr Pferd noch zu schwierig. Wenn es drei Fehler in Folge macht, dann können Sie den Schritt durch eine weniger starke Bewegung ersetzen, z.B. eine leichte Kniebeuge. Anstatt des Schrittes führen Sie an Ort und Stelle die »Ersatzbewegung« aus und clicken Ihr Pferd, wenn es dabei stillhält. Gelingen Ihnen zehn fehlerfreie Durchgänge in Folge, trainieren Sie erneut den Schritt auf Ihr Pferd zu. Sollten auch hier wieder drei Fehler in Folge auftreten, beugen Sie z.B. nur Ihren Oberkörper vor.



## Trainingsschritt 2 – Höflichkeit

*Pferd hampelt → warten*

*Pferd hält 1 Sekunde still → Schritt auf das Pferd zu gehen*

*Pferd hält während des Schrittes still → clicken und füttern*

*Pferd kommt entgegen → Schritt zurück in die Ausgangsposition*

*Pferd macht 3 Fehler in Folge → Schritt durch Kniebeuge ersetzen*

### • Schritt 3: Ihr Pferd hält still, wenn Sie einen Schritt nähertreten und dort eine Sekunde warten.

In diesem Schritt bauen Sie auf dem auf, was Sie bisher erarbeitet haben. Der Ablauf ist im Großen und Ganzen mit dem aus Schritt 2 identisch. Wenn Ihr Pferd eine Sekunde stillhält, nähern Sie sich einen Schritt an. Anstatt zu clicken warten Sie in der Position ebenfalls eine Sekunde, bevor Sie das schöne Abwarten mit Click und Futter verstärken. Sie schieben den Clickmoment also noch ein wenig hinaus.

Passiert ein Fehler, gehen Sie aus der Reichweite Ihres Pferdes hinaus, warten das Stillhalten ab und wiederholen den gleichen Ablauf noch einmal. Das heißt, Sie nähern sich und warten eine Sekunde ab. Nur so kann Ihr Pferd sich seinen Click verdienen.

## Trainingsschritt 3 - Höflichkeit

*Pferd hält 1 Sekunde still → Schritt auf das Pferd zu gehen*

*Pferd hält während des Schrittes still*

*Pferd hält still, wenn Mensch 1 Sekunde neben ihm steht*

*→ clicken und füttern*

### • Schritt 4: Ihr Pferd steht still, während Sie neben ihm in Ihrer Futtertasche wühlen.

Hier ist der Kopf beim Warten direkt neben der Futtertasche schon ein wenig zu weit aus der Mitte herausgewandert.

Sie fangen nun also an, Ihr Pferd auch ganz gezielt ein wenig in Versuchung zu führen. Die Idee ist natürlich nicht, Ihr Pferd absichtlich Fehler machen zu lassen oder zu provozieren. Es geht gerade in Hinsicht auf Medical Training darum, dass Ihrem Pferd klar wird, dass sich Impulskontrolle unter allen Bedingungen lohnt. Sie werden dadurch ein immer zuverlässigeres Stillhalten bekommen.

Sie machen den gleichen Ablauf wie bei Schritt 3. Anstatt eine Sekunde regungslos neben Ihrem Pferd zu stehen, bewegen Sie die Hand in der Futtertasche. Kontrolliert Ihr Pferd hierbei seine Impulse, wird es nach einer Sekunde dafür geclickt und gefüttert. Mögliche weitere Zwischenschritte sind ebenso wie bei Schritt zwei Ersatzbewegungen wie z.B. ein Ausklappen Ihres Ellenbogens oder ein Vorbeugen Ihres Kopfes.

Können Sie eine Sekunde lang Ihre Futterhand in der Tasche bewegen, erhöhen Sie die Dauer, die Ihr Pferd ruhig warten muss, schrittweise auf ca. fünf Sekunden (s. S. 75 Daueraufbau).

## Trainingsschritt 4 - Höflichkeit

*Pferd hält 1 Sekunde still → Schritt auf das Pferd zu gehen*

*Pferd hält während des Schrittes still*

*Pferd hält still, wenn Mensch 1 Sekunde neben ihm in Futtertasche wühlt*

*→ clicken und füttern*

*Steigern: Pferd hält still, wenn Mensch bis zu 5 Sekunden neben ihm in Futtertasche wühlt*



### • Schritt 5: Ihr Pferd steht still, während Sie einen Futtereimer am Ellenbogen hängen haben.

Mit diesem Schritt erreicht Ihr Pferd beinahe schon ein wenig Showreife. Am Ende wird es bei entsprechendem Training völlig ruhig dastehen können, selbst wenn direkt neben ihm zwei Kilo Hafer an Ihrem Ellenbogen baumeln. Nun werden Sie möglicherweise einwerfen, dass Ihr Pferd ja immer noch angebunden ist, Sie aber gerne mit einem freien Pferd arbeiten würden. Stimmt! Frei wird aber umso besser funktionieren, je intensiver die Vorbereitung ist. Dieses oben beschriebene Training bereitet den Weg für ein Pferd, welches gerne in Ihrer Nähe bleibt und entspannt warten kann. Das Verhalten »Warten« wird durch die Versuchung des Futtereimers gefestigt und kann dann leichter im Kontext »ohne Strick« gezeigt werden. Bei einem Tierarztbesuch sollten Sie sowieso immer ein korrekt »angezogenes« Pferd mit Halfter und Strick vorstellen.

Impulskontrolle in Anwesenheit von Futter bereitet gründlich auf Medical Training vor.

Ihre Geduld, diese Trainingsschritte einen nach dem anderen abzuarbeiten, wird sich auszahlen. Stellen Sie sich vor, dass Ihr Pferd in seinem Gehirn Statistiken erstellt. Für jeden Click macht es einen Strich auf seiner Liste von Verhalten, die sich lohnen. In diesen bisherigen Durchgängen hat es schon viele, viele Striche für höfliches Stehen gesammelt. Diese Striche werden es Ihrem Pferd viel leichter machen, dieses Verhalten auch zu zeigen, ohne angebunden zu sein.

## Weitere Schritte:

*Wiederholen Sie die Schritte 2 bis 5 unter veränderten Bedingungen:*

- *wenn Sie vor Ihrem Pferd stehen*
- *auf der rechten/linken Seite stehen*
- *der Strick auf dem Hals liegt*
- *der Stick auf den Boden hängt*
- *ohne Strick*
- *um 90 Grad gedreht*
- *um 180 Grad gedreht*
- *an anderen Orten*

Stillhalten und auf Click und Futtergabe warten, während eine Hand voller Futter sich bewegt, ist eine schöne Übung für die Impulskontrolle.

Sollte Ihr Pferd sich so verhalten, trainieren Sie lieber noch weiter am Anbinder.

Vom Raubritter ...

... zum Minnesänger.

Ab dem Moment, in dem Sie den Strick vom Anbinder lösen, sind Sie mit einer neuen Herausforderung konfrontiert. Bislang sind Sie nach einem Fehler immer aus der Reichweite Ihres Pferdes verschwunden. Jetzt, wo Ihr Pferd Ihnen folgen kann, müssen Sie eine andere Konsequenz bereithalten. Im Idealfall werden Sie diese kaum brauchen. Schließlich hat Ihr Pferd schon viel gelernt, und auch Sie konnten Ihre Beobachtungsgabe, Ihre Schnelligkeit und Ihren Trainingsaufbau verbessern. Es kann aber durchaus vorkommen, dass Ihr Pferd doch einmal einen Schritt macht oder sein Maul proaktiv zur Futtertasche bewegt. Wenn Ihr Pferd einen dieser Fehler macht, frieren Sie ein. Sie bewegen sich nicht, sprechen das Pferd nicht an, schieben es nicht weg. Sie halten einfach Ihre Futtertasche

Erste Schritte für die Höflichkeit

Trainingsplan Höflichkeit

zu, so dass Ihr Pferd sich nicht selbst belohnen kann und agieren erst, wenn es eine Sekunde lang wieder höflich steht. Dann wiederholen Sie den vorherigen Trainingsschritt.

Sie legen mit solidem Höflichkeitstraining eine fantastische Basis für Ihr Pferd, alle weiteren Aufgaben im Medical Training mit Erfolg lösen zu können.

Gehen Sie immer aktiv mit der Futterhand zum Pferdemaul.

## Schnappkrokodil

Manche Pferde müssen die Aufnahme des Futters mit den Lippen erst lernen. Es passiert nicht nur bei Jungpferden, dass sie versuchen, sich mit einer ruckartigen Nach-unten-Bewegung und ihren Zähnen das Futter ins Maul zu transportieren. Spüren Sie immer genau hin: Sobald die geringste Zahnaktivität oder eine Haps-Bewegung auftritt, lassen Sie Ihre Hand in Richtung Boden fallen. Ihr Pferd lernt so, dass die Konsequenz von »Zähne benutzen« ein Entschwinden der noch nicht leer gefressenen Futterhand bedeutet, wohingegen »nur Lippen zur Futteraufnahme benutzen« mit längerem Fressen honoriert wird.

So kann das Pferd zum Hapsen verleitet werden.

Kleinteiliges Belohnungsfutter ist prinzipiell besser im Training, bei einem Schnappkrokodil helfen sonst auch zuerst größere Brocken. Sie sind einfacher mit den Pferdelippen zu greifen und reduzieren das Risiko von gierigem Schnappen. Nicht nur bei kleinteiligem Belohnungsfutter gilt: Je beherzter und flotter Sie Ihre Hand direkt an die Lippen führen, desto leichter ist meist die korrekte Futteraufnahme für Ihr Pferd.

In manchen Fällen kann es zur Überbrückung auch helfen, das Futter in einer kleinen Schüssel anzureichen. Diese müssen Sie nach dem Anreichen mit einer schnellen Bewegung nach unten wegziehen. Ihr Pferd lernt dann zwar nicht die sanfte Benutzung seiner Lippen, aber Ihre Finger bleiben sicher.

# 3

# TRAININGS-PLANUNG

**»Wer versäumt zu planen, plant Wichtiges zu versäumen!«**



Auch wenn es recht trocken klingt: Ein Trainingsplan hilft beim Gelingen von gutem Training. Eine gewisse Menge an Erfahrung führt auch dazu, dass Sie adäquat auf das jeweilige Pferd reagieren können, dieser rein praktische Weg dauert aber länger. Das eigene Lernen kann zusätzlich auf eine andere Ebene gehoben werden, wenn Sie sich mit Plänen beschäftigen: Sie werden immer effizienter, schneller und somit pferdefreundlicher trainieren können. Wer von Ihnen einmal einen Pferdeanhänger geradeaus rückwärts rangiert hat, weiß wie wichtig es ist, beizeiten in die richtige Richtung zu lenken. Man muss ständig justieren und ggf. auch einmal das Gespann gerade ziehen, um einen neuen, guten Startpunkt zu finden. Bis es soweit ist, dass Ihnen die Lenkbewegungen in Fleisch und Blut übergegangen sind, hilft Ihnen das Wissen: »Wenn ich im rechten Außenspiegel sehe, dass der Anhänger nach rechts von der Fahrbahn abkommt, muss ich das Lenkrad nach links drehen.« Sie haben also einen Plan, der beim Auf-der-Fahrbahn-Bleiben hilft, so dass Sie schneller am Ziel ankommen. Genauso verhält es sich im Medical Training.

Selbst erfahrene Trainer tun sich manchmal mit dem Erstellen von Plänen schwer. Wir haben deswegen in diesem Buch einige Beispielpläne für Sie erstellt, die Sie per QR-Code ausdrucken und mit zu Ihrem Pferd nehmen können. Manchmal fängt man einen Plan an, dann kommt die Realität und er wird nicht vollendet. Die Vorgehensweise, wie konkret damit gearbeitet werden soll, ist gerade für weniger Erfahrene sehr unklar, vor allem wenn es mal nicht klappt wie geplant. Ein Trainingsplan ist ein dreidimensionales, sich ständig änderndes Geflecht von »Wenn-Danns«. Eines der »Urgesteine« des Trainings mit positiver Verstärkung, der großartige Bob Bailey, erwartete auf die Frage »Wozu ist ein Trainingsplan?« im Chor ein »Damit man ihn ändert!« von seinen Schülern. Sie sollten also ein Maximum an Flexibilität bei der Arbeit mit einem Trainingsplan mitbringen, um größtmöglichen Nutzen aus ihm ziehen zu können.

Ein wichtiger Pluspunkt von Trainingsplänen ist die Reduktion oder gar das Eliminieren von Fehlern schon im Vorfeld. Hat Ihr Pferd Arthrose, planen Sie zum Beispiel häufigere Seitenwechsel und Schrittpausen beim Huftraining ein als bei einem gut gerittenen achtjährigen

Wenn das Pferd so deutlich »Nein« sagt, sollte man seinen Plan ändern.



Dressurpferd. Besorgen Sie einen höhenverstellbaren Hufbock und vermeiden mit diesen Maßnahmen, dass der Daueraufbau mit Frust und Fehlern verbunden ist. Mit einem Plan können Sie falsche Tendenzen im Training eher wahrnehmen, weil Sie durch den Abgleich von Plan und Pferdeverhalten einen permanenten »Reality Check« machen. So behalten Sie Ihr Ziel im Blick und können schnelle und richtige Entscheidungen am Pferd treffen.

## Inhalte von Trainingsplänen

Der Trainingsplan beschreibt den Weg vom Ist- zum Zielverhalten, also all das, was man gemeinhin Training nennt. Hierbei scheint die Auswahl der einzelnen Trainingsschritte der maßgebliche Punkt zu sein. Sie legen fest, in welcher Reihenfolge was erarbeitet werden soll. Schauen wir genauer hin, geht es darüber hinaus um potenzielle Fehlerquellen, deren Auftretenswahrscheinlichkeit und wie Sie mit den Fehlern umgehen wollen. Ein extrem hilfreicher Punkt ist beispielsweise das Wissen, dass ein Fehler eine Information ist. Nicht mehr und nicht weniger. Ihnen als Trainer sagt der Fehler, dass dieses Pferd zu diesem Zeitpunkt diesen Trainingsschritt noch nicht ausführen kann. Ihrem Pferd sagt er, dass das gezeigte Verhalten kein Click und Futter zur Folge hat. Dann wird es spannend: Was tun Sie als nächstes? Fragen Sie denselben Trainingsschritt noch einmal ab, kehren Sie zum vorherigen Schritt zurück oder machen Sie nur einen halben Schritt zurück?

Des Weiteren sollte ein Plan Ihre vorgesehenen Hilfsmittel beinhalten. Wenn Sie Ihrem Pferd den Unterschied zwischen Hufe geben und Hufe zum Abtasten stehenlassen mit einer Matte beibringen, dann müssen Sie den Trainingsaufbau entsprechend planen. Wenn Sie später auch ohne Matte das Pferdebein abtasten wollen, brauchen Sie die Planung, wie Sie und Ihr Pferd dorthin kommen.

Der Oberplan:
grobe Reihenfolge unter Abwägung der Vor- und Nachteile

1. *Verhalten bekommen: Stillhalten durch Abwarten (s. S. 51)*
2. *Reize bis zum Zielreiz trainieren (s. S. 127)*
3. *Seite wechseln*
4. *Generalisierung von Menschen und Orten (s. S. 254)*
5. *Dauer aufbauen (s. S. 75)*

## Nutzen

Ein gründliches Vorgehen bei der Vorab-Planung hilft Ihnen bei der Definierung des Startpunktes. Sie lernen, Eventualitäten einzubeziehen und im Geiste schon Flexibilität für das jeweilige Pferd zu erwerben.

Dadurch werden Sie schneller umplanen können und Fehlerquellen entdecken. Sie geraten im Training in weniger Sackgassen bzw. lernen quasi in drei Zügen zu wenden, um im Bild des Gespannfahrens zu bleiben. Die Planung ist nie fertig, weil Ihr Pferd ein Lebewesen ist und Sie Ihren Plan beständig an Ihr Pferd anpassen sollten. Dadurch erweitern Sie Ihre »Toolbox« und Ihr Können wird immer besser.

## Vorab

Wenn Sie ein fremdes Pferd trainieren, ist eine genaue Anamnese sinnvoll. Im Vorgespräch mit dem Besitzer sollten Sie wichtige Informationen einholen, bevor Sie das erste Mal für das Medical Training ans Pferd gehen. Entscheidend ist auch, dass organische Ursachen für das unkooperative Verhalten geprüft wurden – sofern das Pferd denn einen Tierarzt an sich herangelassen hat.

Für Ihr eigenes oder ein Kundenpferd sollten Sie auch wissen, wie seine Behandlungs- und Trainingshistorie aussieht. Darüber hinaus sollten Sie sich einen Überblick darüber verschaffen, was das jeweilige Pferd schon kann und in Bezug auf die zu trainierende Aufgabe an Fähigkeiten mitbringt.

MEDICAL TRAINING

## Allgemeines zur Anamnese

- *Alter, Geschlecht, Rasse*
- *Gesundheitszustand, Krankheiten*
- *Verhaltensänderungen*
  *z.B. aggressives, dominantes Verhalten (bei Stuten), Tumor-Verdacht, Blutbild*
- *Gewebe, Fell, Hufe*
- *somnolent (schläfrig), fallen, stolpern, nicht »bei sich sein«*
- *Verspannungen, Verhärtungen, Schmerzen*
- *Verdauung, Kotwasser*
- *Haltungsform, Herdenkonstellation*
- *Einsatz als .../ Beschäftigung*
- *Trainingsmethode/n*

Erfahren Sie so viel wie möglich über das Pferd und seine Geschichte.

## Vorerfahrungen

- *Wie oft hat sich das Pferd schon gewehrt?*
- *Wobei genau?*
- *Auf welche Art und Weise?*
- *Welche Erfolge hatte es dabei?*
- *Welche Konsequenzen hatte sein Verhalten?*
- *Welche (Zwangs-)Maßnahmen wurden eingesetzt?*
- *Mit welchen Resultaten?*
- *Ergab sich dadurch eine Beziehungsveränderung im Alltag?*
- *Trat eine Verschlechterung oder Verbesserung des Verhaltens mit Anzahl der Maßnahmen auf?*

Mit einem guten Plan gemeinsam zum Erfolg.



## Trainingseinstieg/Evaluation

Sie sollten zuerst den Startpunkt definieren. Wenn Sie nicht ganz sicher sind, wo Ihr Pferd bei der jeweiligen Aufgabe steht, machen Sie eine Evaluation und filmen diese idealerweise (s. S. 79)
So können Sie sich in Ruhe auch im Nachgang ansehen, was Sie und Ihr Pferd wann getan haben. Das heißt am Beispiel Temperatur messen: Sie gehen zu Ihrem Pferd und führen die Prozedur soweit durch, bis Ihr Pferd durch sein Verhalten zeigt, wann seine Grenze erreicht ist. Sie testen, was das Pferd noch aushalten kann. Oft reicht ein Versuch, um glasklar zu erkennen, wann Ihr Pferd »Nein!« sagt. Sie sollten maximal drei Mal testen, wie weit Sie gehen können.
So verärgern Sie Ihr Pferd nicht unnötig und tragen den Aspekten Vertrauen, Gesundheit und Sicherheit entsprechend Rechnung. Die Evaluierung dient dazu, entscheidende Informationen darüber zu bekommen, was geht und was nicht. Entsprechend dieser Information entschließen Sie sich, wo genau Sie mit Ihrem Plan beginnen.

## Kriterien

Vereinfacht gesagt ist ein Kriterium das, was Sie sehen möchten, um mit dem Daumen den Clicker auszulösen. Nur wenn Sie selbst genau wissen, was gerade Ihr Kriterium ist, können Sie im richtigen Moment bestärken. So kann Ihr Pferd leichter verstehen, was Sie gerade konkret mit ihm trainieren. Stellen Sie sich selbst die Frage, wie genau das Verhalten aussieht, das Sie als Kriterium festlegen möchten. Wie sieht z.B. das Stillhalten des Kopfes Ihres Pferdes aus?

Auf welcher Höhe soll der Kopf sein? Soll er gerade sein oder zu ihnen gedreht sein? Wie lange soll er unbeweglich sein?

Ein wichtiger Grundsatz ist, jeweils nur an einem Kriterium zur Zeit zu arbeiten, damit es für Ihr Pferd verständlich bleibt. Sie fügen immer nur ein Kriterium nach dem anderen hinzu. Sitzt ein Kriterium, machen Sie den nächsten Trainingsschritt und ergänzen den vorherigen um das nächste Kriterium. Das Vorherige bleibt also Bestandteil des folgenden Kriteriums. Stellen Sie sich immer die Frage: Was ist mein Kriterium? Was muss ich alles sehen, um mein Pferd mit Click und Futter zu belohnen?

## Was ist ein Trainingsschritt?

Im Medical Training beschreibt ein Trainingsschritt all die Eigenschaften der von Ihnen gesetzten Reize und des jeweiligen Verhaltens, welches Ihr Pferd für Click und Futter zeigen muss. In den allermeisten Fällen sind Wiederholungen sinnvoll. Sie sollten sich pro Trainingsschritt nicht mit einer Erfolgsquote von unter acht von zehn korrekten Ausführungen zufriedengeben. Diese 80 Prozent an erfolgreichen Durchgängen ist Minimum und natürlich weniger solide und schwächer als zehn von zehn.

Handeln Sie immer nach dem Prinzip »Hilf dem Tier, das Richtige zu tun.« Fällt es Ihnen schwer, beim Schreiben eines Trainingsplans auf eine möglichst große Zahl an Trainingsschritten zu kommen, sollten Sie sich die gewünschte Handlung am Pferd einmal in Slow Motion ansehen. Wenn Sie niemanden im Stall haben, bei dem das geplante Verhalten funktioniert, suchen Sie zum Beispiel bei YouTube. Drücken Sie bei ¼ Geschwindigkeit alle vier Sekunden auf die Stopp-Taste und notieren Sie, welche Bewegung das Tier bzw. der Mensch gerade macht. Schon haben Sie einen Trainingsschritt gefunden! Denken Sie immer daran: Falls es einmal im Training hakt, gibt es immer einen Zwischenschritt, mit dem Sie Ihr Pferd abholen und in den Erfolg bringen können!

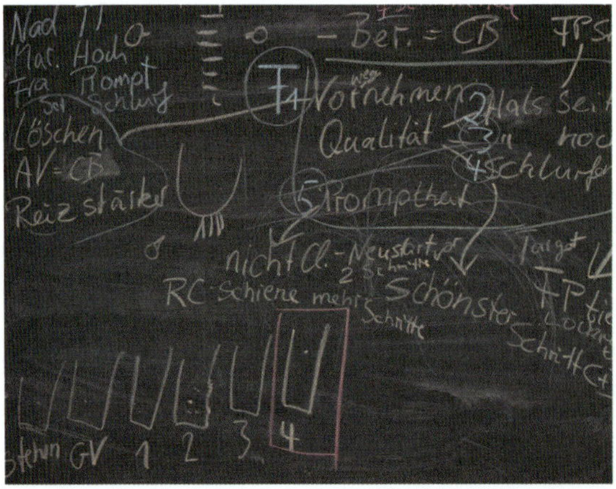


Ein Trainingsplan kann viele Komponenten beinhalten.

Oft ist eine einzige kleine Berührung der erste erfolgreiche Schritt.



## Erfolgsquote

*5 von 5 Richtige → nächster Trainingsschritt*

*4 von 5 Richtige → Trainingsschritt wiederholen*

*1–3 von 5 Richtige → Zwischenschritt finden und als Päckchen trainieren*

*0 von 5 Richtige → Pferd von weiter vorn wieder abholen*

# Verfeinern eines Trainingsplans

Es gibt erschreckend viele Pferde, die sich vom Menschen nicht anfassen lassen oder am Anbinder niemals stillstehen. Schauen Sie sich die folgenden notierten Trainingsschritte an. Wenn Sie sich jetzt vornehmen, mithilfe dieser Trainingsschritte das Anfassen-Lassen am ganzen Körper zu trainieren, wird Ihnen durch die gestellten Fragen schnell auffallen, dass Planung immer noch einen Hauch präziser geht. Die berühmten »W-Fragen« helfen Ihnen weiter, wenn Sie einen Trainingsschritt überlegen. Hinzu kommen die Fragen nach dem Kontext: Ort, Umgebungsreize, Stimmung, Tageszeit etc.

## Trainingsschritte Anfassen für Untersuchung

*Pferd steht in Nullposition, Mensch daneben*

- *Annähern der Hand*
  Aus welcher Richtung? Aus welchem Abstand? In welchem Tempo?
- *Berührung*
  Welche Stelle? Mit wie vielen Fingern/dem Handrücken/der Handinnenfläche? Wie lange?
- *kurz streicheln*
  Wie kurz (Sek.)? Welche Stelle? Mit wie vielen Fingern /dem Handrücken/der Handinnenfläche?
- *längeres Streicheln*
  Wie lange genau?
- *Streicheln der Brust*
  Wie lange? Wie intensiv?
- *Streicheln des Bauches*
  Wie lange? Wie intensiv? Bis wohin?
- *Streicheln mit leichtem Druck*
  Was ist leichter Druck? Wo überall?
- *Streicheln der Beine*
  vorne und hinten? Welche Richtung? Innen, außen?
- *Abstreichen des Rückens*
  Wie? Finger, Hand? Wie lange? Wie fest?

**Mit diesem Trainingsplan lernt Ihr Pferd, sich überall gerne anfassen zu lassen.**

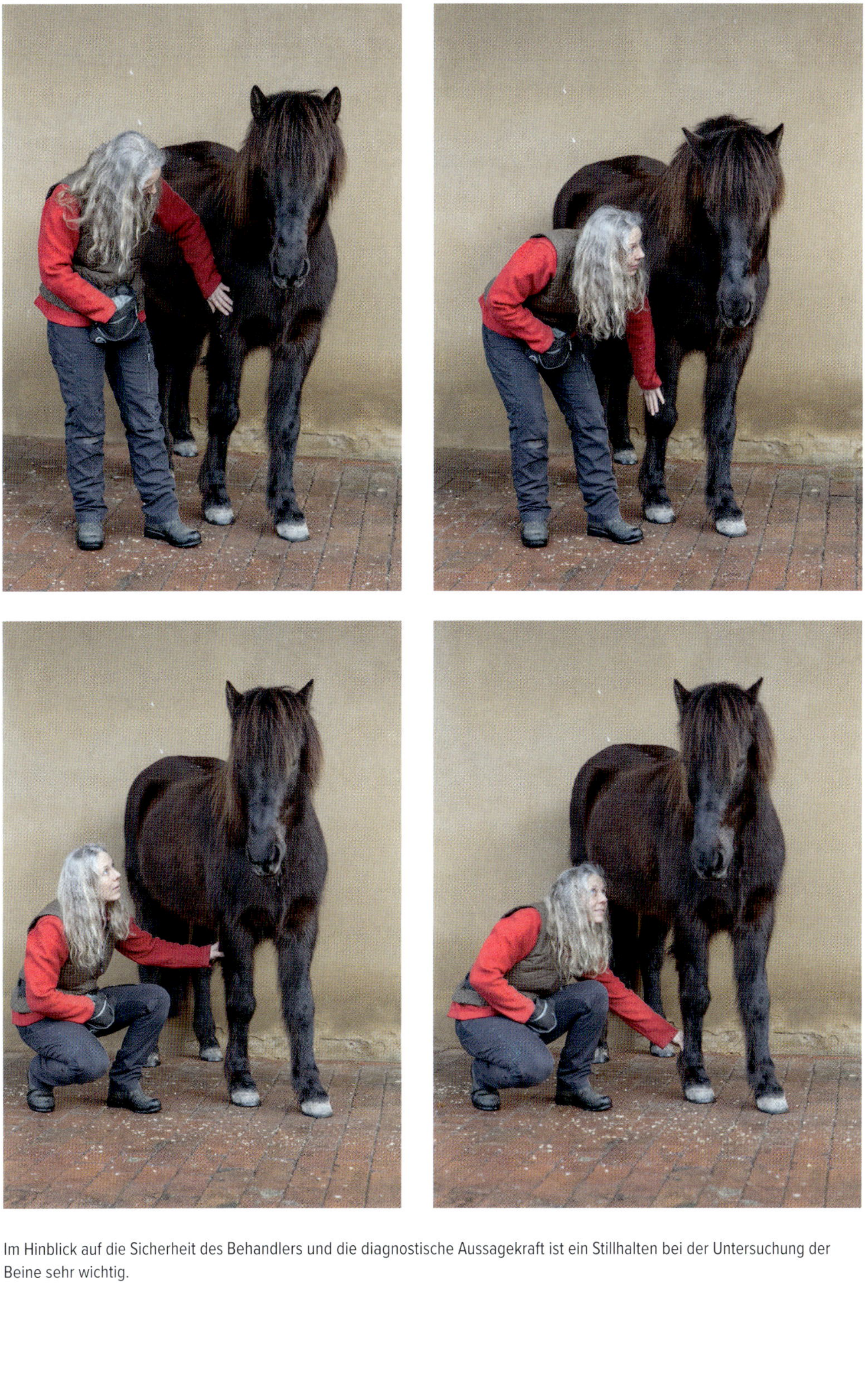

Im Hinblick auf die Sicherheit des Behandlers und die diagnostische Aussagekraft ist ein Stillhalten bei der Untersuchung der Beine sehr wichtig.

Präziser sieht der Plan dann so aus:

## Anfassen

*Pferd steht frei in Nullposition, Mensch auf Schulterhöhe daneben*

*1. Streicheln des Rumpfes*

*1.1. rechte Hand nähert sich 20 cm in Richtung Schulter des Pferdes in Tempo 1*

*1.2. ... bis zur Hälfte der Strecke bis zur Schulter des Pferdes in Tempo 1*

*1.3. ... bis 20 cm vor die Schulter des Pferdes in Tempo 1*

*1.4. ... bis 5 cm vor die Schulter des Pferdes in Tempo 1*

*1.5. ... bis 20 cm vor die Schulter des Pferdes in Tempo 2*

*1.6. ... bis 5 cm vor die Schulter des Pferdes in Tempo 3*

*1.7. rechte Hand bewegt sich in Tempo 3 und berührt Fell an der Schulter des Pferdes mit Zeigefinger ½ Sekunde*

*1.8. rechte Hand bewegt sich in Tempo 3 und berührt Haut an der Schulter des Pferdes mit 3 Fingern ½ Sekunde*

*1.9. ... mit der ganzen Handinnenfläche 1 Sekunde*

*1.10. ... mit der ganzen Handinnenfläche 2 Sekunden*

*1.11. Handinnenfläche streicht an der gleichen Stelle ½ Sekunde in Fellrichtung des Pferdes*

*1.12. ... 3 Sekunden in Fellrichtung des Pferdes*

*1.13. ... von der Schulter bis zum Hüfthöcker*

*1.14. ... von der Schulter bis zur Schweifrübe*

*1.15. ... von der Schulter bis zur Schweifrübe, danach an gleicher Stelle neu ansetzen und Vorgang wiederholen*

*1.16. ... Vorgang 3-mal wiederholen*

*1.17. usw.*

Das erscheint auf den ersten Blick wie unnötige Erbsenzählerei. Es kann bei Ihrem Pferd durchaus möglich sein, dass Sie direkt schon bei Punkt 1.12. ansetzen können. Hat es jedoch eine entsprechend große negative Vorgeschichte, können Sie es mit einem so kleinschrittigen Vorgehen wunderbar abholen. Es wird keine Fehler machen, sondern sich immer wohler beim Anfassen fühlen. Schauen Sie sich den Trainingsplan an und drucken ihn aus. Probieren Sie gemeinsam mit Ihrem Pferd aus, wie er durch seine Struktur als Leitfaden für gute Fortschritte im Training sorgen kann.

Ein wichtiger Trainingsschritt: Das Klettgeräusch.



## Beispiel Fliegenmaske anziehen

Der nachfolgend abgedruckte Plan im Kasten für das Anziehen der Fliegenmaske ist wie eine Straßenkarte im Maßstab eins zu einer Million. Sie werden damit von A nach B kommen, wenn alles gut läuft. Sollte es Sie jedoch von der Autobahn auf eine kleine Landstraße verschlagen, dann ist guter Rat teuer. Wenn es an dem Tag auch noch wolkig sein sollte und Ihnen die Sonne als Orientierung fehlt, müssen Sie einen Einheimischen mit Ortskenntnis fragen. Das heißt im Training: Sie suchen sich einen professionellen Clickertrainer, der Sie unterstützt. Sie können sich auch eine Karte in einem anderen Maßstab für diesen Abschnitt Ihrer Strecke zulegen und damit wieder zurück auf Ihren Weg finden. Wie eine solche aussehen kann, sehen Sie hier:

**Hier sehen Sie, wie anhand eines Videos die einzelnen Trainingsschritte zum Anlegen der Fliegenmaske aussehen können.**

**Mit diesem Plan zum Ausdrucken kommen Sie strukturierter und schneller ans Ziel.**

## Trainingsschritte Fliegenmaske

Pferd mit 4 Beinen auf dem Boden, Kopf und Hals immobil, Mensch daneben

- *Hand anheben*
- *Maske über den Kopf heben*
- *Maske absenken*
- *Ohren und Schopf einfädeln*
- *Maske zurechtrücken*
- *Lasche greifen und verschließen*

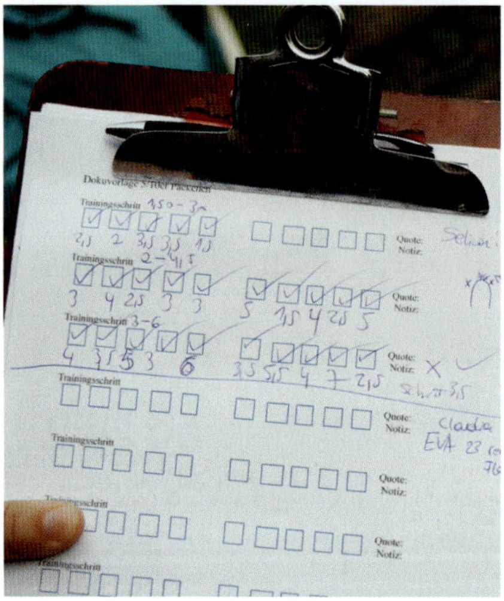

Damit behalten Sie einen guten Überblick über den Trainingsverlauf.

## 5er- und 10er-Päckchen

Das Arbeiten mit »Päckchen« ist in vielerlei Hinsicht ein echter Gewinn für Ihr Training. Praktisch sieht es so aus, dass Sie jeden einzelnen Trainingsschritt mindesten fünf, je nach Schwere der Aufgabe auch gerne zehn Mal, in genau derselben Art und Weise wiederholen. Damit bauen Sie eine gewisse »Masse« für dieses Verhalten auf. Sollte es im drauffolgenden Trainingsschritt nicht nach Plan laufen, können Sie auf dieses Fundament zurückgreifen. Von dort aus wählen Sie einen Zwischenschritt zwischen dem erfolgreich absolvierten und dem fehlerbehafteten Schritt. Ihr Pferd wird so »im Spiel« gehalten, weil es sehr präzise Informationen darüber bekommt, was sich lohnt und was nicht. Sie selbst bekommen dadurch einen guten Überblick über die Wahl Ihrer Trainingsschritte.

**Die »Vierer-Dokumentation« liefert wertvolle Informationen über den Trainingsstand von Pferd und Mensch.**

# Abfolge und Zwischenschritte

Der Halftergriff ist eine »Normhandlung«, die jedes Pferd entspannt über sich ergehen lassen sollte. Er gehört zum Standard einer Untersuchung und tut auch nicht weh. Pferde mit tiermedizinischer Erfahrung wissen aber, was ihm folgt: Die diagnostisch wichtigen Griffe an Maul und Auge, die aber für viele unangenehm sind. Entsprechend versuchen sie, den Griff des Menschen ans Halfter zu verhindern, um damit auch seinen Folgen zu entgehen.

Wenn Sie z.B. Ihre Hand annähern und seitlich an die Wange fassen können, der Griff an das Nasenteil jedoch drei Mal in Folge mit einer Ausweichbewegung quittiert wurde, können Sie als Zwischenschritt nur ganz kurz das Nasenteil antippen. Hält Ihr Pferd in diesem Fünfer-Päckchen still: Wunderbar! Sie fügen also in den Plan einen Punkt 2.1. hinzu. Dieser heißt: Annähern, Nasenteil mit dem Finger kurz antippen, clicken, füttern. Punkt 2.2. könnte sein, einen Hauch länger zu berühren, Punkt 2.3. einen leichten Druck mit den Fingern auszuüben. Es gibt immer einen möglichen Zwischenschritt, Sie müssen ihn nur finden! Erst nach einem erfolgreichen Fünfer-Päckchen des Zwischenschritts wagen wir uns wieder an den Schritt, bei dem der Fehler aufgetreten ist. Je nach Pferd, seinen individuellen Erfahrungen und Trainergeschick, dauert es unterschiedlich lange bis zum Ziel. Jedes Pferd benötigt eine andere Anzahl und Auswahl von Zwischenschritten. So trainieren Sie im Plan immer weiter, bis der letzte Punkt Ihres Planes zuverlässig sitzt.



## Trainingsschritte Halftergriff

1. *Hand nähert sich Pferdekopf*
2. *Hand berührt Pferdekopf auf Höhe Wange*

2.1. Finger tippt Nasenteil an
2.2. Finger berührt länger
2.3. Finger drückt auf Nasenteil

3. *Hand legt sich seitlich ans Nasenteil des Halfters*
4. *Finger legen sich unter Nasenteil*
5. *Hand schließt sich locker darum*
6. *Faust ballt sich und hält 1 Sekunde und hält Nasenteil 1 Sekunde*
7. *zwei bis vier Sekunden halten*
8. *den Kopf leicht hin und her ziehen und schieben*
9. *Daueraufbau bis 30 Sekunden*
10. *Seitenwechsel*

Ein aufmerksames, entspanntes Pferd beim Halftergriff von vorne.

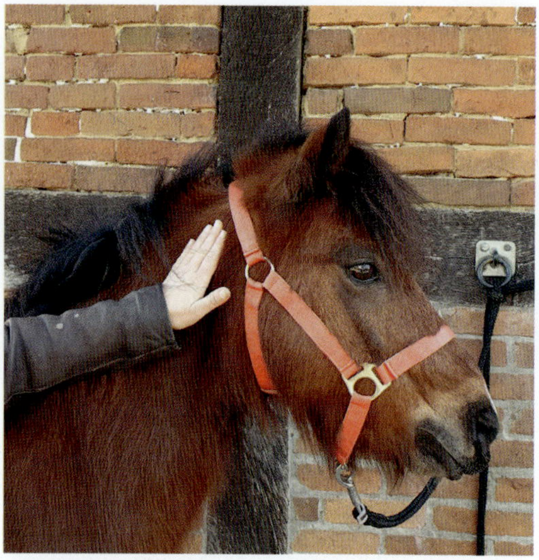

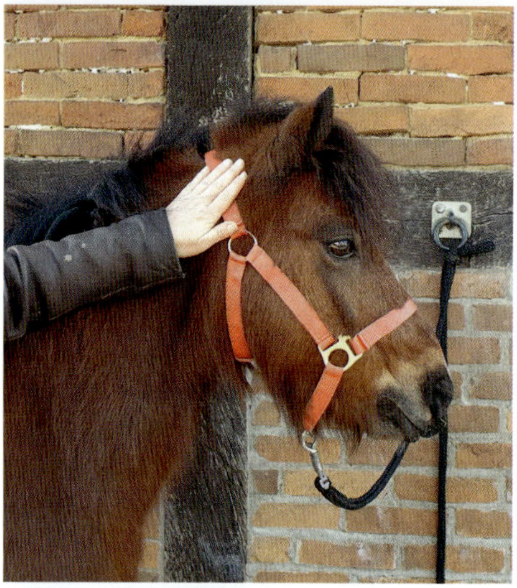

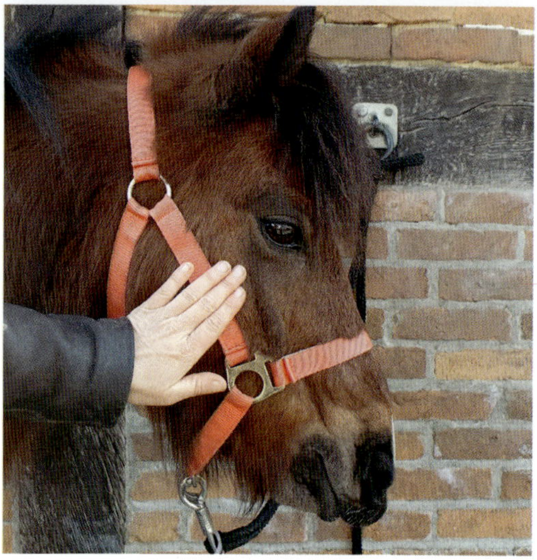

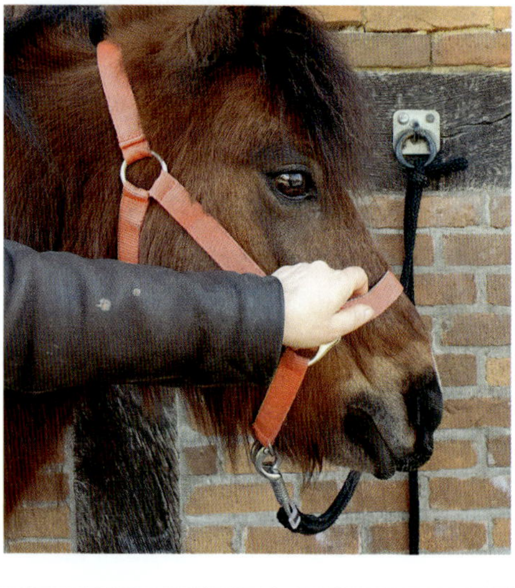

Mit diesen fünf Trainingsschritten bekommen Sie einen ruhigen Kopf beim Halftergriff, es können je nach Pferd auch noch Zwischenschritte nötig sein.

# Daueraufbau

Der Aufbau von Dauer kommt meist recht weit hinten im Trainingsplan, ist aber ebenso sorgsam wie die anderen Bereiche zu trainieren. Sehr vieles im Medical Training bedarf einer gewissen Dauer. Denken Sie nur einmal an die Zeit des Abhörens: An mindestens vier Zonen pro Körperseite sollte Ihr Pferd pro Zone 15 Sekunden lang stillhalten können (insgesamt also mindestens 60 Sekunden stillhalten). Dies ist eine Zeit, in der Sie nicht füttern sollten, weil jegliche Bewegung Ihres Pferdes – auch das Kauen und Schlucken – ein Störgeräusch verursacht. Auf dem Hufbock ist es schon einfacher, weil Sie hier auch zwischendrin clicken und füttern können, ohne den Ablauf der Behandlung zu stören.

»Längere Taxifahrten kosten mehr.« Beherzigen Sie beim Daueraufbau immer diesen Satz. Sie sollten aber keinesfalls linear die Futtermenge steigern. Wenn das erste Päckchen für eine Sekunde Warten Futter gab, muss es bei fünf Sekunden nicht die fünffache Menge sein. Achten Sie gut auf das Verhalten Ihres Pferdes und passen die Futtermenge an die Anforderungen und die Qualität der Performance an.

Sie können die Dauer linear aufbauen. Nach einem Fünferpäckchen von einer Sekunde kommt das nächste mit zwei Sekunden, dann das mit drei usw. Der Vorteil ist eine gute Übersicht für Sie, der Nachteil ist die Durchschaubarkeit dieses Vorgehens für Ihr Pferd. Wenn es immer länger bis zum Click dauert, erhöht es die Wahrscheinlichkeit für ein Aussteigen Ihres Pferdes. Es muss immer davon überzeugt sein, dass sich seine Kooperation auch im nächsten Schritt genauso lohnen wird wie bisher.

Diesen Effekt erreichen Sie leichter mit einer durchschnittlichen und weniger durchschaubaren Steigerung der Dauer. Hierfür setzen Sie einen Sekundenbereich fest (»Schieberegler«), in dem Ihr Pferd z.B. das Kneifen in den Hals geduldig aushält. Ihr Fünferpäckchen besteht dann z.B. aus 2, 1, 3, 1, 2 Sekunden. Ich habe es hier der Einfachheit halber in ganzen Sekunden dargestellt.



Mit einem guten Plan und strukturiertem Vorgehen kann die Dauer für die gesamte Untersuchung aufgebaut werden. Trainer: Henrik Sonne Futtrup, Kopenhagen Zoo

Zu Beginn ist es bei vielen Berührungen oder Manipulationen sogar sehr sinnvoll, jede einzelne Sekunde in vier Teile zu splitten: Ein-und-zwan-zig, zwei-und-zwan-zig usw. Mit einem so kleinschrittigen Vorgehen bekommen Sie eine solide Lernkurve.

In unserem Zahlenbeispiel sehen Sie aus den fünf Durchgängen insgesamt neun Sekunden Dauer. Das macht einen Schnitt von 1,8 Sekunden. Im folgenden Fünferpäckchen lassen Sie alles, was unterhalb dieses Durchschnitts liegt, weg, verschieben also den Schieberegler nach rechts und fragen z.B. 2, 4, 3, 2, 3 Sekunden ab. Der Schnitt aus diesen 14 Sekunden ist 2,8. Sie haben also bei diesem Päckchen die Dauer um eine Sekunde erhöht. Dadurch, dass die Verlängerung aber nicht linear stattgefunden hat, bleibt es für Ihr Pferd interessant und erhöht seine Motivation zur Mitarbeit.

Je weiter Sie die Dauer steigern, desto breiter kann der Bereich des Schiebereglers werden. Ihr Päckchen kann dann so aussehen: 10, 13, 12, 15, 14 Sekunden, um dann im nächsten Päckchen auf 13, 18, 16, 20, 17 Sekunden erweitert zu werden.

### Daueraufbau mit dem Schieberegler

Erstes 5er-Päckchen: Click bei 2, 1, 3, 1, 2 Sekunden, Schnitt 1,8 Sek., Schieberegler 1–3

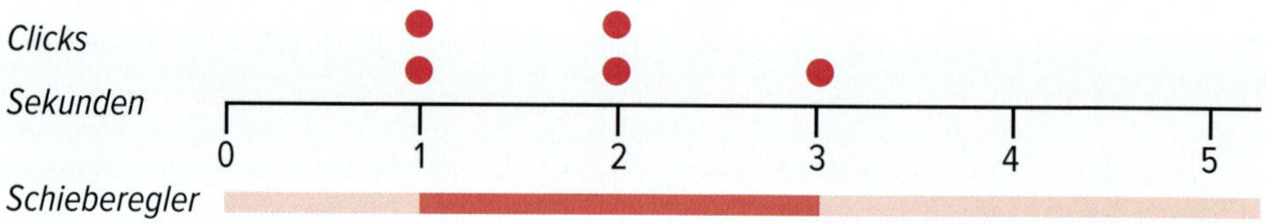


Zweites 5er-Päckchen: Click bei 2, 4, 3, 2, 3 Sekunden, Schnitt 2,8 Sek., Schieberegler 2–4

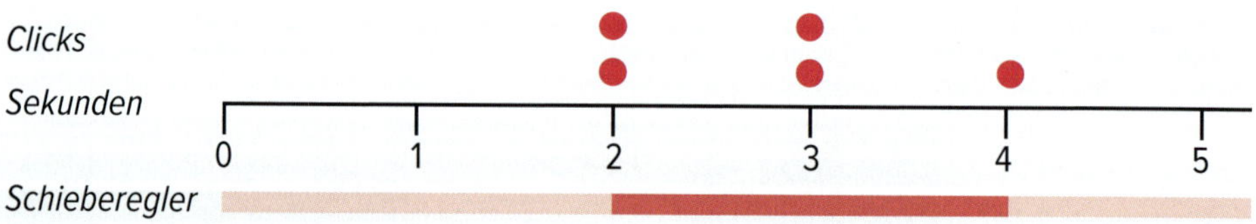


Nun kann es sein, dass trotz sorgfältigsten Vorgehens ein Fehler in Form einer Bewegung auftritt und Sie sich vorher genau überlegt haben sollten, wie Sie damit umgehen. Hören Sie auf zu zählen und merken Sie sich unbedingt die Sekunde, in der es geschehen ist.

Jetzt gibt es mehrere Möglichkeiten, mit diesem Fehler umzugehen:
1. Sie lassen Ihre Hand am Pferd und fangen von vorne an zu zählen, bis Sie mindestens dieselbe Dauer wie im Fehlerdurchgang erreicht haben, dann clicken und füttern Sie. Tappen Sie nicht in die Falle, einfach nur kurz weiterzuzählen, bevor Sie bestärken.

Sie würden damit Ihr Pferd in die Irre führen, weil der Durchgang mit dem Fehler dieselbe Wertigkeit bekommt wie der mit absolutem Stillhalten. Als Beispiel: Sie sind in einem Schieberegler-Bereich von durchschnittlich zehn Sekunden. Der Fehler tritt bei acht auf, Sie zählen neu und clicken bei neun, dann musste Ihr Pferd insgesamt 17 Sekunden auf seinen Click warten. Das ist deutlich länger als der Schnitt und dadurch weniger attraktiv für Ihr Pferd. Es wird so in Zukunft eher auf die lohnenderen Verhalten mit kürzerer Dauer zurückgreifen. Wir nennen eine solche Vorgehensweise »Response-Cost-Schiene«. Die Kosten für die Verhaltensantwort »stillhalten – berührt werden – stillhalten – bewegen – stillhalten« sind höher als die für »stillhalten – berührt werden – stillhalten«. Im Gegenzug können Sie auch die »Belohnungsschiene« nutzen und ein brillantes Verhalten oder eine Dauer deutlich über dem Schnitt mit einem kürzeren nachfolgenden Durchgang belohnen.

2. Sie beenden sofort Ihren Griff und clicken natürlich nicht. Ihr Pferd bekommt die Information: Diese Bewegung hat keinen Click und kein Futter als Konsequenz. Steht es dann höflich still, fragen Sie genau bei demselben Griff entweder eine längere, eine kürzere oder dieselbe Dauer ab.

Die Entscheidung, welche Variante Sie wählen, treffen Sie abhängig vom Verhalten Ihres Pferdes in den erfolgreichen Durchgängen zuvor. Es gibt kein absolutes Richtig und Falsch, es gibt Vor- und Nachteile des jeweiligen Handelns. Sehen Sie sich einmal an, was jedes Vorgehen im Einzelnen bedeutet:

Machen Sie es nach dem Fehler leichter, behalten Sie Ihr Pferd im Spiel und es wird gerne einen neuen Versuch wagen. Direkt nach einem Fehler leichter zu werden, birgt ein gewisses Risiko: Ihr Pferd lernt, dass die Konsequenz von einer Bewegung ein leichterer Durchgang ist. Sie sollten sich gut überlegen, ob Sie eine solche Information im Training wirklich häufig geben wollen. Es hängt davon ab, ob der Fehler am Ende eines erfolgreichen Fünferpäckchens stattfand oder bei einem neuen Trainingsschritt. Gerade in letzterem Fall kann das Erleichtern der Aufgabe sehr sinnvoll sein, um Ihr Pferd abzuholen.

---

## Konsequenzen bei einem Fehler:

- *Weitermachen, wieder von vorne zählen*
  - bis genau zur Fehlerzeit
  - kürzer
  - länger

- *Abbruch, Neustart, Trainingsschritt*
  - gleich
  - schwerer
  - leichter

---

Auch Höchstleistungen werden mit einem Trainingsplan schneller erreicht.



## Dokumentation

Warten Sie! Bitte blättern Sie nicht gleich weiter, nur weil die Überschrift möglicherweise langweilig klingt! Sie werden überrascht sein, was sich für ein wertvoller Edelstein hinter dieser trockenen Vokabel verbirgt. Hier entdecken Sie nämlich eines der großen Geheimnisse wirklich guter Trainer: In der Dokumentation liegt einer der entscheidenden Schlüssel, eine immer feinere Kommunikation mit Ihrem Pferd führen zu können. Clever mitgezählt und aufgeschrieben, geht Ihnen das Training um ein Vielfaches flotter von der Hand und Sie erreichen Ihre Trainingsziele sehr viel schneller.

### Wozu sollten Sie Ihr Training dokumentieren? Um ...

*... selbst präziser und damit besser zu werden im Training.*

*... die gesteckten Trainingsziele schneller zu erreichen.*

*... u.a. die Netto-Trainingszeit im Verhältnis zur Verhaltensänderung aufzuzeigen.*

*... wichtige Informationen für das weitere Training zu sammeln.*

*... tierfreundlicher trainieren zu können.*

*... mehr Zeit für andere Sachen zu haben (Kuscheln, Freiarbeit, Reiten).*

*... Ihrem Pferd bestmöglich bei seinem Problem helfen zu können.*

# Was genau ist Dokumentation und wozu ist sie gut?

Was wird überhaupt dokumentiert? In der Dokumentation halten Sie wichtige Trainingsaspekte schriftlich fest und werten sie aus. Das betrifft maßgeblich das Timing, die Kriterien und die Belohnungsrate. Es kann sich aber auch auf jeden anderen Faktor beziehen, der Einfluss auf das Training hat: Tageszeit, Witterungsbedingungen, Ort und Geschwindigkeit des Fütterns, getroffene Managementmaßnahmen, Ablenkungen und andere Umwelteinflüsse etc.

---

## Was kann dokumentiert werden?

- *Verhalten des Pferdes*
- *Anzahl und Dauer der Durchgänge*
- *Erfolge und Misserfolge*
- *Trainingsschritte*
- *Trainingsort*
- *Tageszeit*
- *Trainer*
- *etc.*

---



# Ein bewegtes Bild sagt mehr ...

Im Training ist das zweitwichtigste technische Hilfsmittel nach dem Clicker, laut Bob Bailey, eine Kamera bzw. das Handy. Man hat es immer griffbereit und es eignet sich hervorragend, um auf ganz unkomplizierte Weise das Training zu filmen. Warum sind Videoaufnahmen so wichtig? Vielleicht kennen Sie die Situation aus dem Reitunterricht, in der Ihr Reitlehrer wiederholt sagt: »Halte den Rücken gerade!« Und Sie denken: Das mache ich doch! Trotzdem kommt ein paar Minuten später wieder dieselbe Aufforderung aus der Bahnmitte. Was geht da schief? Häufig unterscheidet sich die eigene Wahrnehmung von der eines Außenstehenden. Ihr Körpergefühl sagt Ihnen, dass Sie sich gerade halten, doch von außen betrachtet ist zu erkennen, dass Sie tatsächlich leicht krumm im Sattel sitzen.

Ganz ähnliche Situationen kommen im Clickertraining vor. Zum Beispiel haben Sie sich vorgenommen, Ihr Pferd mittig vor der Pferdebrust zu füttern. Schauen Sie sich jedoch ein Video von der Trainingseinheit an, erkennen Sie, dass Sie Ihr Pferd nach links versetzt vor der Schulter füttern und Ihr Pferd dadurch konstant leicht gebogen neben Ihnen steht.

Zu enges Füttern: Diesen Fehler entdeckt man oft erst im Nachgang.

Gefahr erkannt, Gefahr gebannt – gleich im nächsten Trainingsdurchgang können Sie Ihren Futterpunkt korrigieren und Ihr Pferd schön gerade in der Körperachse füttern. Sich solch kleine Ungenauigkeiten bewusst zu machen, entscheidet häufig über Erfolg oder Misserfolg im Training. Der Teufel steckt auch hier gern im Detail.

Um Ihr Training filmen zu können, brauchen Sie nur ein Handy, ein einfaches Stativ und eine passende Klemmhalterung. Für eine perfekte Lernkurve Ihrerseits machen Sie alle zwei bis fünf Minuten eine kurze Pause, geben Ihrem Pferd etwas Heu und schauen sich das vergangene Training an. Wenn Sie alleine trainieren, können Sie nicht schneller an die notwendigen Informationen bekommen, wo Ihr Training noch feiner auf Ihr Pferd abzustimmen geht. Selbst wenn Sie am selben Tag noch die Videos ansehen, ist das aber auch schon eine große Hilfe, weil noch vieles präsent ist. Sie können das Video auch zu einem anderen Zeitpunkt, z.B. vor der nächsten Einheit anschauen. Besser spät als nie! Notieren Sie sich, was Ihnen auffällt, um es in der nächsten Trainingseinheit umzusetzen. Sie müssen sich auch nicht immer das komplette Training ansehen und auswerten. Die limitierenden Faktoren entdecken Sie auch, wenn Sie sich drei Abschnitte von drei Minuten ansehen.

## Videoauswertung leicht gemacht

Um den größten Nutzen aus Ihren Trainingsvideos zu ziehen, sehen Sie sich einzelne Videosequenzen am besten mehrmals an und stellen sich dabei zum Beispiel folgende Fragen:

- Kann mein Pferd das Kriterium des aktuellen Trainingsschritts zu 100 Prozent erfüllen?
- Wie genau ist das gezeigte Verhalten an dem dran, was ich in diesem Trainingsschritt erreichen wollte?
- Welche ungeplanten Verhalten, wie z.B. Schritte, sind aufgetreten?
- Wann bin ich weiter zum nächsten Trainingsschritt gegangen? Zu früh? Zu spät?
- Welche Zwischenschritte habe ich gemacht?
- Wie habe ich auf Fehler reagiert?

Auf diese Weise können Sie leicht einen »Reality-Check« durchführen und sehen, welche Aspekte Ihres Trainingsplans Sie in die Tat umsetzen konnten. Sie sind nicht länger auf ein trügerisches Bauchgefühl angewiesen, dass »es wohl schon irgendwie gepasst hat«, um sich anschließend zu wundern, warum es im Training nicht so recht vorangeht. Ein Blick in Ihr Video hilft Ihnen, den Knackpunkt zu finden und gleich in der nächsten Trainingseinheit zu beheben.

*Ein Fehler ist eine Information. Er sagt etwas über den aktuellen Trainingsstand aus. Nicht mehr und nicht weniger. Jeder Fehler ist Ihr Freund, denn er hilft Ihnen, Ihr Training besser zu machen. Und Ihre Dokumentation wiederum hilft Ihnen, diese wertvollen Informationen im Detail zu entdecken.*

Das zu offene Füttern ist einem während des Trainings häufig nicht bewusst.

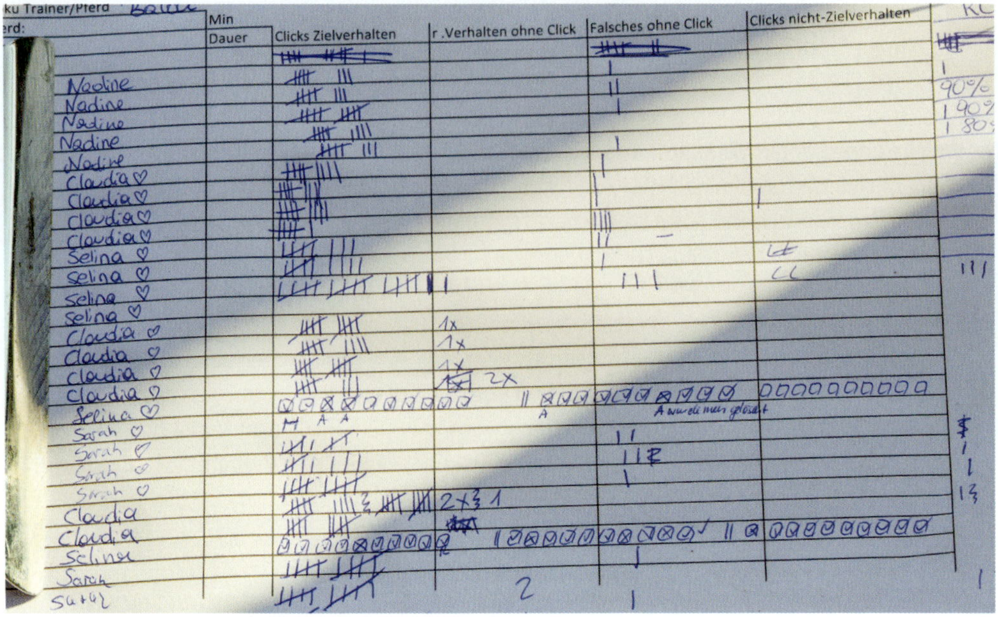


Die Auswertung über richtige, falsche, verpasste und korrekte Nicht-Clicks liefert wertvolle Informationen.

## Wer schreibt, der bleibt ... und wird schlau

Auch wenn Sie nicht gleich zum Dokumentationsenthusiasten werden wollen, sollten Sie auf jeden Fall festhalten, wofür Sie Ihren Clicker in der letzten Trainingseinheit eingesetzt haben. Das hilft enorm. Denn: Sie bekommen nicht, was Sie sich wünschen, sondern das, was Sie verstärken (frei nach Altmeister Bob Bailey). Die Dokumentation ist Ihr bester Freund bei der Fehlersuche.

Als besonders hilfreich und übersichtlich hat sich eine tabellarische Form der Dokumentation erwiesen, in der die vier wichtigsten Punkte im Training erfasst werden:

- Clicks für erwünschtes Verhalten: »richtige Clicks«
  → Pferd richtig, Mensch richtig
- Clicks für unerwünschtes Verhalten: »Fehlclicks«
  → Pferd falsch, Mensch falsch
- erwünschte Verhalten, die nicht geclickt wurden: »verpasste Clicks«
  → Pferd richtig, Mensch falsch
- unerwünschte Verhalten, die nicht geclickt wurden: »Daumendisziplin«
  → Pferd falsch, Mensch richtig

In der Tabelle bekommt jeder dieser Punkte eine eigene Spalte, in der Sie beim Durchschauen Ihres Videos eine Strichliste führen. Mit dieser Auswertung bekommen Sie sofort ein klares Bild, sowohl vom Lernfortschritt Ihres Pferdes als auch von Ihrer eigenen Umsetzung. So erkennen Sie bei der Dokumentation Schwächen und Stärken im Training und können sich schneller und besser auf Ihr Pferd einstellen.

# Mitzählen

Fortgeschrittene Trainer schaffen es, die Auswertung der Erfolgsquote noch während des Trainings selbst vorzunehmen. Hierfür sprechen Sie immer zwei Zahlen hintereinander laut aus. Sie können auch im Geiste mitzählen: Die erste Zahl ist für die richtigen Clicks, also die erfolgreichen Durchgänge, die zweite zählt die Fehler Ihres Pferdes. Das kann praktisch dann folgendermaßen aussehen: Auge berühren, Pferd hält still, clicken, füttern, laut sagen: »Eins, null.« Das heißt: Ein Durchgang war richtig, es gab keinen Fehler. Auge berühren, Pferd hält still, clicken, füttern, laut sagen: »Zwei, null.« Auge berühren, Pferd nimmt Kopf hoch, nicht clicken, laut sagen: »Zwei, eins.« Auge berühren, Pferd hält still, clicken, füttern, laut sagen: »Drei, eins.« Auge berühren, Pferd hält still, clicken, füttern, laut sagen: »Vier, eins.« Und schon wissen Sie, wie erfolgreich Ihr Fünferpäckchen (s. S. 72) war. In diesem Beispiel sind Sie auf 80 Prozent und sollten den Trainingsschritt wiederholen. Im Medical Training sollten Sie »Fünf, null.« anstreben. Sie können anfangs auch einen Co-Trainer (s. S. 29) zählen lassen.



# Tagulator

Ein wertvoller, kleiner Helfer beim Zählen ist der so genannte Tagulator. Die richtige Schreibweise ist eigentlich TAGulator, weil der Begriff aus dem Englischen stammt. TAG steht für »Teaching with Acoustical Guidance«, übersetzt: Lehren mit akustischem Hilfsmittel. Dabei handelt es sich um eine Art mobilen Abakus: Zehn Perlen sind so auf eine Schnur aufgezogen, dass sie einzeln nacheinander ein Stück weit heruntergezogen werden können. Der kleine Handgriff, nach jedem Trainingsdurchgang am Tagulator eine Perle herunterzuziehen, entlastet Ihre geistigen Kapazitäten. Sie müssten sonst zusätzlich zu all den Trainingskriterien, die es gleichzeitig zu beobachten gilt, auch noch die einzelnen Durchgänge Ihres Fünferpäckchens zählen. In einer fortgeschrittenen Variante kann man auch mit zwei Tagulatoren die erfolgreichen und die missglückten Durchgänge zählen und behält den Kopf frei für alles andere, was im Training wichtig ist.

Mit dem Tagulator können Sie die Durchgänge während des Trainings mitzählen.

4

# KOOPERATIONS-SIGNALE

## Ungewissheit und Hilflosigkeit versus Selbstbestimmung

»Kaum etwas ist so schwer zu ertragen wie Ungewissheit,« wird Professor Willi Butollo für klinische Psychologie und Psychotherapie an der Universität München in einem Zeitungsinterview zitiert. Für Ihr Pferd kommen häufig Ungewissheit und Erschrecken im Doppelpack. Kennen Sie das Gefühl in der Geisterbahn oder beim Anschauen eines Thrillers? Ein Großteil der Wirkung entsteht durch geschickt inszenierte Schreckmomente, deren Auftauchen Sie nicht vorhersehen können. Viel gruseliger als der Augenblick selbst ist der ansteigende Spannungsbogen, der auf den Kreisch-Moment hinarbeitet.

Ihrem Pferd geht es ähnlich, nur dass die Komponenten seiner persönlichen Geisterbahn ganz andere sind: Es steht angebunden, hat womöglich Schmerzen, Sie als sein Vertrauensmensch sind aufgeregt, manchmal auch selbst verunsichert oder gar verängstigt. Hinzu kommt der Tierarzt, dessen Anwesenheit in der Vergangenheit für Ihr Pferd häufig mit wenig erfreulichen Erlebnissen verbunden war.

Ihr Pferd findet sich also in einer Situation wieder, von der es weiß, dass ihm akut unangenehme Maßnahmen und eventuell auch Schmerzen bevorstehen. Der Spannungsbogen steigt und mit ihm die Stresshormone. Das Instinktverhalten Ihres Pferdes wäre zu fliehen oder sich zu wehren. Je angespannter jedoch die Muskulatur, desto intensiver werden Schmerzen empfunden. Ihr Pferd steckt in einem Teufelskreis und das Pferdehirn speichert die Situation unter der Überschrift »akut schlimm« ab. Folgerichtig wird es in Zukunft, wenn es Hinweise auf eine vergleichbare Situation wahrzunehmen glaubt, von vornherein mit Abwehr reagieren.

Ein tierfreundlicher Weg heraus aus diesem Teufelskreis ist, Ihrem Pferd Mitspracherecht und Kontrolle über den Ablauf einer Behandlung zu geben. Auf diese Weise kann es Ihnen aktiv sein »Okay« geben, wohl wissend, dass es gleich unangenehm werden kann. Wenn Ihr Pferd weiß, was es erwartet, bleibt es ruhiger und entspannter, was wiederum die Stresshormone im Blut senkt und sich positiv auf die Verarbeitung von Schmerzreizen im Gehirn auswirkt. So werden die Schmerzen weniger stark empfunden. Zudem lässt sich die ganze Prozedur schneller, sicherer und risikoärmer durchführen.

Das ganze Pferd ist schon beim Antippen voller Anspannung.

So sieht ein deutliches »Nein« aus.

Mit einem tiefen Futterpunkt können Sie das Pferd in eine entspanntere Haltung bekommen.

Wenn Ihr Pferd so reagiert, können Sie weitermachen.



Ein zentraler Aspekt bei Kooperationssignalen bzw. -verhalten ist die doppelte Rückmeldung über die Qualität des Trainings. Das Stillhalten Ihres Pferdes in einem Trainingsdurchgang zeigt Ihnen, dass Sie den richtigen Schritt gewählt haben. Der zweite Moment der Wahrheit ist nach dem Aufkauen: Wie schnell, korrekt und freudig gibt Ihr Pferd das Signal zum Fortfahren des Trainings? Besonders deutlich wird dieser Aspekt beim Verladetraining: Wenn Ihr Pferd flüssig auf den Anhänger geht, Sie Stange und Klappe verschließen, um danach zu clicken und zu füttern, Ihr Pferd wieder herunterführen und Sie es erneut bitten, ihn wieder zu betreten – was passiert dann? Sollte es einige Momente zögern und die Rampe beschnüffeln, sagt Ihnen Ihr Pferd, dass der gewählte Trainingsschritt mit Stange und Klappe zu groß war. Wäre alles in Ordnung gewesen, hätte es sofort wieder prompt hineingehen können, um sich seine Belohnung zu verdienen.

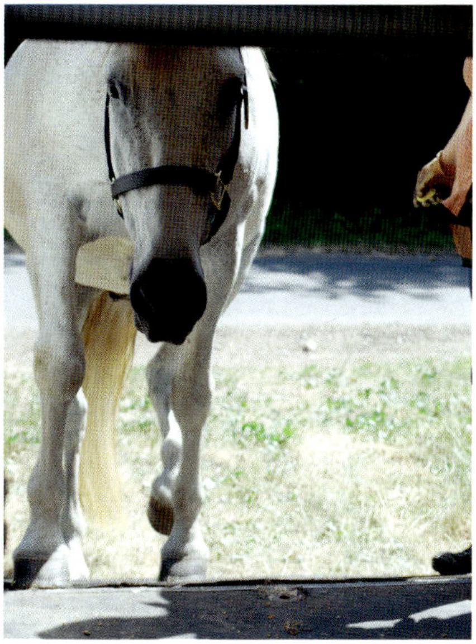

Wird es ganz reingehen oder nicht?

Unter dem Strich gewinnen alle Beteiligten, wenn Sie auf Kooperation setzen: Ihr Pferd gewinnt seine Selbstbestimmung zurück.

Sie gewinnen mehr Sicherheit und einen reibungslosen Ablauf, der Tierarzt eine enorme Arbeitserleichterung und alle zusammen sehr viel mehr Vertrauen in den Umgang miteinander.

## Targets

Target bedeutet auf Englisch Ziel oder Zielscheibe und ist ein effektives Hilfsmittel im Training mit Positiver Verstärkung. Für die Arbeit mit Targets lernt Ihr Pferd mit einem von Ihnen ausgewählten Körperteil wie seiner Nase, Wange oder den Hufen ein bestimmtes Objekt zu berühren. Das Target ist der Zielort für eine vor dem Training festgelegte Körperregion. Im Medical Training leisten Targets sehr gute Dienste und werden weiterhin auch zum Training neuer Verhalten oder der Arbeit auf Distanz eingesetzt.



## Was ist ein Kooperationssignal?

Wenn Sie der Bedeutung des Kooperationssignals auf die Spur kommen wollen, hilft es, das Buchstabenmonster in seine Einzelteile zu zerlegen: »Kooperation« ist ein Schlaumeierausdruck für Zusammenarbeit. Ein Signal kann als wahrnehmbares Zeichen mit einer bestimmten Bedeutung zur Übermittlung einer Information definiert werden. Ein Kooperationssignal soll also, streng wörtlich genommen, über die Bereitschaft zur Zusammenarbeit informieren. Die österreichische Tiertrainerin Anna Oblasser-Mirtl nennt es auch das »Ich-bin-bereit«-Signal, oder kurz: IBB-Signal (Quelle: Oblasser-Mirtl, Anna & Glatz, Barbara (2019). Medical Training für Hunde, Cadmos Verlag München.).

Anders ausgedrückt ist ein Kooperationssignal also eine für Sie gut wahrnehmbare Einverständniserklärung Ihres Pferdes, für die unmittelbar folgenden Manipulationen bereit zu sein und diese bereitwillig auszuhalten.

Daraus leitet sich ab, welche Anforderungen ein Kooperationssignal erfüllen sollte:

- vom Menschen leicht wahrzunehmen
- vom Pferd leicht auszuführen, ggf. auch über einen längeren Zeitraum hinweg
- vom Pferd leicht abzubrechen
- die notwendigen Manipulationen durch eine geeignete Körperhaltung des Pferdes zu unterstützen oder, falls das nicht möglich ist, zumindest nicht zu behindern

So wäre es wenig hilfreich, wenn Ihr Pferd als Kooperationssignal ein Target mit den Nüstern berührt, wenn Sie eine Maulkontrolle durchführen wollen. Am Target vorbei lässt es sich schlecht ins Maul schauen. Ähnlich unzweckmäßig wäre ein Wangentarget rechts, wenn Sie an der Fessel hinten links einen Verband anlegen möchten. Ihr Pferd müsste durchsichtig sein, damit Sie die Berührung des Targets überhaupt sehen können.

Kooperationssignale lassen sich sowohl im Hinblick auf die Weise ihres Einsatzes einteilen als auch in Bezug auf die Art ihrer Ausführung.

Bei der Wahl des Verhaltens gibt es kein »Richtig« und kein »Falsch«, lediglich Vor- und Nachteile in Bezug auf die bevorstehende Handlung.

## Startsignal

Unter einem Startsignal wird ein willkürmotorisches, punktuelles Verhalten verstanden, das Ihr Pferd ausführt, wohlwissend, dass anschließend die Manipulationen beginnen. Ein Startsignal kann das Einnehmen einer bestimmten Körperhaltung wie der Nullposition (s. S. 49), oder das Berühren eines Gegenstands sein. Zum Beispiel tippt Ihr Pferd mit der Nase an ein Target und Sie berühren immer erst danach die Wunde. Wird das Startsignal nicht gezeigt, bleibt die Manipulation aus. Wird es zögerlicher als zuvor ausgeführt, ist dies für Sie die Information, dass der vorherige Trainingsschritt nicht ideal war.

## Dauersignal

Bei einem Dauersignal führen Sie die Manipulationen am Pferdekörper solange durch, wie Ihr Pferd das Kooperationsverhalten zeigt. Ein Beispiel dafür ist ein Nasentarget als sogenanntes Freeze-Target, zu Deutsch auch Klebetarget. Dabei berührt Ihr Pferd ein Target mit der Nase und hält sie wie angeklebt daran gedrückt. Sowie Ihr Pferd das Target verlässt, hört jegliche Manipulationen sofort auf. Zum Beispiel reinigen Sie die Wunde, solange sich die Pferdenase ans Target drückt, und hören immer genau dann auf, wenn die Nase sich vom Target löst. So lernt Ihr Pferd, dass es das Unangenehme aktiv beeinflussen kann. Löst das Pferd sich häufiger vom Target, sollten Sie Ihre Trainingsschritte kleiner wählen, um die Kooperation Ihres Pferdes aufrechterhalten zu können.

Schritt 1: Target berühren

Schritt 2: Anfassen

Schritt 3: Reiz setzen

# Stoppsignal

Die Definition eines Stoppsignals ist vergleichbar mit der eines Startsignals: Ihr Pferd zeigt ein Verhalten, aufgrund dessen alle Manipulationen am Pferdekörper enden.

Kopf auf Kooperator → Finger im Maul

Kopf ist runter → abwarten

Kopf ist wieder drauf → mit weniger Intensität fortfahren

Ein isoliertes Stoppsignal im Sinne eines anderen, extra hierfür aufgebauten Verhaltens wird üblicherweise nicht trainiert. Es kommt jedoch im Medical Training ständig vor. Dabei gilt das Beenden des Dauersignals, wie zum Beispiel das Verlassen des Targets, immer als Stoppsignal. Auch ohne extra auftrainiertes Dauersignal gibt Ihr Pferd Ihnen immer ein Stoppsignal: Verlässt es die Körperhaltung, die es zu Beginn der Manipulation hatte, sollte Sie das immer dazu veranlassen, Ihren Reiz zu beenden. So lernt Ihr Pferd automatisch, dass es ein Ende der Manipulation bewirken kann, ohne überdeutlich (treten, steigen, beißen, wegrennen) werden zu müssen.

Arbeiten Sie mit einem Startsignal, legen Sie das Stoppsignal in Form bestimmter Kriterien, im Hinblick auf den beobachteten Stresslevel Ihres Pferdes, fest. In dem Falle kann das Stoppsignal aus Stressanzeichen in Mimik und Gestik Ihres Pferdes bestehen: Ein Anheben seines Kopfes, eine Veränderung in seinem Gesicht und Vieles mehr sind Kommunikationswege Ihres Pferdes für ein »Stopp!«, die Sie mit etwas Übung immer besser lesen können (s. S. 34).

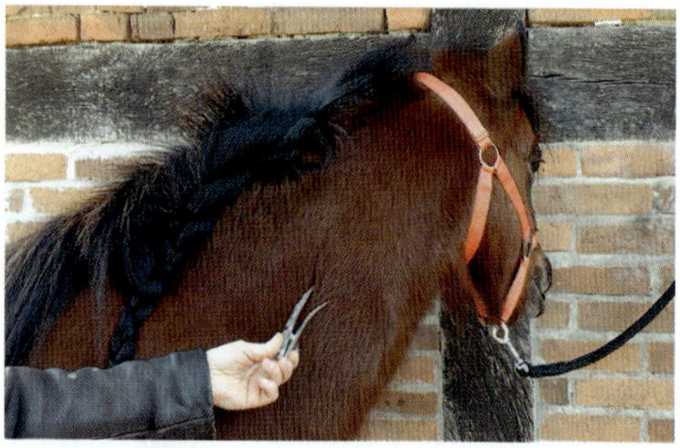

Hier sollten Sie sofort stoppen, weil das Pferd aus der Kooperation hinausgeht.

# Körperhaltung in Nullposition

Ein einfaches Kooperationssignal, das sich überall einsetzen und nutzen lässt, ist das ruhige Stillstehen in Grund- oder Nullposition. Man könnte es auch als Urgroßmutter aller Kooperationssignale bezeichnen. Wie diese Position aussieht, legt jeder Trainer für sich selbst fest. Dabei sollte er physiologische Aspekte für das jeweilige Pferd berücksichtigen. Als Empfehlung gilt ein in der Vorhand geschlossener Stand mit gerader Ausrichtung entlang der Längsachse, alle vier Hufe am Boden, eine entspannte Genickhaltung und ein lockerer Unterhals (s. S. 49).

# Kopfsenken

Kopfsenken eignet sich als Startsignal für alles, was Sie nicht an Kopf und Hals des Pferdes ausführen und wobei Sie einen guten Blick nach vorne haben. Erst wenn Ihr Pferd seinen Kopf Richtung Boden bewegt hat, beginnen Sie mit Ihrem gewählten Trainingsschritt. Dabei kann die Höhe des Kopfes in seiner Endposition, je nach Trainervorlieben und Zweckmäßigkeit, variieren. Voraussetzung für das Training ist natürlich ein höfliches Stillstehen Ihres Pferdes.



So signalisiert Ronja, dass alles in Ordnung ist.

## Trainingsschritte Kopfsenken

*Der Mensch steht seitlich auf Kopfhöhe neben dem Pferd.*

1. *Mensch beugt sich tief zu Boden*
   - Pferdekopf folgt ein Stück weit
   - In die Hinunterbewegung clicken und auf Höhe der Fessel füttern
   - Selbst wieder aufrichten
   - 5 Mal wiederholen
2. *wie 1., tieferes Kopfsenken verlangen, später clicken*
3. *wie 2., selbst weniger weit als in 1. hinunterbeugen, clicken ab Karpalgelenkshöhe*
4. *nur leichtes Vorbeugen des Oberkörpers, clicken wie Schritt 3*
5. *wie 4., clicken, wenn Pferdekopf 1 Sekunde auf Karpalgelenkshöhe bleibt*

Um das Kopfsenken nun als Kooperationssignal zu etablieren, clicken Sie im weiteren Verlauf nicht mehr einfach nur, wenn der Kopf eine Sekunde lang gesenkt bleibt. Setzen Sie in dem Moment, in dem Sie einen Click gesetzt hätten, stattdessen erst einen Reiz, wie das Berühren Ihres Pferdes an einer unempfindlichen Stelle, und clicken Sie sein Stillhalten. Hierbei muss der Kopf nur unten bleiben, wenn Sie wirklich ein Dauerkooperationssignal haben wollen. Nehmen Sie es als Start-Button, darf sich der Kopf während der Berührungen wieder auf Normalhöhe befinden.

Die Körperhaltung ist mehr als skeptisch, dennoch senkt Amadeus den Kopf.

## Flehmen

Ihr Pferd lernt, in einer willkürmotorischen Bewegung, die Oberlippe aktiv Richtung Nüstern aufzurollen. Manche Pferde neigen schon beim kleinsten seltsamen Geruch dazu. Wenn Sie es zufällig sehen, clicken und füttern Sie es. Zeigt Ihr Pferd dann in Ihrer Gegenwart immer wieder dieses Verhalten, clicken Sie nicht mehr sofort, sondern berühren es am Maul, wie bei einer Allgemeinen Untersuchung, und clicken das Stillhalten dabei. Ab jetzt gibt es nur noch Click und Futter für Flehmen – Anfassen – Stillhalten.

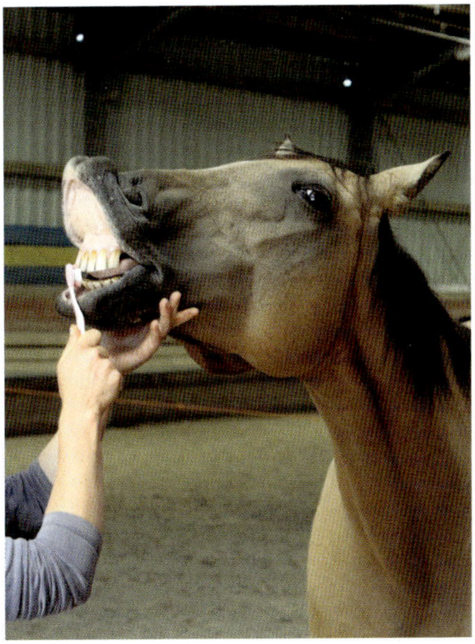

Tequila hat gelernt, dass wir nur an ihre Zähne gehen, wenn sie flehmt.

Beschränken Sie es jedoch auf einen klar definierten Trainingsort und -kontext für Medical Training, weil Ihr Pferd sonst ständig ungefragt die Oberlippe hochziehen wird. Wenn sich ein Verhalten lohnt, wird es wieder gezeigt werden – zur Freude der Besucher im Stall und zu Ihrem Verdruss, wenn es überhandnimmt.

Dieses Kooperationssignal eignet sich als Startsignal für Behandlungen und Pflegemaßnahmen im Bereich des Pferdemauls, wie zum Beispiel Schleimhautkontrollen, Zahnreinigung oder Zahnzwischenraumspülungen. Sollte Ihr Pferd zu Koliken neigen, wählen Sie ein anderes Kooperationssignal. Sie bewahren so die Aussagekraft des Flehmens für Schmerzen und Unwohlsein.

Man kann das Flehmen auch als Dauerkooperation trainieren.

## Körpertargets ohne Hilfsmittel

### Andocken an die Trainerhand

Nutzen Sie Ihre Hand als Target, bringt Ihr Pferd ein bestimmtes Körperteil mit Ihrer angebotenen Hand in Kontakt.

So kann Sena zwar wunderbar kooperieren, man hat aber weder für den Clicker noch für das Futter eine Hand frei.

Grundsätzlich liegt der Vorteil in so einem Körpertarget darin, dass man es immer und überall, im wahrsten Sinne des Wortes, »zur Hand« hat. Auch spüren Sie sofort, wenn Ihr Pferd das Handtarget verlässt, bzw. schon, wenn es beginnt sich zu entfernen, und können so schneller reagieren.

Die beiden großen Nachteile liegen darin, dass es erstens sauberer Signale bedarf, wenn Sie Ihre Hände weiterhin im Alltag benutzen möchten, ohne dass bereits entsprechend trainierte Körperpartien Ihres Pferdes ungefragt gegen Ihre Hand schwenken. Zum Zweiten eignet sich die Hand zum Andocken nur als Startsignal und nicht als Dauersignal, da man in aller Regel beide Hände für medizinische Manipulationen braucht.



## Beispiele für Körpertargets an der Hand

### Wangentarget

Beim Wangentarget bieten Sie die flache Handinnenseite als Andockmöglichkeit für die Pferdewange an. Sofern Sie die Manipulationen nicht selbst durchführen, lässt sich dieses Signal auch als Dauersignal nutzen.

### Unterkiefertarget

Ihr Pferd legt den Unterkiefer nahe dem Kinn auf Ihre horizontal gehaltene Hand und verharrt in Ruhe, während Ihre zweite, freie Hand zum Beispiel Medikamente ins Maul gibt. Ein Vorteil dieses Kooperationssignals liegt darin, dass Sie über die Position der angebotenen Hand Einfluss auf die Höhe des Pferdekopfes nehmen können.

### Unterkiefertarget auf der Schulter des Trainers

Ihr Pferd bewegt seinen Kopf über Ihre Schulter und berührt, je nach Größenverhältnis von Pferd und Mensch, mit dem Kinn oder Unterkiefer Ihre Schulter. Dabei können Sie in dieselbe Richtung schauen wie Ihr Pferd oder auch entgegen der »Fahrtrichtung« stehen, abhängig davon, was für die durchzuführende Aufgabe zweckmäßig ist.

Bei diesem Kooperationsverhalten handelt es sich um ein Dauersignal. Es eignet sich für Manipulationen an der Ihnen zugewandten Kopfhälfte hauptsächlich für die Augen und eingeschränkt auch für die Nüstern oder das Maul.

Passt die Größe des Pferdes, ist das Schultertarget eine praktische Lösung.

## Körpertargets mit Hilfsmitteln

Sie können auch Körpertargets mit Gegenständen einsetzen. Dabei berührt Ihr Pferd ein Objekt mit einem von Ihnen auserkorenen Körperteil. Im Unterschied zum Target an Ihrer Hand ist es hier für Sie wichtig, Target und die Körperpartie Ihres Pferdes gut sehen zu können.



### Unterkiefertarget auf dem Steigerwald.T-Kooperator

Der Steigerwald.T-Kooperator ist ein hervorragendes Hilfsmittel im Training von Manipulationen an Kopf oder Hals. Dabei legt Ihr Pferd seine Unterkieferäste auf einem stabilen, höhenverstellbaren Polster ab, während Sie sich der Zahnpflege, den Augen oder auch dem Spritzentraining an Hals oder Brust widmen. Der große Vorteil liegt darin, dass der Kopf Ihres Pferdes stationär in einer vorbestimmten Position liegt. Es sollten hier unbedingt auch die körperlichen Möglichkeiten Ihres Pferdes beachtet werden, damit ihm eine möglichst entspannte Haltung auch über einen längeren Zeitraum möglich ist.

Der Kooperator ist für alles am Pferdekopf besonders geeignet.

**Haflinger Stino lernt den Kooperator kennen und darauf bei der Augenkontrolle schön stillzuhalten.**

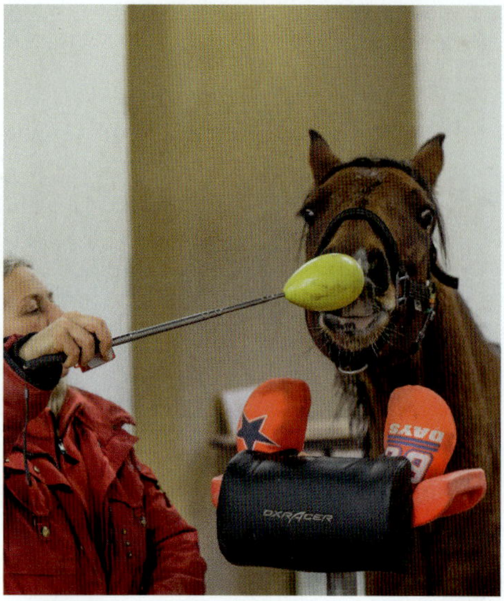

Gimli wird mit einem vorher etablierten Targetstab auf den Kooperator »gezogen«.

Sehen Sie hier, wie Sie einen Kooperator selbst bauen können.

## Nasentarget

Beim Nasentarget berührt Ihr Pferd einen Gegenstand einmalig als Startsignal oder länger andauernd als Dauersignal mit seiner Nase. Das können beliebige Zielobjekte sein, die sich optisch und/oder haptisch von ihrer Umgebung unterscheiden.

### Gängige Beispiele für Nasentargets

- *Targetstäbe in unterschiedlichen Formen und Ausführungen: Stäbe, an deren Spitze ein markanter Gegenstand angebracht ist, z.B. ein Tennisball*
- *Fliegenklatschen*
- *Staubwedel (besonders praktisch mit Teleskopstiel)*
- *Knoten eines Stricks*
- *fest montierte Holz- oder Plastikscheiben*



Die Auswahl an Targets ist groß.

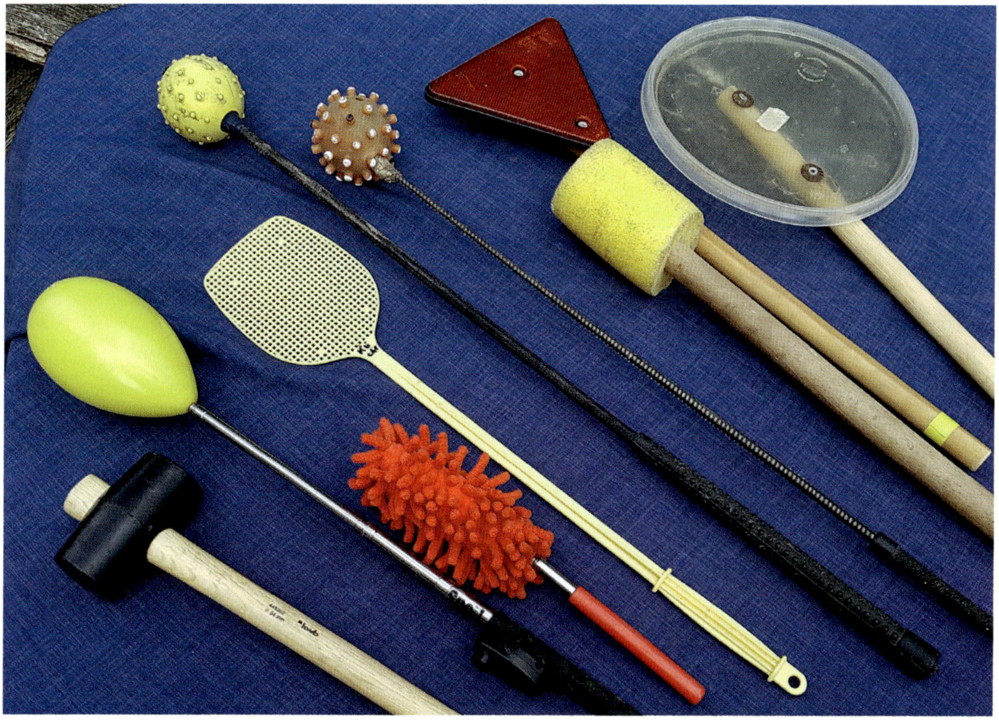

Nur wenn Sena auf dem Bodentarget steht, beginnt das Sprühtraining.

## Huf- oder Bodentarget

Ein wichtiges und einfach zu nutzendes Kooperationssignal ist das Huftarget. Dabei tritt Ihr Pferd mit einem oder mehreren Hufen auf eine Unterlage wie eine Fußmatte, Gummimatte, Yogamatte, ein Stück Teppich, eine Pappe oder etwas Vergleichbares. Ihrer Fantasie sind keine Grenzen gesetzt. Die einzige Voraussetzung ist, dass die gewählte Unterlage dem Pferdehuf sicheren Halt bieten muss.

Das Bodentarget ist ein klassisches Dauersignal, bei dem die Manipulationen andauern, solange Ihr Pferd entspannt auf dem Target stillsteht. Die Manipulationen stoppen, sowie sich Ihr Pferd beginnt, vom Target wegzubewegen. Wenn Sie Ihr Pferd jedes Mal oder nach einem Fünferpäckchen wieder von der Matte herunterbitten, gibt Ihnen die Promptheit des selbstständigen Wieder-Betretens eine Information über die Qualität des vorherigen Trainingsschrittes. Man kann es auch als »den Moment der Wahrheit« bezeichnen: Es heißt nämlich nicht immer, dass der vorherige Trainingsschritt für Ihr Pferd optimal war, nur weil es dabei stillgehalten hat.

Einen beispielhaften Trainingsplan für den Aufbau eines Bodentargets als Kooperationssignal finden Sie auf Seite 103.

# Wann nehmen Sie welches Kooperationssignal?

Die Entscheidung, bei welcher Art Manipulation Sie welches Kooperationssignal zum Einsatz bringen, richtet sich zum einen nach Ihrem Wissensstand und Ihren Fähigkeiten. Hinzu kommen der Trainingsstand Ihres Pferdes und praktische Aspekte.

***»Kann mein Pferd das Kooperationsverhalten leicht, sicher und zuverlässig zeigen?«***

Von entscheidender Bedeutung ist, dass Ihr Pferd das gewählte Kooperationsverhalten problemlos zeigen kann und zuverlässig beherrscht. Ein einfach auszuführendes, unzählige Male verstärktes Verhalten wird Ihr Pferd besonders gern und mit Freude zeigen und diese Freude auch mit auf die Behandlung übertragen.

***»Kann ich das Signal gut erkennen?«***

Je nach Größe Ihres Pferdes spielt die Position des Menschen zum Pferd eine große Rolle bei der Wahl des Kooperationssignals. Stehen Sie vorne am Pferd, eignen sich Nasen- oder Vorderhuftargets auf einer Matte sehr gut. Arbeiten Sie hinten am Pferd, werden Sie eher auf die Nullposition, Kopfsenken oder Huftargets zurückgreifen.

***»Brauche ich ein Start- oder ein Dauersignal?«***

Die Frage, ob ein Startsignal ausreicht oder ob sich ein Dauersignal besser eignet hängt von der durchzuführenden Maßnahme, sowie von den Vorerfahrungen Ihres Pferdes ab. Für die meisten Manipulationen ist ein einfaches Startsignal ausreichend zuträglich, sofern Sie den Erregungszustand Ihres Pferdes auch während der Manipulationen gut im Blick behalten können. Vor allem für weniger erfahrene Pferde oder Menschen kann ein Dauersignal hilfreich sein, weil das Pferd dem Menschen dadurch klar und deutlich mitteilen kann, ab wann es sich von der Situation überfordert fühlt und die Maßnahmen unterbrechen möchte.

***»Welche Hilfsmittel habe ich vor Ort zur Hand?«***

Gegenstände als Targets einzusetzen hat viele Vorteile. Solange sich diese Gegenstände gut transportieren lassen,

Ein Stück Teppich ist vollkommen ausreichend.

Der Kooperator ermöglicht komfortables Arbeiten am Maul.

sind sie häufig erste Wahl für Kooperationsverhalten. Doch unter Umständen haben Sie nicht immer Ihre Targetsammlung zur Hand oder den Steigerwald.T-Kooperator griffbereit. Soll Ihr Pferd zum Beispiel auf der Koppel eingesprüht werden oder Augentropfen bekommen, ist man besser mit einem Kooperationssignal ohne spezielle Hilfsmittel bedient und wählt eher eine bestimmte Körperhaltung, wie die Nullposition, oder ein Hand- oder Schultertarget.

***»Kann das Kooperationssignal die Durchführung der Manipulationen unterstützen?«***

Da Sie über das Kooperationsverhalten Einfluss auf die Positionierung des Pferdekörpers nehmen können, ist es sinnvoll, nach einem Verhalten zu suchen, das die pflegerische oder medizinische Maßnahme nach Möglichkeit erleichtert. Beispielsweise ist es enorm hilfreich, wenn Ihr Pferd für die Verabreichung von Augentropfen den Kopf etwas schräg hält. Ein anderes Beispiel ist eine Kopfposition, bei der man die Muskelspannung des Halses beeinflussen kann, um das Stauen der Drosselvene und Einführen der Kanüle zur Injektion zu unterstützen. Auf der Suche nach der besten Körperhaltung dürfen Sie jedoch nicht aus den Augen verlieren, dass die Haltung für Ihr Pferd auch für die Dauer des Trainings und der Behandlung bequem zu halten sein muss.

## Trainieren des Kooperationsverhaltens

Nachdem Sie ein passendes Kooperationssignal ausgewählt haben, beginnen Sie mit dem Training des gewünschten Verhaltens. Je nach Ausbildungsstand Ihres Pferdes besteht das Training des Kooperationsverhaltens aus mehreren Schritten:

Als Vorbereitung machen Sie mit Ihrem Pferd Höflichkeitstraining (s. S. 44). Im weiteren Training sind zwei Aspekte besonders wichtig: Zum einen sollte Ihr Pferd das Verhalten »im Schlaf«

beherrschen. Das erreichen Sie durch viele Wiederholungen mit besonders hochwertigen Verstärkern. So wird das Verhalten zu einer liebgewonnenen Routine und bietet Ihrem Pferd auch während einer unangenehmen Behandlung ein vertrautes, stark positiv verknüpftes Element. Das können Sie sich ein bisschen wie die beruhigende Wirkung eines tröstenden Teddys im Arm vorstellen.

Zum anderen muss ein Kooperationsverhalten sehr gut generalisiert sein. Das bedeutet, dass Ihr Pferd das Verhalten nicht nur unter den »normalen« Trainingsbedingungen zeigen kann, sondern auch bei starker Ablenkung, verschiedenen Positionen des Trainers, an unterschiedlichen Orten und mit unbekannten oder ungewohnten Gerüchen und Geräuschen. Man spricht auch davon, ein Verhalten zu »verdichten«. Es lohnt sich immer, kreativ zu sein und möglichst viele unterschiedliche Ablenkungen in den Trainingsplan aufzunehmen. Wie Sie die Generalisierung trainieren, erfahren Sie auf Seite 254.

## Dauerkooperation

Kurz nachdem Ihr Pferd das Kooperationsverhalten zeigt, führen Sie eine Manipulation aus, die sich sicher unterhalb der Toleranzschwelle Ihres Pferdes bewegt. Zeigt Ihr Pferd sein Kooperationssignal während der Manipulation, clicken und belohnen Sie es für das Verhalten. Das wiederholen Sie einige Male. So führen Sie das Kooperationsverhalten als Startsignal für Ihre Interventionen ein.

Sowie Ihr Pferd mit einer Veränderung seines Verhaltens reagiert, indem es ein anderes Verhalten als das Kooperationsverhalten zeigt, stoppen Sie augenblicklich alle Manipulationen und kehren in Ihre Grundposition zurück – auch mental. Sie setzen das Training erst fort, wenn Ihr Pferd nach dem Abbruch ruhig und entspannt weiterarbeiten kann.

Finley hat die Nullposition verlassen, also heißt es abwarten, bis er gerade ist.

Auf diese Weise macht Ihr Pferd die Erfahrung, dass es nur dann Manipulationen ausgesetzt ist, wenn es sein Kooperationsverhalten zeigt, und dass alle Maßnahmen sofort aufhören, wenn es das Kooperationsverhalten abbricht. Kontrolle über die Situation zu haben, erleichtert Ihrem Pferd auch das Ertragen unangenehmer Reize.

## Trainingsaufbau Huftarget

*Voraussetzungen*

- *Futterhöflichkeit und Stillstehen in Grundposition*
- *Losgehen auf Signal*
- *Material: Matte, die groß genug ist, dass Ihr Pferd sie trifft und nicht darübersteigen kann*

Zum grundsätzlichen Vorgehen bei den Trainingsschritten s. S. 66.

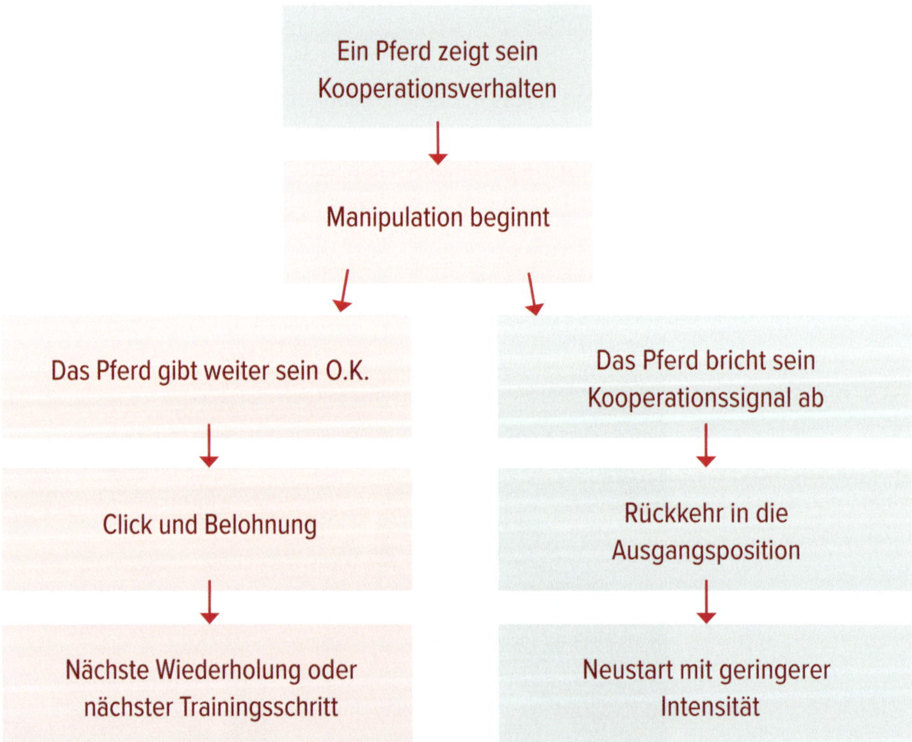

## Trainingsschritte Huftarget

- *Pferd bewegt sich in Richtung Matte*
- *der erste Huf trifft die Matte*
- *der zweite Huf trifft die Matte*
- *beide Vorderhufe stehen auf der Matte, Pferd kann 1 Sek. entspannt warten*
- *Pferd kann bis zu 5 Sek. entspannt warten*
- *leichte Berührung*
  - bleibt Pferd auf Matte stehen, Click u. Futter
  - macht Pferd eine Bewegung, um Matte zu verlassen → sofort mit allen Manipulationen aufhören

    *Neustart: Matte verlassen, schauen, ob Pferd sie wieder betritt*
    *ggf. dazu einladen*
- *schrittweise Steigerung der Intensität der Manipulationen*
  - vorgehen wie bei »leichte Berührungen« (s. S. 68)

KOOPERATIONSSIGNALE 4

Schritt 1: Der erste Huf, der trifft, wird geclickt und gefüttert.

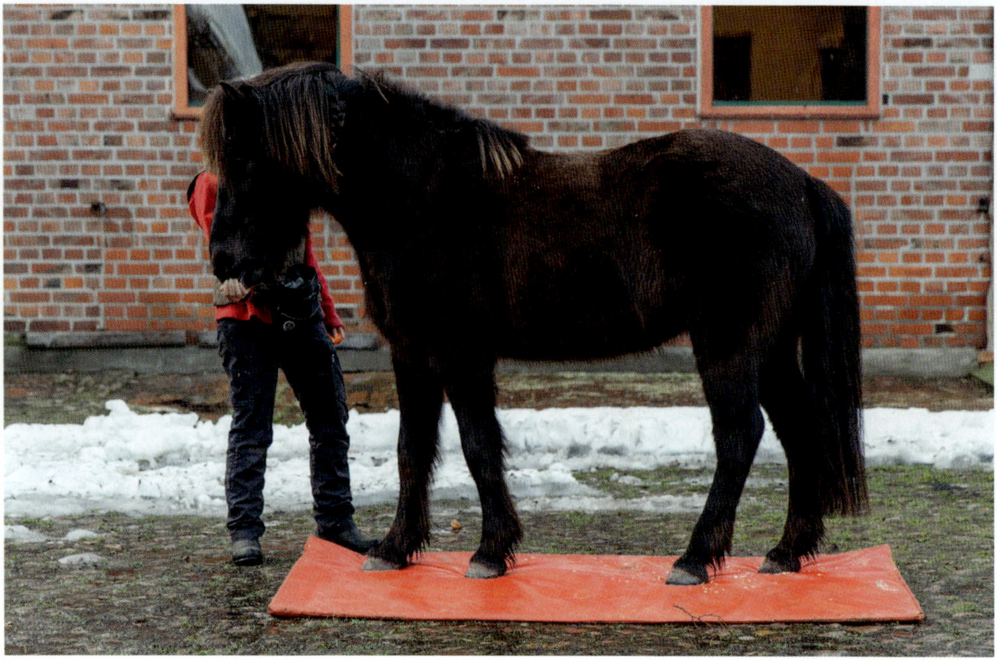

Ist das Pferd sicherer beim Betreten, gibt es nur noch für den letzten Huf Futter.

## Zusammenfassung

Ein Kooperationssignal ist ein durch Belohnungslernen etabliertes Verhalten, das Ihnen eine Information über die Bereitschaft Ihres Pferdes gibt, die nachfolgenden Manipulationen auszuhalten oder auch aktiv daran mitzuarbeiten.

Das Haupteinsatzgebiet für Kooperationssignale liegt im Bereich von pflegerischen oder medizinischen Maßnahmen. Sie ermöglichen Ihrem Pferd den Verlauf solcher Maßnahmen zu steuern. Dank der dadurch erreichten Selbstwirksamkeit und der durch den Trainingsweg aufgebauten positiven Verknüpfung, kann Ihr Pferd lernen, die oftmals unbequemen, unangenehmen oder gar schmerzhaften Prozeduren in der Behandlung ruhig und entspannt auszuhalten.

Beispiele für Kooperationssignale sind das Einnehmen einer bestimmten Körperhaltung oder das Ausführen von Körpertargets mit oder ohne Hilfsmittel.
Zu den am häufigsten gewählten Kooperationssignalen zählen:

- die Grundposition – siehe S. 49
- ein Huftarget (Bodentarget) – siehe S. 103
- Unterkiefertarget auf einem Kooperator – siehe S. 95
- stationäres Nasentarget – siehe S. 97

So signalisiert der Elefant, dass das Waschen in Ordnung ist.

# 5

# DIE ALLGEMEINE UNTERSUCHUNG

»Die Allgemeine Untersuchung ist nicht nur eine nette Nettigkeit, sondern eine wichtige Wichtigkeit.« Mit dieser Aussage stimmt die Pferdetierärztin Samantha Krost-Reuhl Interessierte auf das Thema Medical Training ein.

Die Allgemeine Untersuchung ist immer die Voraussetzung für alle weiteren medizinischen Untersuchungen und Behandlungen und gehört darum zur Routine eines jeden Tierarztbesuchs. Sie ist schlichtweg die Basis. Ohne Kooperation Ihres Pferdes hierbei ist keine genaue Diagnose und somit keine Behandlung möglich, was dramatische Auswirkungen auf den Krankheitsverlauf haben kann. Eine gesamte Allgemeine Untersuchung dauert fünf bis acht Minuten und liefert Ihrem Tierarzt wichtige Vergleichswerte, die der Einschätzung des gesundheitlichen Zustandes Ihres Pferdes dienen.

Was gehört alles dazu? Welcher Ablauf wird an den tiermedizinischen Fakultäten gelehrt? Zuerst geht es um Sichtbefunde. Die Körperhaltung, das Verhalten, Ernährungs-, Pflege- und Entwicklungszustand werden in Augenschein genommen. Die Atemfrequenz lässt sich ebenso ohne Anfassen ablesen: Um zu überprüfen, ob die Atemfrequenz in einem physiologischen Bereich von acht bis zwölf Zügen in der Minute liegt, schaut der Tierarzt auf Nüstern oder Bauch.

Das Anfassen des Schweifs und das Tolerieren der Berührung an der Hinterhand ist eine gute Voraussetzung für das Fiebermessen.

Mit einem so entspannten Pferd wird der Tierarzt seine Freude bei der Untersuchung haben.

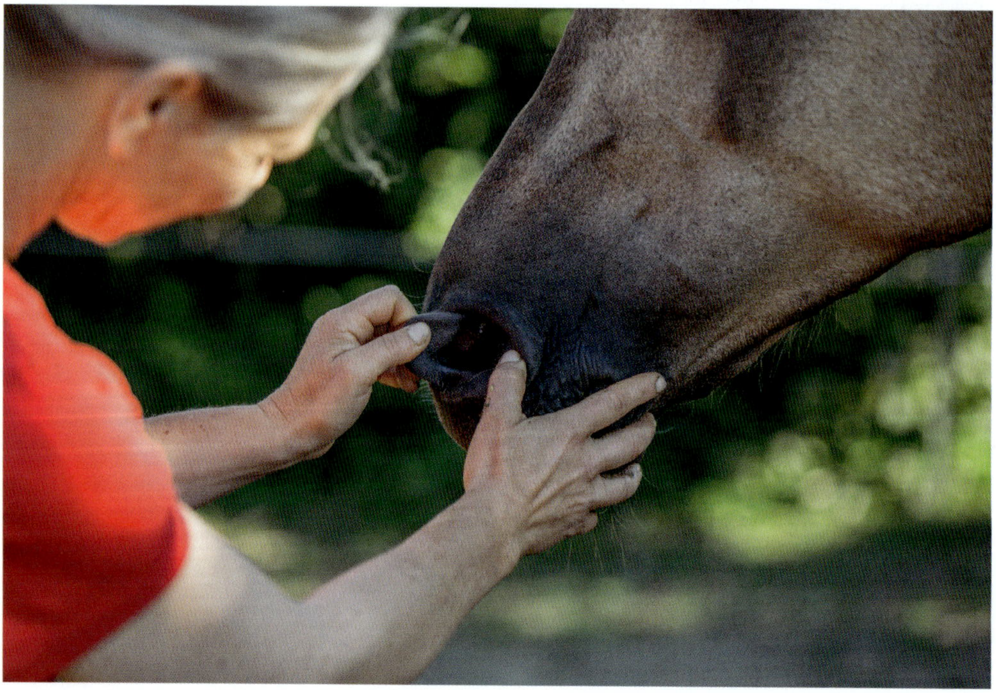

Dieser Griff wird ohne entsprechendes Training oft mit einem Abwenden quittiert.

Doch dann gilt: Hands on! Die Pulsfrequenz wird an den Unterkieferästen, an der Arteria facialis, gemessen. Einen Griff ins Gesicht mögen viele Pferd nicht, erst recht nicht, wenn sie dabei zusätzlich 15 Sekunden stillhalten müssen. Noch weniger beliebt ist das Messen der Körpertemperatur mit dem Fieberthermometer.

Hierbei ist es nicht nur lästig, wenn Ihr Pferd nicht stillsteht, nein, es kann auch richtig gefährlich für den Tierarzt werden. Wie aber will man sonst spontan abklären können, ob ein infektiöses Geschehen vorliegt oder nicht? Aufgrund welcher Parameter soll entschieden werden, welche Medikamente indiziert sind?

Die zusätzliche Allgemeine Untersuchung gestaltet sich ungleich einfacher und diagnostisch eindeutiger, wenn die Handgriffe und Aktivitäten des Untersuchers an einem völlig entspannt stehenden Pferd vorgenommen werden können.

Die Schleimhäute am Maul werden begutachtet, hierfür müssen die Lippen weggeklappt werden. Darüber hinaus wird beim Prüfen der kapillären Rückfüllzeit (KRZ) ein kurzer, kräftiger Druck mit dem Daumen auf das Zahnfleisch ausgeübt, die Stelle sieht danach weiß-blass aus. Wird sie erst nach über drei Sekunden wieder rosa, weiß man, dass dem Kreislauf Beachtung zu schenken ist. Diese wertvolle Information für die Diagnostik und die Entscheidung über die weitere Behandlung ist umso eindeutiger, je kooperativer Ihr Pferd hierbei ist.



Gerade beim Verdacht auf Atemwegsprobleme sollte ein kurzes Ziehen am Nüsternrand mit Begutachtung des Innenraumes möglich sein, weil hierbei das Vorhandensein einer Sekretrinne abgeklärt werden kann.

Reichlich unbeliebt ist bei vielen Equiden auch die Überprüfung der Bindehäute. Um diesen sensiblen Bereich beurteilen zu können, werden die Augenlider mit Daumen und Zeigefinger verschoben und umgeklappt. Mal ehrlich: Wer lässt so etwas schon gerne und freiwillig mit sich machen?

Eine Hautfalte am Hals zu ziehen ist dabei schon harmloser. Hierbei geht es um den Hydrationszustand Ihres Pferdes. Das Abtasten der Lymphknoten an den Ganaschen ist auch nicht besonders unangenehm und gerade bei Verdacht auf Infektionen ein weiterer wichtiger Parameter. Nicht invasiv, aber oft dennoch unbeliebt ist das Abhören mit dem Stethoskop.

So soll die Reaktion auf den diagnostischen Griff am Auge aussehen.

Das Ziehen der Hautfalte kann für verspannte Pferde unangenehm sein.



Wer schon einmal sein Pferd interessehalber mit einem solchen Instrument untersucht hat weiß, dass jede Bewegung mit unangenehmen Störgeräuschen verbunden ist. Bei Atemwegsproblemen oder Koliken muss aber alles gehört werden können.

Schauen wir uns einmal die Abläufe in ihrer standardisierten Reihenfolge an.

1. Halftergriff, ggf. Hals klopfen
2. ins Gesicht fassen
3. Oberlippe hochklappen
4. Druck auf Zahnfleisch
5. Nüsternrand ziehen
6. Augenlider auseinanderdrücken
7. Lymphknoten abtasten
8. Hautfalte am Hals ziehen
9. auf Schulterhöhe gehen
10. Stethoskop aufsetzen
11. Gurtlage hinter dem Ellenbogen,
12. Rippen mittig,
13. Ende Rippenbogen,
14. hinten oben,
15. Kuhle vor Hüfthöcker,
16. Bauch abhören
17. Temperatur messen
18. andere Seite Bauch und Lunge
19. Luftröhre
20. Kehlkopf

Als intergalaktisches Trainingsziel sollte Ihr Pferd von Punkt 1 bis 20 komplett stillhalten. Komplett heißt hier wirklich ohne eine einzige Bewegung von Beinen oder Hals und Kopf. Nun ist leider der Erstkontakt mit dem behandelnden Veterinär alles andere als gut geeignet, um ein Pferd in eine entspannte Verfassung zu bringen. Wer bringt schon einem Fremden Vertrauen entgegen, der seitlich ins Halfter packt, einem beherzt ins Gesicht fasst, an Lippen und Maul manipuliert und danach die Augenlider auseinanderdrückt? Ein denkbar schlechtes Intro. Hier kann nämlich schon häufig deutliches Abwehrverhalten beobachtet werden.

Den Kopf hoch und zur Seite zu nehmen bedeutet, dass diese Vorgehensweise Ihrem Pferd unangenehm ist (s. S. 34). Es möchte sich den Handgriffen aus verständlichen Gründen entziehen. Aus ebenso verständlichen Gründen macht aber der Tierarzt weiter. So kommt man mit Pech in eine echte Abwärtsspirale: Das Pferd lernt, dass Wegziehen Erleichterung bringt. Dies gilt zwar nur für einen kurzen Moment, verschafft ihm dennoch eine kleine Pause vom »Begrabbelt-Werden«. Wie geht es dann im ungünstigen Fall weiter? Jede Intervention des Tierarztes wird mit immer mehr Bewegung quittiert, was zu immer mehr Festhalten und Frust auf allen Seiten führt.

## Anfassen und Abhören

Die Equiden, die nach dem Tierarzt treten, wenn er sich mit dem Thermometer nähert, bleiben selten beim Abhören stehen. Um die Geräusche gut einordnen zu können, sollte Ihr Pferd pro Abhörzone jedoch mindestens 20 Sekunden stehen bleiben können.

Abhören an sich ist weder invasiv noch schmerzhaft, kann aber ebenso mit Stress verknüpft sein wie andere Manipulationen. Vor allem, wenn das Pferd aus Erfahrung weiß, was danach kommt: Temperatur messen.

Es macht für das Vorgehen im Training natürlich einen Unterschied, ob Ihr Pferd schon aufgrund diverser Erfahrungen beim Anblick eines Menschen mit Stethoskop um den Hals anfängt zu tänzeln und bei der ersten Berührung zu beißen oder zu steigen droht. Oder ob es »nur« unwillig beim Griff ins Maul ist und seinen Kopf hochreißt. Haben Sie ein Pferd mit besonderen Herausforderungen, sollten Sie mit Ihrem Tierarzt besprechen, in welcher Reihenfolge bei der Untersuchung vorgegangen wird und Ihr Pferd entsprechend vorbereiten. Strukturen schaffen Sicherheit.

Frieda scheint auch zu horchen.

MEDICAL TRAINING

## Trainingsschritte Anfassen und Abhören

- *Mensch nähert sich*
- *Berührungen der Hand*
- Schulter
- Gurtlage
- hinter dem Ellenbogen
- Rippenbogen
- Flanke
- andere Körperseite
- *Mensch mit Führstrick um den Hals*
- *Berührungen des Karabiners wie mit der Hand*
- *Variationen des Ablaufs bezüglich Dauer und Druck*

Mit Führstrick und Karabiner können Sie gut das Abhören trainieren.

Hören Sie mit Ihrem Behelfsstethoskop alle relevanten Zonen ab.

Der hintere Bereich ist für die Darmgeräusche wichtig.

Ein gelungener Start: Stillhalten beim Halftergriff, leider oft keine Selbstverständlichkeit.

## Schleimhautkontrolle und kapilläre Rückfüllzeit

Verständlicherweise hat nicht jeder Tierarzt Zeit, Ihr Pferd anfangs ausgiebig an seiner Lieblingsstelle zu kraulen, um eine gute Stimmung herzustellen. In dem standardisierten Ablauf einer Allgemeinen Untersuchung kommen leider die unangenehmen Griffe zuerst. Hat man als Veterinär hierbei die ersten Minuspunkte gesammelt, weil sie entgegen deutlicher Unwillensbekundungen durchgeführt wurden, wird dies den weiteren Ablauf nicht gerade erleichtern. Trainieren Sie also mit Ihrem Pferd, dass dieses Vorgehen eine vielleicht lästige, aber durchaus lohnenswerte Prozedur ist.

### Trainingsschritte Schleimhautkontrolle und KRZ

1. *Annäherung einer Hand*
2. *Griff ans Halfter*
3. *über Nasenrücken streichen*
4. *Finger der linken Hand auf die Oberlippe/Nüsternbereich legen*
5. *drücken mit Fingern*
6. *dabei Oberlippe mit Daumen hochklappen*
7. *einen Moment lang halten*
8. *Daumen der rechten Hand drückt auf das Zahnfleisch*
9. *Druck so stark, dass die Stelle weiß wird*

Möglicher Zwischenschritt 5.1: Ober- und Unterlippe etwas drücken.

Möglicher Zwischenschritt 5.2:
Ober- und Unterlippe stärker auseinanderziehen.

Trainingsschritt Nr.8:
Ein kurzer, leichter Druck auf das Zahnfleisch.

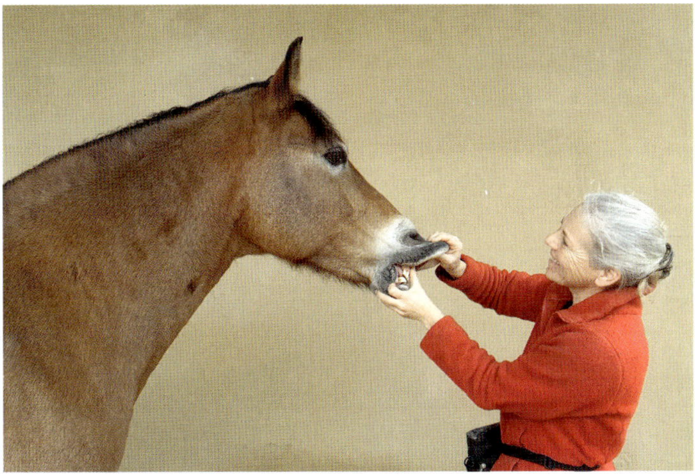



Beim Aufbau Ihres Trainings sollten Sie sich daran orientieren, dass jeder einzelne Schritt fünf bis zehn Mal hintereinander ohne eine Bewegung seitens Ihres Pferdes durchführbar ist (s. S. 72). Im Verlauf des Trainings der Schleimhautkontrolle und KRZ werden immer alle Schritte nacheinander abgefragt. Den Click und das Belohnungsfutter (C+B) gibt es nach erfolgreichem Absolvieren jedes aktuellen Gesamtablaufs. Sie trainieren wie folgt: Schritt 1 → C+B, Schritt 1+2 → C+B, Schritt 1+2+3 → C+B usw. Sollte der Ablauf nicht geklappt haben, liegt die Kunst in der Wahl eines passenden Zwischenschrittes. Wenn Sie z.B. Ihre Hand annähern und seitlich ins Halfter greifen können, das Streichen über den Nasenrücken jedoch drei Mal in Folge mit einer Ausweichbewegung quittiert wurde, können Sie als Zwischenschritt nur ganz kurz die Nase antippen. Hält Ihr Pferd in diesem Fünferpäckchen still – wunderbar. Sie fügen also in dem Plan einen Punkt 2.1 hinzu. Dieser heißt: Annähern, Halfter fassen, Nase antippen, clicken, füttern. Punkt 2.2 könnte sein, einen Hauch länger zu berühren, Punkt 2.3 ein leichter Druck mit den Fingerkuppen. Es gibt immer einen möglichen Zwischenschritt! Erst nach einem erfolgreichen Fünferpäckchen wagen Sie sich wieder an den Schritt, bei dem der Fehler aufgetreten ist.

Je nach Pferd, seinen individuellen Erfahrungen und Ihrem Trainergeschick dauert es unterschiedlich lange bis zum Ziel. Jedes Pferd benötigt eine andere Anzahl und Auswahl von Zwischenschritten. So trainieren Sie im Plan immer weiter, bis der letzte Punkt zuverlässig sitzt.

## Gefäßkontrolle am Auge

Dann widmen Sie sich dem nächsten potentiellen Problemfeld: Sich der Gefäßkontrolle am Auge entziehen zu wollen, ist eine natürliche Reaktion auf diese unliebsame Berührung. Wenn Sie hier schön kleinschrittig arbeiten, wird Ihr Pferd auch das Auseinanderdrücken seiner Augenlider zur Kontrolle der Bindehäute und Episkleralgefäße gelassen mitmachen.



### Trainingsschritte Bindehäute

1. *Hand ans Auge führen*
2. *Berührung der Augenlider:*
   2.1 oberhalb
   2.2 unterhalb
   2.3 beides zusammen
3. *Augenlider halten*
4. *Augenlider drücken*
5. *Augenlider reiben*
6. *Augenlider so hochdrücken, dass Gefäße sichtbar werden*
7. *max. fünf Sekunden Dauer*

Auch hier kann es gut sein, dass Sie bei Ihrem Pferd den einen oder anderen Zwischenschritt benötigen, wenn Sie wirklich möchten, dass es komplett immobil bleibt. Wenn Sie Ihr Pferd sorgfältig beobachten, fällt Ihnen auf, wo es einen höheren Bedarf an Kleinschrittigkeit hat. Schon Punkt eins »Hand ans Auge führen« erfordert oft eine pferdegerechte Planänderung. Das würde dann so aussehen: Punkt 0.1 – Hand 20 cm anheben; Punkt 0.2 – Hand 30 cm anheben; Punkt 0.3 – Hand anheben und bis 30 cm vor das Pferdeauge führen; Punkt 0.4 – Hand anheben und 15 cm vor das Auge führen; Punkt 0.5 – Hand 5 cm vor das Auge führen. Und erst dann gehen Sie zum eigentlichen Plan mit Punkt 1 über. Ob und wie viele dieser Zwischenschritte nötig sind, kann Ihnen nur Ihr Pferd sagen.

Möglicher Zwischenschritt 1.1: Ober- und unterhalb der Lider anfassen.

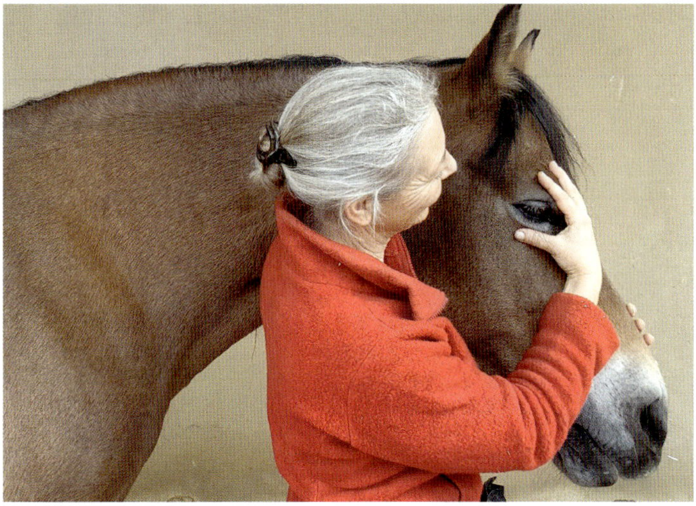

Möglicher Zwischenschritt 5.1: Nur das Oberlid etwas anheben

Trainingsschritt 7: Auseinanderdrücken und halten. An Maul und Ohr sieht man, dass Freya nicht ganz entspannt ist.

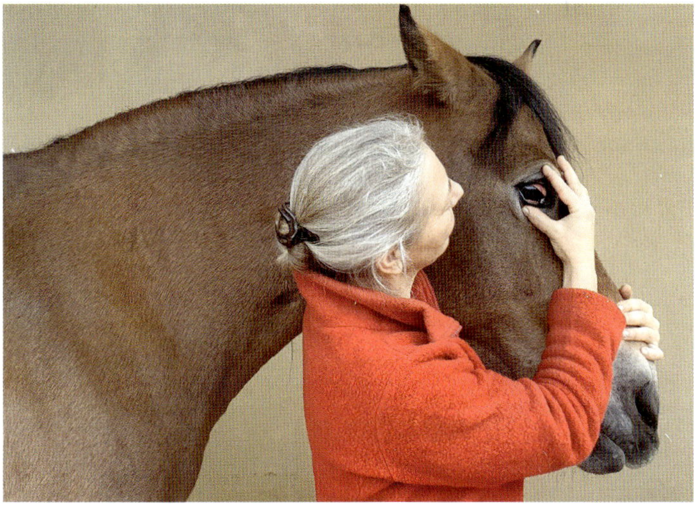

Immer erst wenn die Berührung außerhalb des Auges toleriert wird, geht es mit dem nächsten Trainingsschritt weiter.

Auch wenn Abhören nicht schmerzhaft ist, bleiben viele Pferde dabei nicht stehen. Stand im Vorfeld nicht genügend Trainingszeit zur Verfügung, hilft der Einsatz einer Leckschale. Ja, dieser Helfer enthält meist viel Melasse und es entstehen etwas Störgeräusche. Ist es damit jedoch möglich entspannt abzuhören, sollten Sie abwägen, ob Sie Ihrem Tierarzt und Ihrem Pferd nicht den Gefallen tun möchten. Um selbst das Abhören zu trainieren, brauchen Sie auch kein Stethoskop. Es reicht völlig, wenn Sie sich einen Führstrick um den Hals legen und mit dem Karabiner den ganzen Pferdekörper hinter dem Ellenbogen links und die Luftröhre »abhören«. Damit trainieren Sie die Gruselfaktoren »etwas baumelt um den Hals des Menschen« und »Berührung eines fremdartigen Gegenstandes mit etwas Druck.«

## Temperatur messen

Weitaus invasiver ist der nächste Schritt einer Allgemeinen Untersuchung: Das Messen der Temperatur. Spätestens bei einem Pferd, welches drohend das Bein anhebt, wenn seine Schweifrübe angehoben wird, hört der Spaß auf. Es geht um die Gesundheit des Behandlers und sollte unbedingt trainiert werden.

Sie können das Training wie ein Frage- und Antwortspiel mit Ihrem Pferd gestalten:

## »Kannst du stillstehen, wenn ...«

1. *... der Mensch nach hinten geht?*
2. *... er deinen Schweif nimmt?*
3. *... er deinen Schweif um 90 Grad hebt?*
4. *... er deinen Schweif seitlich bis zur Kruppe klappt?*
5. *... er deinen Schweif für eine gewisse Dauer hält?*
6. *... etwas deinen Darmausgang berührt?*
7. *... 3 mm Durchmesser Metall in den After geschoben wird?*
8. *... das Metall den After 0,5 cm dehnt?*
9. *... es ca. 10 Sek. dauert?*
10. *... es hinter dir piept?*
11. *... das Etwas hinausgezogen wird?*
12. *... dein Schweif losgelassen wird?*

Auch hier stellen Sie Ihre Fragen in Fünferpäckchen und gehen erst zur nächsten über, wenn Ihr Pferd fünf Mal hintereinander mit »Ja!« geantwortet hat. Beachten Sie, den gesamten Ablauf ins Training zu übernehmen, d.h. fünf Mal Frage 1, dann fünf Mal Frage 1+2, dann fünf Mal Frage 1+2+3 usw. So bekommen Sie schön viel »Verhaltensmasse« auf Stillstehen. Ihr Tierarzt wird es Ihnen danken.

**Haflinger Stino lernt, beim Messen der Temperatur entspannt stillzustehen.**

Die Berührung der Schweifrübe ist bei vielen Pferden ein sinnvoller Zwischenschritt.

# 6

# SPRITZEN – EIN GROSSES REIZTHEMA

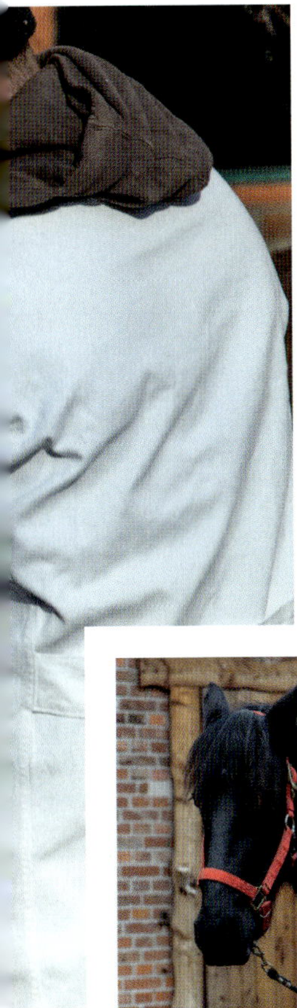

Neben der Hufbehandlung ist das Verabreichen von Spritzen der häufigste Grund für die Anwendung von Zwangsmaßnahmen, wie beispielsweise einer Nasenbremse. Stellen Sie sich einmal das Worst-Case-Szenario vor einer Zahnbehandlung vor: Dem zappelnden Pferd wird eine Nasenbremse aufgezogen, um die Sedierungspaste in das Maul zu geben. Wirkt diese, wird ebenfalls unter Verwendung der Bremse das Beruhigungsmittel in die Vene gespritzt. Dann erst kann die Behandlung beginnen – vorausgesetzt, das Pferd ist nicht zu panisch, als dass die Beruhigungsmittel nicht mehr richtig wirken können. Eine furchtbare Vorstellung, die jedoch allzu häufig bittere tiermedizinische Realität ist.

Gestochen zu werden, ist für Pferde wie auch für uns Menschen ein oft unangenehmes, aber häufig unumgängliches Erlebnis. Selbst wenn Ihr Pferd immer gesund sein sollte, ist das Setzen von Spritzen absolut notwendig. In den Bereichen der Gesundheitspflege und -kontrolle, wie der erwähnten Sedierung bei der Zahnbehandlung, beim Impfen und zur Blutabnahme muss Ihr Pferd lernen, diesen Schmerzreiz gelassen hinzunehmen. Bei ernsthaften Erkrankungen geht es um die Verabreichung von – teilweise lebensnotwendigen – Medikamenten.

Mit einer guten Vorbereitung wird eine Injektion zum Kinderspiel.

Machen Sie sich klar, dass beim Spritzen immer eine Gewebezerstörung mit dem daran gekoppelten Schmerzreiz stattfindet. Dieser Schmerz hat eine wichtige physiologische Warnfunktion und veranlasst jedes gesunde Individuum dazu, sich dem schmerzauslösenden Stimulus zu entziehen bzw. ihn vermeiden zu wollen.

Warum eine konventionelle Herangehensweise oft nicht funktioniert: Das Pferd soll durch beruhigende Worte und Streicheln dazu gebracht werden, still zu halten:

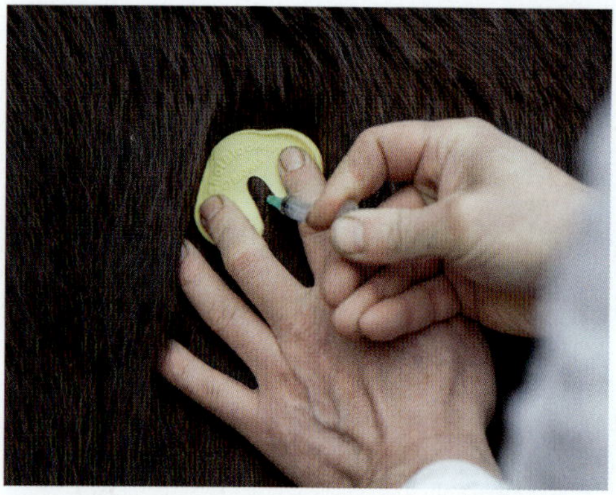

So werden viele Reize gleichzeitig gesetzt.

Die vielen Spitzen können die Schmerzwahrnehmung verändern.

»Alles ist gut, bist doch fein, ist nur ein kleiner Piks.« Und dann schmerzt es plötzlich doch! Wie soll ein Pferd nach so einem Erlebnis vertrauensvoll in die nächste Behandlung gehen? Führt der Stress vor und während dem Setzen einer Spritze in den Muskel zur Verspannung desselben, wird der Vorgang zudem noch deutlich schmerzhafter als bei lockerer Muskulatur. Das alles sind ungünstige Voraussetzungen für die kommende Impfung.

Eleganter ist da schon der Einsatz eines sogenannten Shot-Blockers oder anderer parallel zum Einstich stattfindender Reize, wie Hautrollen, Wärme oder Vibrationen. Auch die Nasenbremse soll nach diesem Prinzip funktionieren. Das Aufsetzen der Bremse ist allerdings ein wenig harmonischer Vorgang, wie Ihnen Ihr Tierarzt sicherlich bestätigen kann. Bei diesem Vorgehen wird dem Pferd nicht vorgegaukelt, dass alles gut sei. Vereinfacht gesagt sind die Rezeptoren und Nervenbahnen damit beschäftigt, mehrere bzw. unterschiedliche Schmerz- und Stressreize zu verarbeiten, so dass der Auslöser des Meideverhaltens nicht mehr als solcher wahrgenommen wird.

## Spritzen und Kanülen

*Sie brauchen (und sollten!) für das Spritzentraining keine Löcher in die Haut Ihres Pferdes zu stechen! Über die Effekte der Generalisierung (s. S. 254) erreichen Sie allgemein kooperatives Verhalten bei Schmerzreizen (s. S. 204).*

Die Utensilien zum Durchdringen der Haut und ggf. der Vene weisen unterschiedlich große Durchmesser auf und variieren dadurch in ihrer Schmerzintensität. Die Kanülengrößen sind farblich sortiert. Ihre Durchmesser reichen von 23G (sehr dünn, kaum schmerzhaft) bis zu 18G (dick, sehr schmerzhaft).

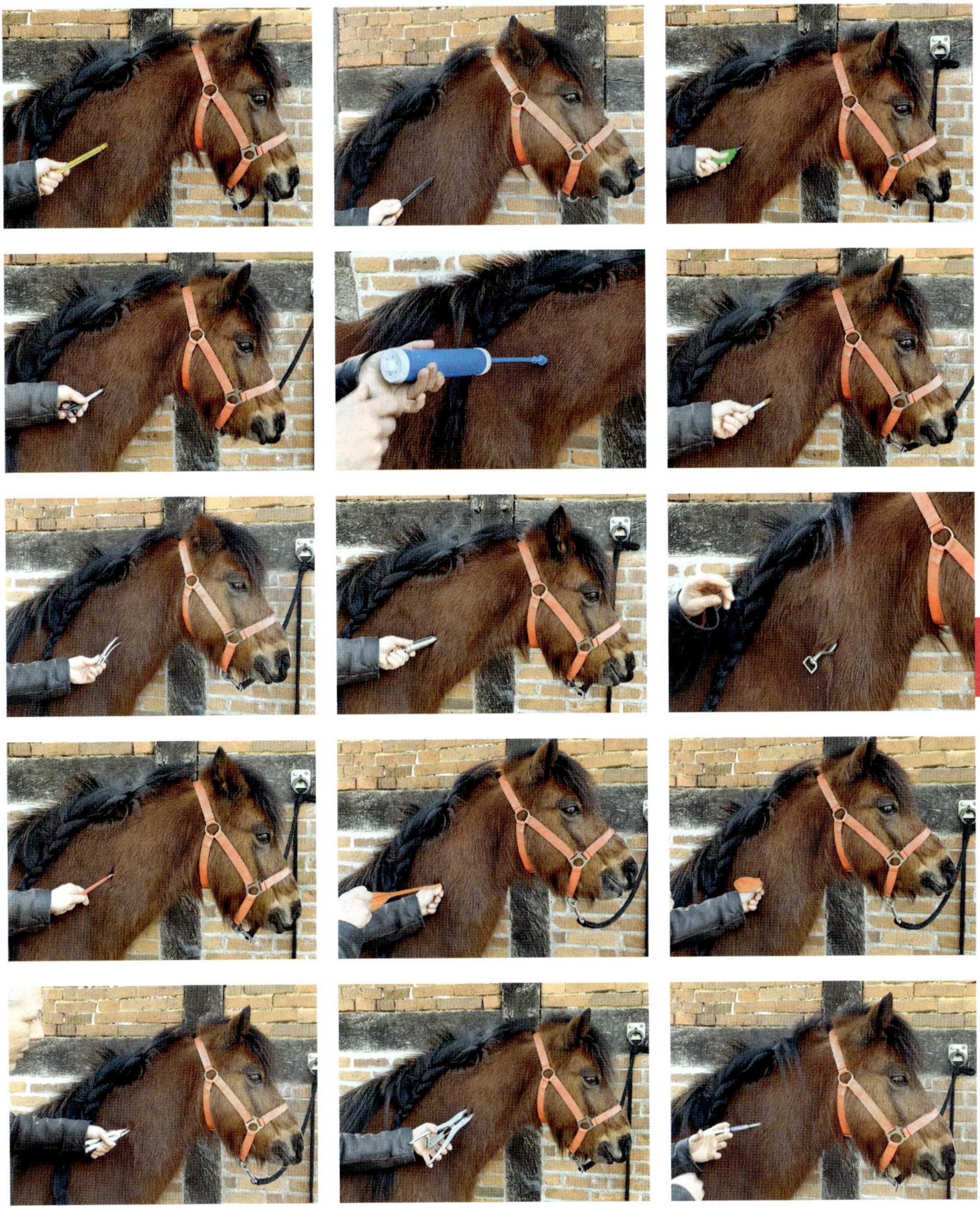

Sie sollten bei einem Pferd mit Spritzenphobie gründlich diverse Reize trainieren.

Sie sind genormt und passen alle auf die unterschiedlichen Spritzengrößen. Hierdurch ergeben sich je nach Fassungsvermögen und Konsistenz der enthaltenen Flüssigkeit verschiedene Zeiträume und ein unterschiedliches Druckgefühl beim Spritzen. Eine drei Milliliter Spritze wird meist zum Impfen eingesetzt, der Vorgang dauert ca. eine Sekunde. Bei einer 60 Milliliter Spritze hingegen kann es 10 - 30 Sekunden dauern, bis der gesamte Inhalt injiziert ist. Langsames Spritzen ist weniger schmerzhaft, bedarf aber natürlich eines längeren Stillhaltens seitens Ihres Pferdes.

Spritzen werden in der Veterinärmedizin auf mindestens drei Arten gesetzt. Subcutan (s.c.) bedeutet »unter die Haut« und wird z.B. für Heparin bei Hufrehe, Neuraltherapie oder Homöopathika genutzt. Diese Art des Spritzens kann an fast allen Stellen des Körpers durchgeführt werden. Bei Leitungsanästhesien wird das Analgetikum mit zwei Stichen pro Stelle am Bein subcutan appliziert. Hierbei ist der Einsatz einer Nasenbremse meist Standard, weil sich der Tierarzt in einer für seine Sicherheit sehr ungünstigen Position befindet und sein Schutz Vorrang hat. Stiche am Bein sind für Equiden schwer auszuhalten. Es bietet sich für ein Pferd geradezu an, mit Stampfen wie auf eine lästige Pferdebremse zu reagieren.

Intramuskulär (i. m.) bedeutet »in den Muskel« und kommt bei Impfungen oder Medikamenten wie Cortison oder Penicillin zum Einsatz. Hierfür stehen drei Zonen am Pferd zur Verfügung.

Am großen Brustmuskel kann das Handling recht schwierig sein. Eine rudernde Vorderhand, die Nähe zu den Zähnen und eine gebeugte Haltung machen diese Stelle für den Tierarzt problematisch. Ein Vorteil hingegen ist, dass auch größere Medikamentenvolumina von bis zu 40 Millilitern problemlos injizierbar sind.

Noch mehr Muskelgewebe steht an der Hinterhand, eine Handbreit unter dem Sitzbeinhöcker, zur Verfügung. Vorteilhaft ist hier, dass diese Stelle hinsichtlich eines möglichen Spritzen-Abszesses am wenigsten problematisch ist. Warum dieser Injektionsort jedoch eher ungern gewählt wird, liegt am großen Risiko durch das Hinterbein, welches ohne vernünftiges Medical Training den spritzenden Lästling flott auf Abstand schicken kann.

Die größte Sicherheit und eine ebenfalls große Fläche bietet die Halsmuskulatur, die aus diesen Gründen gern für Spritzen gewählt wird. Ein Nachteil hingegen ist, dass ein möglicher Abszess unvorteilhaft Richtung Halswirbelsäule wandern kann.

Intravenös (i. v.) bedeutet »in die Vene«, meist am Hals Ihres Pferdes. Sie liegt in der Drosselrinne, die bei vielen Pferden gut sichtbar ist. Bei einem Pony im Winterpelz kann es gut sein, dass Ihr Tierarzt die Einstichstelle mit der Schere freischneidet oder dort schert. Nach der obligatorischen Desinfektion wird die Vene vor dem Stechen im Bereich des unteren Halsdrittels mit dem Daumen angestaut. Sie läuft dadurch voll und ist besser sichtbar. Anschließend wird die Kanüle mit ihrer Spitze in Richtung Pferdekopf hineingeschoben. Und manchmal passiert dann erst einmal nichts. Das heißt, die Kanüle hat die Vene nicht getroffen, es kommt kein Blut. Dann wird die Kanüle wieder herausgezogen und ein winzig kleines Stückchen versetzt erneut in die Vene gestochen. Ihr Pferd muss also auch lernen, zwei oder drei stärkere Schmerzreize hintereinander auszuhalten, ohne dass es nach jedem geclickt und gefüttert wird.

Der Geruch von Alkohol sollte auf jeden Fall auch trainiert werden.

Wenn nun Blut aus der Kanüle tropft oder fließt, wird die Spritze aufgesetzt, um zum Beispiel Schmerzmittel oder Sedativa zu verabreichen. Für eine Blutabnahme wird statt der Spritze ein Röhrchen zum Auffangen des Bluts unter die Öffnung gehalten. Es kann einige Sekunden dauern, bis die benötigte Menge erreicht ist. Nach dem Herausziehen der Kanüle wird oberhalb des Einstichlochs gestaut, damit sich die Stelle durch Gerinnung verschließt und kein weiteres Blut mehr heraustropft.

Sie werden also im Training eine gewisse Dauer aufbauen müssen (s. S. 75).

Ein Sonderfall im Spritzenkapitel sind Akupunkturnadeln. Diese lösen meist nicht so starke Abwehrreaktionen wie die Kanülen aus, denn sie haben keinen Hohlraum und dringen nicht so tief in die Haut ein. Jedes Pferd reagiert anders. Oft ist erst der Stich durch die Haut der Trigger, der ein Pferd überreagieren lässt. Bei entsprechend schlechter Vorerfahrung sind manchmal das Klopfen mit der Hand an der potenziellen Stichstelle, der Anstau-Griff an der Vene oder schon das Desinfizieren der Auslöser für Abwehrreaktionen des Pferdes.

Die Voraussetzungen für Spritzentraining sind wie so oft ein Stillhalten beim Anfassen (s. S. 67) und die gesamte Allgemeine Untersuchung (s. S. 106). An Utensilien für die vorbereitenden Handlungen brauchen Sie Alkohol oder Desinfektionstücher; für die Reize Wäscheklammer, Pinzette, Gummiband, Zahnstocher etc.

## Vorgehen Spritzentraining

- *Allgemeine Untersuchung*
- *vorbereitende Handlungen*
- *Schmerzreize*
- *Generalisierung*
- *Dauer*



# Einzelkomponenten trainieren

Das Spritzentraining stellt unterschiedliche Herausforderungen an Ihr Pferd. Zum einen muss es lernen, den realen Schmerz auszuhalten. Zum anderen besteht oft die größere Herausforderung in bereits erlernten Reaktionen wie Anspannung, Angst und Abwehr bis hin zur Aggression. Legen Sie insbesondere bei solchen Kandidaten ein solides Fundament mit dem Training der Allgemeinen Untersuchung.

Für das weitere Vorgehen empfiehlt sich – nicht nur bei Pferden mit problematischer Vorgeschichte – das Spritzentraining mit einem Kooperationssignal aufzubauen (s. S. 84).

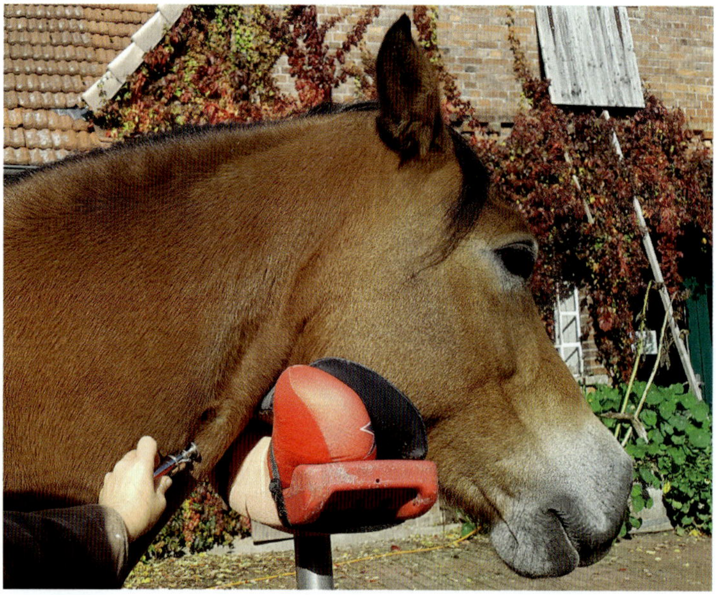

Mit dem Kooperator sehen Sie sofort, ob Ihr Pferd bereit für den nächsten Reiz ist.

Ein schlichtes Tasten ist ein guter Einstieg ins Spritzentraining.



Lässt sich Ihr Pferd überall entspannt anfassen, beginnen Sie mit den vorbereitenden Handlungen für den Einstich: Desinfizieren mit Pads, Tüchern, Schwämmen, Sprays mit und ohne Geruch. Im Idealfall verknüpfen Sie alles, was den kommenden Schmerz ankündigt, von Grund auf (neu) positiv. Für manche Pferde kann z.B. schon an dieser Stelle im Trainingsplan der Stress beginnen, weil sie die unangenehmen Konsequenzen mit der Desinfektion verknüpft haben. Beachten Sie hierbei auch wieder das Training von beiden Seiten.

Weitere Grundlagen und potenzielle Trigger sind das Anstauen der Vene, das Klopfen auf Brust oder Hals oder das Knistern der Folie, wenn die Kanüle aus der Packung geholt wird. Diese Trigger trainieren Sie so lange und in so kleinen Schritten, bis Ihr Pferd dabei völlig entspannt bleibt. Das Anfassen des Halses haben Sie für die AU schon trainiert. Zum Anstauen drücken Sie mit dem Daumen der zum Pferdekopf gewandten Hand in der Drosselrinne gegen den Hals. Achten Sie auch bei den vorbereitenden Handlungen auf hundertprozentiges Stillhalten und trainieren Sie bereits diese in Fünferpäckchen. Durch solide Päckchen festigen Sie weiterhin das gewünschte Verhalten (Stillhalten), bevor es an die potenziell unangenehmeren Trainingsschritte geht. Bei kurz- und dickhalsigen Ponys kann es sein, dass Ihr Tierarzt vor dem Einstich den Kopf eher hoch und weg von ihm drückt, um überhaupt an die Vene zu kommen. Planen Sie das ggf. in Ihr Training mit ein.

## Autsch! Das Reiztraining

Beim Spritzentraining ist Ihr Ziel, dass der Schmerzreiz etwas stärker sein und länger andauern kann als »in echt« beim Tierarzt. Auf dem Weg dorthin sollten Sie Ihr Pferd und seine Reaktionen immer gut beobachten, sein Feedback ernst nehmen, entsprechend häufig Zwischenschritte einfügen und auf eine ausreichend große Anzahl von fünf bis zehn Wiederholungen eines erfolgreichen Trainingsschrittes achten.

Steigern Sie die Reize so, dass Ihr Pferd dabei immer seine Körperhaltung beibehalten kann.



Schon die menschliche Hand ist ein vielfältiges »Instrument«, mit dem Sie Reize unterschiedlichster Art setzen können: Drücken, kneifen mit Fingerkuppen oder -nägeln, an den Haaren ziehen, zwicken und zwirbeln, kratzen, eine Hautfalte greifen und verdrehen. Sie werden sich dabei vielleicht komisch und gemein vorkommen. Letztendlich wird Ihr Pferd davon aber immens profitieren: Sie bereiten es damit bestmöglich auf das ansonsten wenig erbauliche Ereignis des Stichs vor.

## Fahrplan »Reize setzen«

Jeder einzelne der fünfmal zu wiederholenden Trainingsschritte beginnt immer mit dem Stillhalten Ihres Pferdes. Ihr Pferd steht still, Sie setzen den Reiz und clicken und füttern das weiterhin erfolgte Stillhalten. In der Anfangsphase wird direkt nach dem Click der Reiz weggenommen. Auch im weiteren Verlauf des Trainings clicken Sie zunächst weiterhin am Ende der Reizdauer, z.B. nach fünf Sekunden kneifen. Später clicken Sie auch immer mal nach dem Beenden des Reizes. So wird es weniger vorhersehbar für Ihr Pferd, wann der Click kommt und Ihr Tierarzt wird die Kanüle aus einem ganz entspannten Pferd wieder hinausziehen können.

## Trainingsschritte

Teilen Sie den Hals Ihres Pferdes pro Seite in drei bis fünf Zonen ein.

Hält Ihr Pferd still, setzen Sie den Reiz 1, z.B. das Piksen mit der Fingerkuppe, mit der Stärke 1 und clicken und füttern das Stillhalten. Nach einem erfolgreichen Fünferpäckchen trainieren Sie denselben Reiz nach demselben Schema in Zone zwei, drei, vier und fünf.

Mit Struktur im Training kommen Sie weiter.

Mit einer Zeckenzange können Sie gut Dauer trainieren.

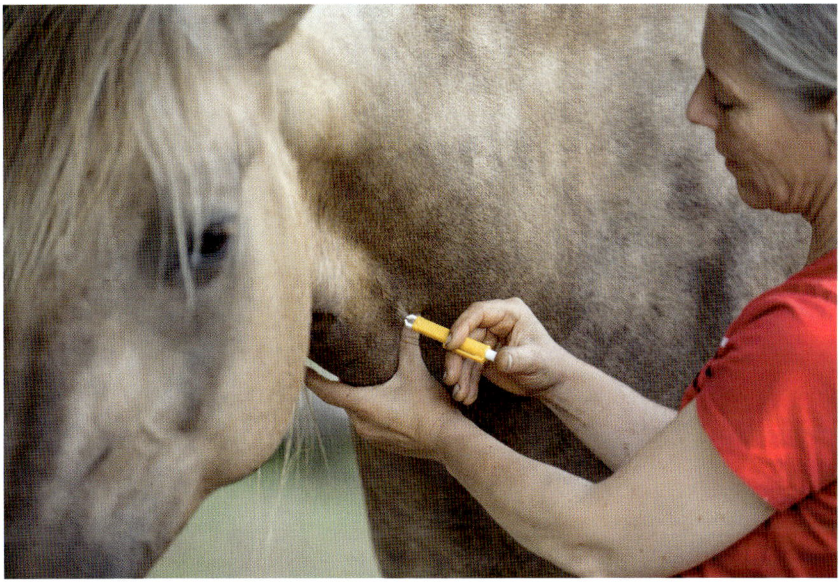



Als Nächstes setzen Sie denselben Reiz, diesmal aber mit Stärke 2: Sie piksen also stärker. Das trainieren Sie auch wieder fünfmal pro Zone, um nachfolgend dieselben Trainingsschritte mit Stärke 3 durchzuführen. Mit diesem strukturierten Vorgehen kommen Sie und Ihr Pferd auf eine große Anzahl gefütterter Clicks für Stillhalten bei einem stärker werdenden Reiz am Hals.

Genauso verfahren Sie mit einer Wäscheklammer oder einer Zeckenzange für Reiz 2. Stärke 1 kann hier ein kurzes Hineinkneifen sein, Stärke 2 ein Abziehen einer Hautfalte und Stärke 3 ein zusätzliches Drehen der Klammer.

Lassen Sie immer die Haut Ihres Pferdes intakt, egal womit Sie die Reize setzen.

Für Reiz 3 können Sie beispielsweise einen Schaschlikspieß oder einen Zahnstocher nehmen. Es bietet sich hier auch an, zusätzlich zur Stärke die Dauer im Bereich von einer halben bis zu drei Sekunden ein wenig auszudehnen.

Möchten Sie ganz auf Nummer sicher gehen, wechseln Sie die Seite und wiederholen alle Trainingsschritte. So bekommen Sie noch mehr Masse auf die positive Verhaltensantwort Ihres Pferdes.

**Mögliches Schema für drei Reizarten mit unterschiedlicher Stärke in den fünf Zonen des Halses.**

| Schritt | Reiz | Stärke | Zone |
|---|---|---|---|
| 1 | 1 | 1 | 1 |
| 2 | 1 | 1 | 2 |
| 3 | 1 | 1 | 3 |
| 4 | 1 | 1 | 4 |
| 5 | 1 | 1 | 5 |
| 6 | 1 | 2 | 1 |
| 7 | 1 | 2 | 2 |
| 8 | 1 | 2 | 3 |
| 9 | 1 | 2 | 4 |
| 10 | 1 | 2 | 5 |
| 11 | 1 | 3 | 1 |
| 12 | 1 | 3 | 2 |
| 13 | 1 | 3 | 3 |
| 14 | 1 | 3 | 4 |
| 15 | 1 | 3 | 5 |

| Schritt | Reiz | Stärke | Zone |
|---|---|---|---|
| 16 | 2 | 1 | 1 |
| 17 | 2 | 1 | 2 |
| 18 | 2 | 1 | 3 |
| 19 | 2 | 1 | 4 |
| 20 | 2 | 1 | 5 |
| 21 | 2 | 2 | 1 |
| 22 | 2 | 2 | 2 |
| 23 | 2 | 2 | 3 |
| 24 | 2 | 2 | 4 |
| 25 | 2 | 2 | 5 |
| 26 | 2 | 3 | 1 |
| 27 | 2 | 3 | 2 |
| 28 | 2 | 3 | 3 |
| 29 | 2 | 3 | 4 |
| 30 | 2 | 3 | 5 |

| Schritt | Reiz | Stärke | Zone |
|---|---|---|---|
| 31 | 3 | 1 | 1 |
| 32 | 3 | 1 | 2 |
| 33 | 3 | 1 | 3 |
| 34 | 3 | 1 | 4 |
| 35 | 3 | 1 | 5 |
| 36 | 3 | 2 | 1 |
| 37 | 3 | 2 | 2 |
| 38 | 3 | 2 | 3 |
| 39 | 3 | 2 | 4 |
| 40 | 3 | 2 | 5 |
| 41 | 3 | 3 | 1 |
| 42 | 3 | 3 | 2 |
| 43 | 3 | 3 | 3 |
| 44 | 3 | 3 | 4 |
| 45 | 3 | 3 | 5 |

Es kann sein, dass Sie diesen Plan als sehr »kleinkrämerisch« empfinden. Je nach Pferd brauchen Sie natürlich weniger oder aber möglicherweise sogar noch mehr Zwischenschritte. Vor allem in den Bereichen »Reizart« und »Reizstärke« liegt ein schier unerschöpfliches Variationspotenzial. Das gilt z.B. auch für den Einsatz eines Gummibandes: Wenn Sie es vor dem Hals Ihres Pferdes spannen und dann dagegen flitschen lassen, trainieren Sie besonders elegant den Bereich »Plötzlichkeit eines unangenehmen Ereignisses.«

Ein großer Vorteil des strukturierten Vorgehens ist die gute Übersicht für Sie als Trainer. Wenn Ihr Pferd doch einmal nicht kooperieren sollte, sehen Sie sofort, an welcher Stelle es Schwierigkeiten gab und wo es noch gut funktioniert hat. Sie können dann in den sicheren Bereich wechseln und sich von dort aus weiterarbeiten.

### Mögliche Abstufung der Schritte über

- *Intensität*
- *Ort des Reizes*
- *Art des Objektes*
- *Art der Ausführung*
- *Dauer*

## Generalisierung

»Woran erkennen Sie, dass es an der Zeit ist, das entspannte Stehen beim Spritzen zu generalisieren?«

Wer sich von solchen Menschen etwas in den Hals piken lässt, wird auch beim Tierarzt kooperativ sein.

Daran, dass Ihr Pferd sich mit einem Tupfer die Drosselrinne befeuchten lässt, den spezifischen Griff zum Anstauen ebenso wie ein mehrere Sekunden andauerndes Piksen mit dem Zahnstocher erträgt und dabei auf seinen Click wartet.

Sie fragen es also in verschiedenen Situationen ab, um unter realen Bedingungen eine genauso gute Performance Ihres Pferdes zu bekommen wie im Training. Denken Sie dabei auch daran, dass Tierärzte meist ein Stethoskop um den Hals baumeln haben und dass viele Pferde dieses Erkennungsmerkmal entsprechend verknüpft haben.

## Dauer

Für eine Blutabnahme oder eine große Menge Penicillin intramuskulär brauchen Sie eine Dauer von bis zu 30 Sekunden. Diese steht im Trainingsplan an letzter Stelle. Wichtiger ist zuerst eine möglichst große Anzahl an verstärkten Wiederholungen des Eingriffs mit entsprechendem Zielverhalten. Seien Sie beim Daueraufbau variabel (s. S. 75) und steigern Sie in so kleinen Schritten, dass Ihr Pferd noch freudig mitmacht. Handeln Sie zudem immer nach dem Motto: »Längere Taxifahrten kosten mehr.«

## Perspektive

Das Ziel ist, dass Ihr Pferd den Piks als »Pipifax« abtun kann. Dafür ist es sinnvoll, wenn Sie in Ihrem Training stärkere Reize als den realen Einstich verwenden. Hat Ihr Pferd aber eine sehr unschöne Vorgeschichte und die Spritze in der Vergangenheit bereits häufig stark negativ verknüpft, wird es eine Zeit lang bis zum Erfolg in der realen Situation dauern. Dieser spezifische Reiz kann über einen längeren Zeitraum noch ein Abwehrverhalten triggern, auch wenn im Training bereits schmerzhaftere Reize angewendet wurden. Die Wahrscheinlichkeit für Aggressionsreaktionen können Sie leider nie komplett und vollständig auf null trainieren. Die sogenannte »Spontanerholung« sorgt dafür, dass ein Verhalten, welches sich in der Vergangenheit gelohnt hat, wieder gezeigt werden wird. Das ist ein Lerngesetz. Sie können mit vielen, vielen Wiederholungen im Training die Wahrscheinlichkeit des Wieder-Auftretens drastisch verringern, sollten sich aber nie in absoluter Sicherheit wiegen.

Kraulen fördert den Beziehungsaufbau.

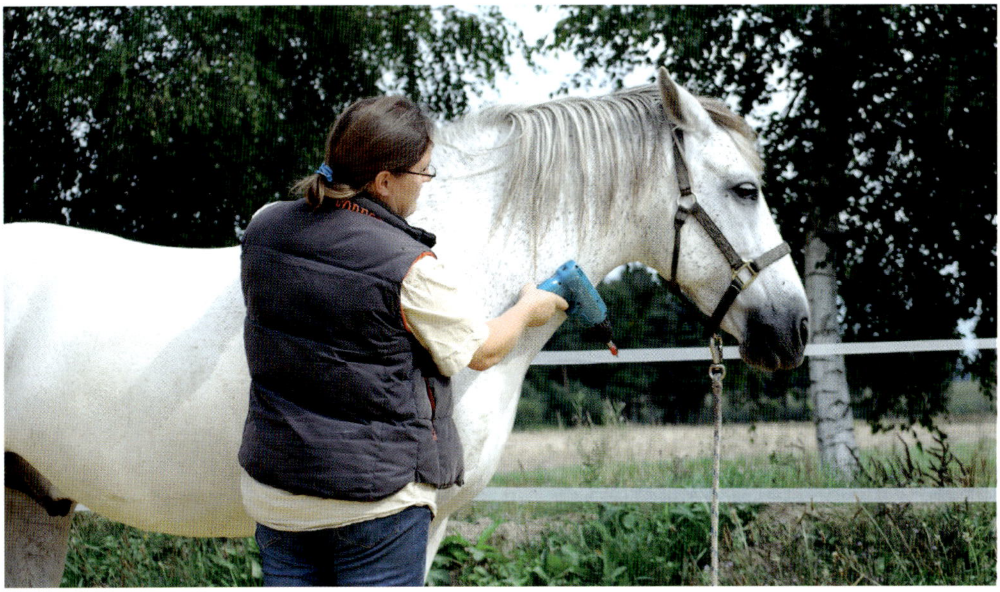

Eine Bohrmaschine trainiert Impulskontrolle beim Pferd, auch wenn ihr Einsatz nicht schmerzt.

Nutzen Sie alle möglichen Gegenstände zur Generalisierung.

Sprechen Sie mit Ihrem Tierarzt (s. S. 264) über die Lösungswege bei Spritzenphobien durch Medical Training. Ersparen Sie Ihrem Pferd, dass der Veterinär nur als Einzelerlebnis »Schmerz« abgespeichert wird. Wenn Ihr Tierarzt zur Behandlung eines anderen Patienten vor Ort ist, bitten Sie ihn darum, einmal kurz Ihr Pferd am Hals zu berühren. Anschließend stellt er Ihrem Pferd einen Futtereimer hin. Das ist aktiver Beziehungsaufbau und ergänzt Ihr gezieltes Training wunderbar.

7

# ZÄHNE

Genau wie Menschenzähne bedürfen Pferdezähne einer regelmäßigen Überprüfung und Korrektur. In den Industrienationen haben durchschnittlich zehn Prozent der menschlichen Primaten eine reelle Zahnarztphobie, ca. zwei Drittel Zahnarztangst. Und das, obwohl wir als rationale Wesen doch eigentlich wissen sollten, dass der Besuch beim Dentisten gut für unsere Zahngesundheit ist. Vielen Pferden geht es mit ihrer Begeisterung für den Zahnarzt ähnlich wie diesen Menschen, doch zum Glück gibt es die Möglichkeit der Sedierung.

So kann stressreduziert und sicherer im Pferdemaul gearbeitet werden. Denken Sie aber immer daran: Eine Sedierung ist keine Narkose. Ihr Pferd bekommt noch alles ungefiltert mit, es kann nur nicht so reagieren wie es möchte. Es ist deswegen leider oft so, dass viele Pferde selbst unter der Sedierung anfangen, sich zu wehren. Eine Erhöhung der Dosis des Beruhigungsmittels ist während der Behandlung oft nicht mit dem Kreislauf des Pferdes zu vereinbaren. Darum sollten Sie Ihr Pferd so gut wie möglich vorbereiten.

Karies ist bei unseren Equiden seltener ein Problem, die behandlungsbedürftigen Fehler am Gebiss sind vor allem Haken und Kanten an den Zähnen. Sie entstehen durch Fehlstellungen, beispielweise wenn die Zähne leicht schräg aufeinander stehen und nicht parallel abschließen. Um die Reizung von Maulschleimhaut und Zunge zu verhindern und für eine gleichmäßige Mahlbewegung zu sorgen, werden die Haken vom Dentisten abgetragen. Wellengebiss, Meißelzähne, Überbiss, Zahnstein oder ein ausgerissener oder abgebrochener Zahn sind weitere Gründe für Kontrollen, Pflege und Behandlungen.

Lücken, die durch entfernte Zähne oder ungünstigen Wuchs entstehen, müssen regelmäßig von Futterresten gereinigt werden, um Entzündungen vorzubeugen. Immer häufiger greift die unheilbare Zahnkrankheit EOTRH um sich. Sie bedeutet für das Pferd oft eine starke Entzündung im Kiefer, extreme Schmerzen und Zahnverlust. Um diese Erkrankung rechtzeitig zu bemerken, sollten Sie das Maul Ihres Pferdes regelmäßig auf Zahnstein, Veränderungen des Zahnfleisches, üblen Geruch und übermäßige Futterreste kontrollieren. Für die Diagnose ist eine Röntgenaufnahme (s. S. 230) Pflicht, präventiv können Maulspülungen und das Entfernen von Zahnstein den Prozess eventuell verlangsamen.

Pferdezahnarzt-Alltag

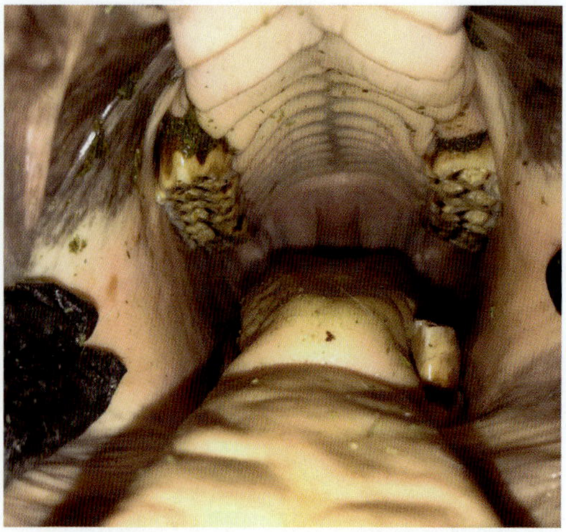

Ein so tiefer Einblick gelingt meist nur mit Sedierung.

In diesem Kapitel sprechen wir von »Dentisten«, auch wenn die Berufsordnungen in manchen Ländern unterschiedlich geregelt sind und z.T. nur studierte Tierärzte an den Pferdezähnen arbeiten dürfen.

Achtung! Wann immer Sie mit Ihrer Hand am oder im Maul Ihres Pferdes sind: Es kann jederzeit passieren, dass eine unerwünschte Bewegung stattfindet und Ihre Hand ernsthaft verletzt wird. Gehen Sie beim Fortschreiten im Trainingsplan immer auf einhundert Prozent Stillhalten und ziehen Sie Ihre Hand oder Ihren Finger beim geringsten Anzeichen einer Bewegung aus dem Maul heraus.

Denken Sie immer daran: Mit einem optimal trainierten Pferd wäre theoretisch eine reine Zahnkontrolle ohne Sedation möglich. Sie sollten absolut zuverlässig reproduzierbare Erfolge im Training haben, wenn Sie Ihrem Pferd die Gabe der Sedativa ersparen möchten oder aus gesundheitlichen Gründen müssen.

## Zahnkontrolle und -behandlung

*»Lieber Sedieren als Gesundheit riskieren!« Sollte Ihr Pferd keine gesundheitlichen Probleme mit der Sedierung bekommen, gehen Sie bitte bei der Zahnkontrolle oder -behandlung auf Nummer sicher.*

Egal, wie ambitioniert Ihre Ziele in Bezug auf Zahntraining sind: Wenn Sie mit Ihrem Pferd Teile davon oder zumindest Anfasstraining am Maul trainieren, helfen Sie ihm immer für die echte Behandlung. Es wird doppelt davon profitieren.

Die Mutter aller Griffe ans Maul: Lippen wegklappen.



## Beispiele für Übungen und Reize im Zahntraining

- *Maul, Schleimhäute, Zunge, Zahnfleisch, Zähne bei geschlossenem Maul betasten*
- *ersten Backenzahn tasten*
- *Zwischenräume (der Schneidezähne) reinigen*
- *Backentaschen reinigen*
- *Zahnstein entfernen*
- *Schneidezähne gegeneinander verschieben*
- *Maulkeil*
- *auf Hammer beißen, dann Untersuchung & Reinigung*
- *Maulgatter anlegen und Dauer aufbauen*
- *raspeln*
- *Geräusche, Vibrationen*
- *Stirnlampe*
- *Geruch & Gestank*
- *Geräte und Gegenstände in der Nähe*

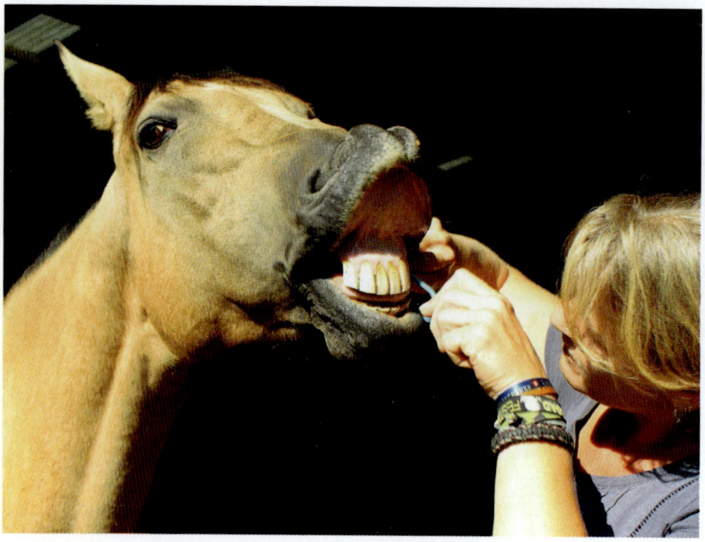

So sieht Zahnpflege nach Training mit Spaß aus.



Kein Tierarzt wird Ihr Pferd sedieren, ohne vorher eine Allgemeine Untersuchung gemacht zu haben (s. S. 106) und wenigstens das »Herumfummeln« am Maul ist dann schon positiv belegt. Trainieren Sie daher die ganze Reizpalette von Berührung, Manipulation, Geräuschen, Vibrationen und Ruckeln am Kopf, um allem rund um den Zahn entspannt entgegensehen zu können.

## Vor dem Training

Dass Sie bei jedem Thema erst einmal vorher überlegen, wie es mit den Vorerfahrungen des jeweiligen Pferdes aussieht, sollte inzwischen eine Selbstverständlichkeit sein (s. S. 64 Anamnese). Beim Zahntraining, besonders beim Training des Maulgatters, ist zudem zu beachten, dass bei Pferden der Metallgeschmack im Maul ein aversiver Reiz sein kann. Dies gilt sowohl für ein ungerittenes, als auch für ein mit Gebiss gerittenes Pferd. Dieses hat zwar schon die Erfahrung gemacht, dass es das fremdartige Ding in seinem Maul weder abschlucken noch anders loswerden kann – mögliche schlechte Erfahrungen beim Reiten können jedoch auch für negative Assoziationen bei Metall im Maul sorgen, auf die Sie gefasst sein sollten. Auf der anderen Seite kann das bereits bekannte Gefühl auch Akzeptanz für ein Maulgatter erhöhen. Sie selbst kennen Ihr Pferd am besten. Wägen Sie ab, bevor Sie sich entscheiden und ändern Sie bei negativer Rückmeldung Ihres Pferdes sofort Ihre Vorgehensweise.

Auch wenn Sie den eigentlichen Eingriff an sich ja nicht trainieren können, sollten Sie es – Ihrem Pferd zuliebe – so weit trainieren, wie es irgend möglich ist. Außerhalb des Clickerkontextes können Sie zum einen mit Tellington-Training an Kopf und Maul positive Erlebnisse schaffen. Zum anderen verhilft es manchen Pferden zu einer besseren Akzeptanz der Manipulationen, mit »Knabbeln« und Spielreflexen am Maul zu arbeiten. Sie sollten das grundsätzlich ohne Futter durchführen und gut darauf achten, dass Sie kein Schnappen hervorrufen.

## Das Futter

Für erfolgreiches Zahntraining muss bei der Auswahl des Futters neben der Wertigkeit auch noch die Anzahl der Kauschläge beachtet werden, die das Pferd für das Fressen des Futters benötigt. Wenn Sie mit ganzen Haferkörnern trainieren, wird es nach jedem Clicken und Füttern sehr lange dauern, bis Ihr Pferd sein Maul wieder vollständig ruhig hält und Sie mit dem Training fortfahren können. Das verringert die Anzahl der Durchgänge pro Zeiteinheit und bedeutet somit, dass Sie wertvolle Trainingszeit verschenken. Besonders elegant ist Breifutter aus der Spritze. Die Auswahl des richtigen Futters erfahren Sie auf Seite 40. Manche Futtersorten können das Pferdemaul verkleben, es kann sein, dass Sie deshalb das Spülen mit Wasser (s. S. 141) noch extra trainieren müssen. Wenn es jedoch ein Verstärker ist, den Ihr Pferd wirklich prima findet, sollten Sie den Extra-Aufwand in Kauf nehmen.

## Kooperationssignale

Nicht nur Pferden, die aufgrund von Schmerzen oder negativen Vorerfahrungen unwillig bei Manipulationen am Maul sind, verhelfen Sie durch ein Kooperationssignal zum Gefühl der Selbstwirksamkeit. Wie bei allen Eingriffen im Medical Training überlegen Sie vorher genau, wie Sie bei Ihrem Pferd vorgehen möchten. Die exakte Vorgehensweise erfahren Sie auf Seite 84. Sie können als »Start-Button« mit einen Nasentarget, einem Bodentarget wie einer Matte oder auch verschiedenste andere Verhalten, wie Gähnen, Flehmen oder Küsschen, trainieren.



Wenn der Pferdekopf abgelegt wird, ist es für beide bequemer.

Anima hat sich früher selbst unter Sedierung stark gewehrt. Dank Training funktionieren heute viele Griffe tadellos.

Aus praktischen Gründen findet ein Kooperator (s. S. 95) eine immer häufigere Anwendung, weil hiermit der Pferdekopf gut in einer bestimmten und für den Trainer bequemen Position bleibt. Arbeiten Sie mit einem Hammer oder einem Keil, auf den das Pferd beißt, kann man das auch als Kooperationsverhalten zählen: Die Konsequenz des Aktiv-Draufbeißens ist eine Manipulation am Maul. Ihr Pferd entscheidet sich also nur dafür, wenn es bereit ist. Wer doppelt sicher gehen will, trainiert zweistufig: Der Hammer wird erst angeboten, wenn das Pferd z.B. flehmt.

So kann man entspannt die Schneidezähne reinigen.

## Schneidezähne reinigen

Diese zahnpflegerische Tätigkeit ist vom Besitzer selbst am einfachsten und risikoärmsten durchzuführen. Hierbei bleibt das Maul geschlossen und Ihre Hände bleiben im sicheren Bereich.

Sie können mit einer Zahn- oder Interdentalbürste, einer Pinzette oder mit einem Haken arbeiten, um Futterreste oder Beläge zu entfernen. Als Vorbereitung trainieren Sie gründlich die Griffe der Allgemeinen Untersuchung am Pferdemaul (s. S. 106). Sie können dann direkt mit der Reinigung beginnen. Verwendete Trainingsutensilien müssen immer so gewählt werden, dass Sie die Verletzungsgefahr für das Pferd minimieren. Die Schleimhäute sind leicht zu verletzen.

### Trainingsschritte Reinigung

- Lippen berühren, Lippen wegklappen
- Berührung einzelner Zähne mit der Fingerkuppe
- einzelne Zähne mit der Fingerkuppe reiben
- einzelne Zähne mit dem Fingernagel kratzen
- stärker kratzen und einzelne Zähne mit dem Fingernagel reiben
- Berührung einzelner Zähne mit der Zahnbüste
- Zahn für Zahn/Lücke für Lücke
- Dauer

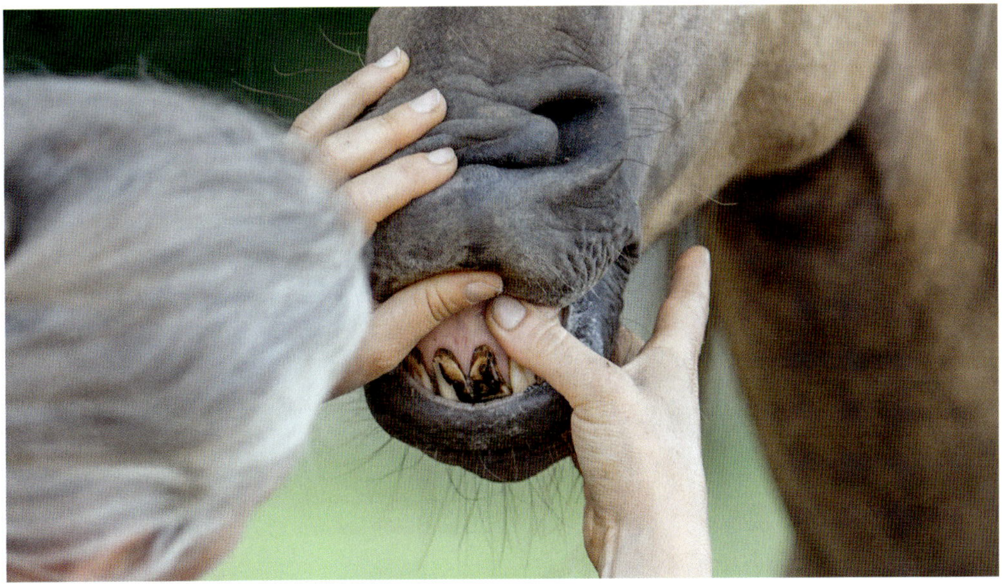

Vor dem Kratzen wird das Zahnfleisch erst mit dem Daumen gerieben.



## Maul spülen

Um das Maul mit flüssigen Substanzen und die Zähne mit Wasser zu reinigen, braucht Ihr Pferd eine Vorbereitung (s. S. 186). Anstatt wie bei der Medikamentengabe mit unterschiedlichen Geschmacksrichtungen und Konsistenzen die Anforderungen zu steigern, erhöhen Sie zuerst schrittweise die Wassermenge, die aus der Spritze kommt. Eine Klistierspritze aus der Apotheke erweist dabei gute Dienste. Als nächstes trainieren Sie unterschiedliche Druckintensitäten, mit denen das Wasser auf Zahnfleisch, Zunge und Schleimhaut spritzt. Die bequemste Maulspülung findet mit einer echten Mundddusche statt. Die Wassermengen sind zwar recht gering und die Aufsätze nicht für zupackende Pferdezähne konstruiert, aber mit dem richtigen Training tritt dieses Problem gar nicht erst auf. Sie können aber auch mit einen Wasserschlauch entsprechend trainieren (s. S. 238), um Futterreste aus dem Maul Ihres Pferdes zu entfernen.

Der einfachste Weg der Maulspülung geht mit dem Schlauch.

Bei der Untersuchung durch den Dentisten werden die Zähne gegeneinander verschoben.



## Schneidezähne gegeneinander verschieben

Auch hier ist die Allgemeine Untersuchung Grundlage des weiteren Vorgehens. Das Verschieben der Schneidezähne gibt dem Dentisten Aufschluss über den Zustand der Backenzähne. Bildet der erste Backenzahn Kanten oder Haken nach unten, wird er das Verschieben verhindern. Dieser diagnostische Griff erfordert ein maximales Hochklappen von Ober- und Unterlippe, um alles sehen zu können. Bedenken Sie hierbei, dass es Ihrem Pferd sehr unangenehm sein kann. Treten auch mit gutem, kleinschrittigen Training Anzeichen von Stress auf, sollten Sie osteopathische Themen berücksichtigen und abklären lassen.

### Trainingsschritte Schneidezähne verschieben

- *Ober- und Unterkiefer auf Höhe eines englischen Reithalfters anfassen und gegeneinander verschieben*
- *Oberlippe stark hochklappen*
- *5 Sek. stark an der Oberlippe ziehen und drücken*
- *Unterlippe entsprechend*
- *beide Lippen gleichzeitig entsprechend*
- *eine Schiebebewegung durch Ziehen an den Lippen mit Einbeziehung des Kiefers*
- *Schiebebewegung als 5er-Päckchen steigern*

Mit einem solchen Werkzeug immer nur bei einem absolut ruhigen Pferd arbeiten!

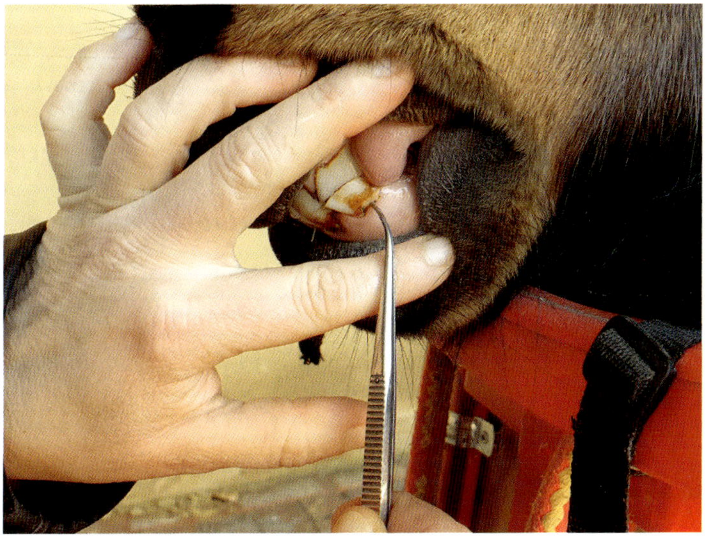



## Zahnstein

Verhärtete Zahnbeläge betreffen ca. 80 Prozent aller Pferde und können bis hin zu Paradontitis führen. Sie können nach Unterweisung durch den Dentisten auch vom Besitzer selbst entfernt werden. Dies hat den Vorteil von kürzeren Intervallen und damit einhergehend weniger starken Zahnbelägen und Folgeproblemen. Sie sollten hierfür gewisse handwerkliche Fähigkeiten mitbringen. Das Risiko, hierbei abzurutschen und das Zahnfleisch zu verletzen, ist nicht zu unterschätzen. Arbeiten Sie mit Ihrem Scaler, dem Zahnstein-Kratzer, daher immer vom Zahnfleisch weg. Wenn Sie die Hand nicht freistehend haben, sondern sich mit einem Bereich der Hand am Pferdemaul »abstützen«, gelingt es meist, den Scaler sicherer zu führen. Sie können ihn besser bremsen, wenn plötzlich ein Stück Zahnstein dem Druck weicht und sich löst. Bedenken Sie auch beim Entfernen der Zahnbeläge immer den aktuellen Trainingsschritt mit seiner jeweiligen Dauer und Intensität und halten Sie sich daran. Gerne geschieht es sonst, dass man denkt: »Das kleine Eckchen bekomme ich noch weg.« und dann ist das Pferd weg aus der Kooperation, weil es doch zu viel Kratzen war. Idealerweise besorgen Sie sich auch noch einen Gummipolierer, um die Oberfläche des Zahns wieder zu glätten und somit dem Wiederauftreten des Zahnsteins vorzubeugen. Verfahren Sie bezüglich der Trainingsschritte wie beim Reinigen der Schneidezähne.

## Zunge greifen

Wir benutzen im Medical Training die Zunge nicht, um das Maul offen zu halten, indem sich das Pferd mit den Backenzähnen auf die Zunge beißen würde, wenn es seinen Kiefer schließt. Dies verursacht Ihrem Pferd Schmerzen.

Trainieren Sie stattdessen mit einem Hammer oder Maulkeil (s. S. 145). Für Reinigung und Kontrolle ist es jedoch sehr hilfreich, wenn Sie die Pferdezunge zur Seite legen können.

Dieses Vorgehen zu trainieren kann recht aufwändig sein, weil Pferde ihre Zunge nicht willkürmotorisch benutzen. Die aktive Kontrolle der Zungenbewegungen muss somit entsprechend trainiert werden. Wenn Sie das Greifen der Zunge positiv trainiert haben, sollten Sie diesen Handgriff bei der Kontrolle der Maulhöhle durch den Tierarzt immer selbst übernehmen. Der Tierarzt wird aus Gewohnheit nicht loslassen, wenn Ihr Pferd seine Zunge zurückzieht. Haben Sie dieses Verhalten über Clickern erarbeitet, stellt das Festhalten trotz Abwehr einen Vertrauensbruch dar. »Sich wehren« ist im Trainingskontext eine Bewegung weg von der Menschenhand. Sei sie noch so klein, Ihr Pferd teilt Ihnen dadurch mit, dass es sich mit der Maßnahme nicht wohlfühlt.

Wenn nie über positive Verstärkung trainiert wird, ist das Festhalten hingegen sinnvoll. Das ist Teil der normalen Praxis und wird fast überall eingesetzt. Zum Glück gibt es Medical Training und Sie können Ihrem Pferd zukünftig diese unangenehme Erfahrung ersparen.

Eine besondere Herausforderung, insbesondere bei der Arbeit an der Zunge, kann der Speichelfluss des Pferdes werden: In freudiger Erwartung auf das Futter wird beim Pferd ein Speichelfluss ausgelöst, welcher instinktiv Zungenbewegungen auslösen kann. Ziehen Sie Gummihandschuhe an, um ein Abrutschen beim Greifen oder Halten zu vermeiden.

Es ist immer wieder wichtig, sich selbst ins Gedächtnis zu rufen, nur ins absolute Stillhalten hinein zu trainieren bzw. Clicks zu setzen. Manche Equiden sind »schleck-affiner« als andere. Ich habe selbst so einen Kandidaten, bei dem es immens wichtig ist, nicht nur auf das Stillhalten des Kopfes, sondern auch auf die Immobilität der Zunge zu achten.

Behandschuhte Finger haben mehr Grip, erfordern aber auch mehr Gewöhnung.

## Trainingsschritte Zunge greifen

- *Lippe wegklappen, Finger berührt Zunge*
- *Zunge seitlich drücken*
- *Zunge seitlich schieben*
- *mehrere Finger Schritt 3*
- *mehrere Finger von oben auf die Zunge legen*
- *Zunge greifen*
- *Zunge leicht nach außen ziehen*
- *Zunge bleibt entspannt*
- *Zunge ganz herausziehen*



# Der Hammer

Das zuverlässige Greifen und Halten eines Gummi- oder Holzhammers mit den Schneidezähnen kann die Sedierung für Zahnkontrolle ersparen. Besonders elegant ist der Austausch des Hammerstiels: Verwenden Sie eine Taschenlampe statt Holz, so brauchen Sie keine Stirnlampe zu benutzen, um im Maul des Pferdes etwas sehen zu können.

Das Greifen und Halten des Hammerkopfes muss kleinschrittig aufgebaut werden.

Durch das Beißen auf den Hammer wird der Kiefer Ihres Pferdes quasi festgestellt, wodurch Sie mit geringerem Risiko an den Zähnen und im Maul Berührungen und Manipulationen trainieren können. So findet eine optimale Vorbereitung Ihres Pferdes auf die Kontrolle und den Behandlungstermin statt. Wenn Sie regelmäßig den hinteren Zahnbereich säubern oder spülen müssen, ist das Training des Hammers ein echter Gewinn. Früher waren die sogenannten »Tauchsieder« im Einsatz, um das Pferdemaul offen zu halten, heute gibt es Maulkeile aus zahnfreundlicherem Kunststoff. Auch diese Geräte kann man selbstverständlich positiv trainieren.

Evaluieren Sie zuerst, wie sich Ihr Pferd beim Anbieten des Hammers verhält. Zeigt es schlecken, schnuppern, rüsseln, beißen oder abwenden? Da Vorlieben höchst individuell sind, müssen Sie ausprobieren, ob ein Modell aus Holz oder eines aus Gummi attraktiver ist. Letzteres riecht oft nach chemischen Ausdünstungen und wird daher häufig nicht so gerne angenommen. Ein weiterer Vorteil eines Holzhammers ist die einfache Bearbeitung: Sollte er für die Dehnfähigkeit des Kiefergelenks zu groß sein, können Sie einfach einen halben Zentimeter herunterhobeln oder -schleifen.

Zum Ausprobieren, als Zwischenschritte und für einen guten Start des Hineinbeißens können Sie mit unterschiedlichen Materialien in unterschiedlichen Stärken trainieren: Holz mit vielfältiger Beschaffenheit, einem Beißring aus dem Hundetraining, einem Apfel oder einem Gebiss.



Ein zahnfreundlicher Maulkeil.

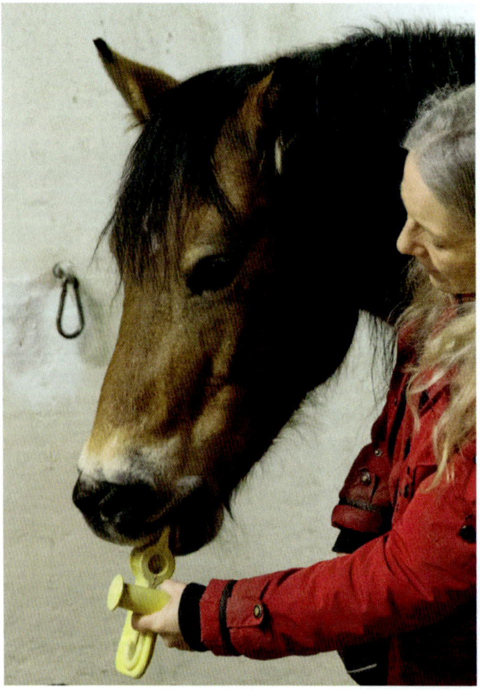

Für den Anfang eignet sich ein Stück Hartholz.

Letzteres nehmen Sie natürlich nur, wenn Ihr Pferd völlig entspannt sein Maul öffnet, wenn das Gebiss vor seinen Lippen präsentiert wird. Clicken und füttern Sie zu Beginn jegliche Öffnung des Kiefers, damit Ihr Pferd dieses Training nicht für eine weitere Impulskontrollübung hält. Variieren Sie die Stärke des Beißobjektes bis hin zur gewünschten Größe.

Achtung! Das Beißen auf einen zu großen Hammer ist nicht gut für die Kiefergelenke. In einem solchen Fall kann ihr Pferd nicht mehr aktiv loslassen und Sie müssen nach dem Click den Hammer mit Kraft zwischen den Schneidezähnen herausziehen. Sie erkennen es im Vorfeld daran, dass Ihr Pferd tatsächlich Mühe hat, überhaupt das Maul so weit zu öffnen. Auch wenn es für den Menschen komfortabler ist, wenn das Maul weiter geöffnet ist – nehmen Sie dann lieber ein kleineres Modell. Denken Sie auch daran, dass die Muskulatur ermüden kann, wenn Sie zu lange mit einem hierin ungeübten Pferd trainieren.

## Trainingsschritte Hammer halten

- *mit den Schneidezähnen auf Objekt beißen*
- *Zähne öffnen, Trainer platziert Objekt zwischen den Zähnen*
- *Kriterium für Click: Stillhalten beim Halten des Objekts*
- *immobile Dauer aufbauen, hierbei sehr präzise clicken – Achtung, anspruchsvoll!*
- *ab 2 Sekunden immobilem Halten: Berührungsreize hinzuzufügen (1–3 Sek. lang)*
- *unterschiedliche Perspektiven einnehmen, um sich im Maul umsehen zu können*

Beim Aufbau des Haltens: Auf eine hohe Clickrate (evtl. mit Breifutter) achten.

Das Beißen und Halten ist eine echte Herausforderung für Mensch und Pferd. Es kommt im natürlichen Pferdeverhalten nicht vor, nach der maximalen Öffnung des Kiefers in dieser Position zu verharren. Nach dem Gähnen oder beim Schälen eines Baumstammes findet direkt wieder ein aktives Schließen statt. Genau dies wird Ihr Pferd auch auf dem Hammer machen. Bestärken Sie es, trainieren Sie ein »Herumknatschen« auf dem Objekt – aber leider kein Stillhalten. Hier ist, wie immer, ein Video des Trainings aufschlussreich. Ich konnte so schon viele wertvolle Erkenntnisse über meine Fehler bekommen. Vor allem in Bereichen, in denen es um eine minimale Bewegung geht, ist ein Abgleich von empfundenem Verhalten zur Realität sehr hilfreich.

Gerade nach dem ersten Beißen auf das Trainingsobjekt wird es so richtig spannend: Der Übergang vom Raufbeißen zum Halten bedarf eines guten Auges und eines ruhigen Daumens. Bekommen Sie zu wenig Stillhalten nach einem guten und prompten Raufbeißen, ist guter Rat teuer. Verstärken Sie es nicht, weil Sie keinen »Murks« trainieren wollen, löschen Sie das schöne Beißen. Verstärken Sie die Muskelaktivität »Kauen«, wird Ihr Pferd diese Aktivität natürlich bei der nächsten Gelegenheit wieder zeigen.

Passen Sie die Trainingsschritte immer wieder an die Fähigkeiten Ihres Pferdes an, indem Sie z.B. mit einem anderen, kleineren Objekt das Halten trainieren. Das Trainingsmantra heißt einhundert Prozent! Schauen Sie mit Argusaugen hin und verstärken Sie wirklich nur echtes Stillhalten.

Beißt Ihr Pferd zuverlässig auf den Hammer und hält Kiefer und Zunge still, verlängern Sie die Zeit bis zum Click wieder kleinschrittig und beginnen Reize hinzuzufügen. Nehmen Sie dafür zuerst jene, die schon eine große Belohnungsgeschichte durch das Training der Allgemeinen Untersuchung haben, wie z.B. das Hochklappen der Oberlippe. Zum Vorgehen beim Aufbau der Dauer siehe Seite 75.

## Die Stirnlampe

Ein Leuchtmittel ist bei der Arbeit im Pferdemaul zwingend erforderlich. Gehört Ihr Pferd zu den glücklichen Offenstall-Bewohnern, ist es höchstwahrscheinlich schon daran gewöhnt, dass sich Menschen mit Stirnlampen in seiner Nähe bewegen und ihm auch ins Gesicht leuchten. Einem Boxenpferd hingegen ist das vom Menschen kommende Licht oft unbekannt und kann zu Unwohlsein und Ausweichbewegungen führen. Schalten Sie nach jedem Click die Lampe aus und nähern sich bei jedem Trainingsschritt immer wieder neu dem Pferdekopf an.



Auch hierbei sollte Ihr Pferd seinen Kopf keinen Zentimeter von der Stelle bewegen.

## Trainingsschritte Stirnlampe

- *Maul anleuchten*
- *im Gesicht herumleuchten*
- *Augen anleuchten*
- *Lippen öffnen, Schneidezähne anleuchten*
- *auf Hammer beißen, Backenzähne und Maulhöhle anleuchten*
- *letzten Schritt wiederholen und Berührungen an unterschiedlichen Zonen ausführen*

# Raspeln

Ich denke noch mit Grauen an die Zahnarztbesuche meiner Kindheit zurück, wenn der »Krabbelkäfer« und der »Düsenjäger« (O-Ton Zahnarzt) ihre Arbeit an meinen Zähnen verrichtet haben. Die mechanische Einwirkung am Zahn selbst können und sollen Sie mit Ihrem Pferd natürlich nicht real üben. Dennoch stehen Ihnen ca. 100 Quadratzentimeter Trainingsfläche zur Verfügung: Sie können nämlich auch außen am Kopf Vibrationen, Ruckeln und – mit der entsprechenden Ausstattung – Maschinengeräusche positiv verknüpfen. Nehmen Sie dafür z.B. eine Hufraspel und trainieren Sie mit Ihrem Pferd zuerst, sich außen entlang der Zahnreihen mit dieser Hufraspel zu berühren zu lassen und etwas Druck auszuhalten. Dann nehmen Sie ein Stück Holz und streichen über die Raspel. Nutzen Sie die feine und die grobe Seite, um unterschiedliche Empfindungen auszulösen und verändern Sie Abstand, Druck, Tempo und Dauer.

Dann stöbern Sie in Werkstatt, Bad oder Küche und trainieren beispielsweise, dass eine Akku-Bohrmaschine im höchsten Gang oder ein Mixer (ohne Rührstäbe) an die Wange gedrückt wird.

Erster Kontakt mit der Hufraspel am Kopf.

Dann wird ein Stück Holz über die Raspel gestrichen.

Mit einer Bohrmaschine ohne Aufsatz trainieren Sie die Maschinengeräusche und die Vibration.

## Trainingsschritte Vibration

- *Gerät in Armlänge Entfernung anschalten*
- *Entfernung 50, 30, 10, 5, 2 cm*
- *Wange berühren*
- *die ganze Kauleiste von der Maulspalte bis zum Kiefergelenk in 5-cm-Schritten berühren*
- *Druck dabei variieren*
- *ggf. Drehzahl des Gerätes erhöhen*
- *während des Andrückens an der Wange hin- und herwandern*
- *Dauer aufbauen*

Schalten Sie nach jedem Click das Gerät aus.

Ob die Gerüche, die durch den Feinstaub beim Bearbeiten der Schneidezähne mit dem Dremel entstehen, unangenehm für Ihr Pferd sind, kann leider niemand vorhersagen. Sie können aber mithilfe von etwas Strahl- oder Hufhorn und einem Feuerzeug die Komponente »Gestank« ebenfalls positiv belegen (s. S. 173).

# Maulgatter

Das Training mit gut zwei Kilo Metall mit z.T. scharfen Kanten ist eine sehr gründlich und achtsam aufzubauende Prozedur, bei welcher bestens auf die Sicherheit von Mensch und Pferd geachtet werden muss. Gerade wenn Sie schon etwas weiter als beim bloßen Auf-die-Platte-Beißen sind und das Kopfteil verschnallt ist, gestaltet sich ein prompter Abbruch bei ungeplanten Bewegungen Ihres Pferdes schwierig. Trainieren Sie deshalb wirklich immer kleine Einzelschritte in soliden Zehnerpäckchen. Sie sollten beim Aufbau des Gattertrainings die Dauer bis zum Click schon bei zwei Minuten haben, bevor es das erste Mal für einen kurzen Moment wirklich fest verschnallt werden kann. Die Fütterung mit angelegtem Gatter ist selbst mit Brei nicht gut durchführbar, weil ein Abschlucken nicht vernünftig funktioniert. Da der Verstärker deshalb erst nach dem Entfernen des Gatters kommen kann, sollte Ihr Pferd gelernt haben, so lange darauf zu warten.

Selbst wenn Sie verständlicherweise vor der Anschaffung eines Maulgatters zurückschrecken und Ihnen das Training zu langwierig ist, können Sie ein paar Komponenten des Gatters trainieren: Mit Gewichten am Halfter gewöhnen Sie Ihr Pferd an den Druck und das veränderte Gefühl am Kopf. Das metallische Klacken beim Verstellen des Gatters trainieren Sie ganz entspannt außerhalb des Mauls. Nehmen Sie dafür zwei Gegenstände aus Metall und klopfen sie aneinander. Dann arbeiten Sie sich immer näher an das Pferdeohr heran. Für das Training der Kiefergelenksöffnung können Sie außerhalb des Zahnbehandlungskontextes ein Gähnen auf Signal trainieren. Bietet Ihr Pferd dies auf Signal an, clicken Sie immer den Moment der stärksten Öffnung.



Sieht martialisch aus, dient aber der Sicherheit aller Beteiligten.

### Trainingsschritte Maulgatter

- *dünnen Holzkeil mit Schneidezähnen greifen/beißen und halten*
- *Metallplatte beißen und halten*
- *Schneidezahnteil des zerlegbaren Gatters beißen und halten*
- *ca. 5 Sek. Dauer*
- *Holzkeil schräg stellen, Kiefergelenk damit öffnen, dabei auf ruhige Zunge achten*
- *durch Schägstellen des Keiles immer weiter öffnen*
- *Dauer und Stillhalten*
- *Keil + Einrast-Geräusch außen*
- *dabei Gewichte ans Halfter hängen*
- *Gatter ins Maul*
- *Gatter halten*
- *Riemen über die Ohren ziehen*
- *Gatter verschnallen*
- *Manipulationen*
- *Gatter öffnen*
- *Manipulationen bei geöffnetem Gatter*

Lassen Sie auch beim Schließen des Gatters vor dem Herausnehmen Vorsicht walten und achten Sie gut auf die Pferdezunge und Ihre eigenen Finger.

## Generalisierung

Beim Zahntraining nutzen Sie bereits viele Komponenten der Generalisierung (s. S. 254). Wenn Sie z.B. mit dem Akkuschrauber und der Hufraspel und einem Stück Holz außen an der Wange entlangstreichen, trainieren Sie »Vibration am Kiefer«. Durch Generalisierung dieser Reize wird Ihr Pferd beim rüttelnden Schleifen entspannter sein. Um für den Ernstfall – den Dentisten – gewappnet zu sein, sollten Sie Ihre Trainingsschritte auf jeden Fall mit einem fremden Menschen generalisieren. Denken Sie dabei auch daran, dass Ihr Dentist einen Rollhocker, einen Klapptisch und einen Koffer dabeihat, und dass etwas neben dem Pferdekopf von der Decke baumelt.

Binden Sie auch diese Elemente in Ihr Training ein. Hierbei ist natürlich auf Sicherheit zu achten. Wenn Ihr Pferd aber die Waschbox, in der normalerweise maximal – und aus sehr vernünftigen

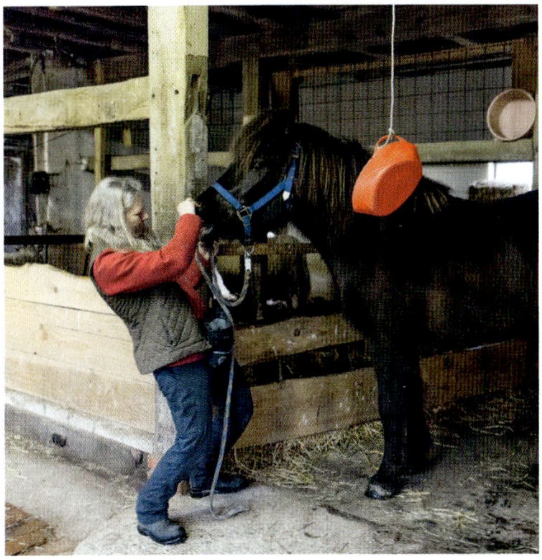

Ein Detail im Zahntraining: Etwas baumelt von der Decke.

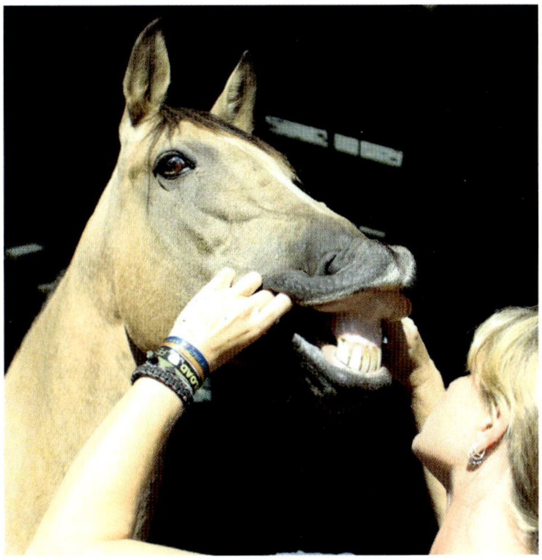

Mit der richtigen Vorbereitung können Sie sich auf den nächsten Zahnarzttermin freuen.



Gründen! – nur ein Putzkasten steht, plötzlich mit lauter anderen Gegenständen bestückt sieht, kann das für Unwohlsein sorgen. Führen Sie diese Gegenstände deshalb schrittweise nacheinander ein.

Bedenken Sie auch, dass Sie vielleicht eine andere Position einnehmen oder die Handgriffe anders ausführen müssen, wenn eine zweite Person bzw. der Dentist mit am Pferd ist. Hier kann das Training gemeinsam mit anderen Personen hilfreiche Erkenntnisse bringen.

## Im Termin

Lässt Ihr Dentist sich auf den neuen Weg mit positiver Verstärkung ein (s. S. 264), besprechen Sie unbedingt ein »Stopp«-Signal, mit dem Sie ihn zum Anhalten bzw. Abbruch auffordern können. Es ist schade um die vorherige Trainingszeit, wenn durch zu forsches Vorgehen Fehler um Fehler auftreten. Aus lauter Verzweiflung neigt man dann auch noch dazu, das falsche Verhalten zu clicken und zu füttern, um das Pferd bei Laune zu halten und es für die unsachgemäße Behandlung zu »entschädigen«. Leider ist eine Denkweise mit nachträglicher Entschuldigung unseren Tieren fremd. Was für das weitere Verhalten wirklich zählt: Hat es sich gelohnt? Lautet die Antwort: »Ja, beim Anheben und Wegdrehen des Kopfes gab es Click und Futter als Konsequenz«, wird in der Folge mehr Abwehrverhalten gezeigt werden.

Erfordern es die Umstände, dass der Zahnarzt kommt, bevor Sie mit Ihrem Zahntraining alle Eventualitäten trainieren konnten, verändern Sie Ort und Kontext. So behalten Sie das Vertrauen Ihres Pferdes (s. S. 193). Bei begrenzter Trainingszeit trainieren Sie zuerst das Spritzen und Sedieren (s. S. 120). Und denken Sie daran: Jeder Trainingsschritt im Vorfeld hilft Ihrem Pferd schon ein Stück weiter!

# 8

# HUFE

Die häufig zitierte Redewendung »Ohne Huf kein Pferd und kein Huf ohne Hufpflege!« beschreibt, wie elementar die Thematik Hufbearbeitung für die Pferdegesundheit ist. Für einen gesunden Bewegungsapparat ist sie eine der wichtigsten Voraussetzungen. Der Huf wird deshalb auch häufig als »Fundament des Pferdes« bezeichnet. Zu seinen zahlreichen Funktionen zählt u.a. der Schutz vor mechanischen Abnutzungen und Temperaturschwankungen, sowie die Stoßdämpfung, um das Gewicht des Pferdes beim Auffußen abzufangen. Zudem sorgt er für Rutschfestigkeit und ist Tastorgan und Stoffwechselausscheidungsorgan zugleich.

Sie selbst können durch regelmäßiges Auskratzen und Reinigen, ausreichende Bewegung Ihres Pferdes und einer guten Stall- und Paddockhygiene erheblich zur Erhaltung der Hufgesundheit beitragen.

Als »nachwachsender Schuh«, mit einem durchschnittlichen Hornwachstum von zehn Millimetern im Monat, benötigt der Pferdehuf allerdings zusätzlich eine sorgfältige und regelmäßige Bearbeitung. Abgestimmt auf Ihr Pferd und die Hufsituation sollten Sie vernünftige Intervalle bei der Hufbearbeitung einhalten. Je nachdem, ob die Hufe Ihres Pferdes ausgeschnitten und/oder beschlagen werden oder ob gar spezielle huforthopädische Maßnahmen notwendig sind, steht alle vier bis acht Wochen ein entsprechender Termin an. Manipulationen an Hufen gehören damit zu den häufigsten Dingen, die den Pferden widerfahren und gleichzeitig zu den gefährlichsten für alle Beteiligten.

Der Behandler befindet sich relativ weit unten am Pferd und hantiert zudem in der Regel mit scharfen, spitzen und metallischen Gegenständen. Nicht zuletzt deswegen ist hier der Schritt zu Zwangsmaßnahmen nicht weit. Schon beim täglichen Auskratzen treten häufig Probleme auf. Das Geben der Hufe ist für viele Pferde als Fluchttiere eine nicht immer einfach zu erfüllende Aufgabe: Instinktiv benötigt es seine vier Hufe am Boden, um im Notfall jederzeit die Flucht antreten zu können. Ihr Pferd muss deshalb zunächst ein gewisses Maß an Vertrauen dem Menschen gegenüber erlangt haben, damit es seinen Huf von ihm in der Luft halten lässt. Hinzu kommen die entsprechenden Manipulationen und Ablenkungen, und das Ganze findet über eine längere Dauer statt.

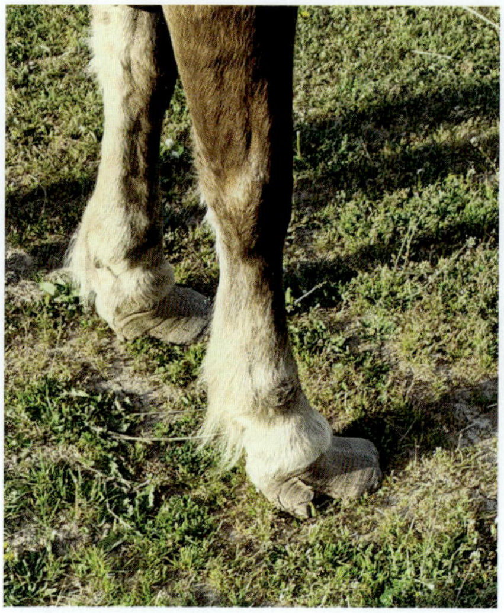
Fehlende Hufbearbeitung ist tierschutzrelevant!

Bei Problemen neigen viele Pferdebesitzer dazu, die Intervalle für die Hufbearbeitung zeitlich herauszuschieben. Die Folge ist allerdings leider ein schlechter Pflegezustand der Hufe. Eine unterlassene Hufpflege kann im Extremfall durchaus als tierschutzrelevant gelten und die Hufbearbeitung wird für das Pferd noch unangenehmer. Zahlreiche Pferde müssen für die Hufbearbeitung sediert werden. Leider wehren sich viele Pferde jedoch selbst noch unter der Sedierung, da sie auch in diesem Zustand in der Lage sind, alle Manipulationen wahrzunehmen. So kann schnell eine Abwärtsspirale entstehen.

Nachfolgend behandeln wir die Trainingsbereiche der Hufbearbeitung:

- stillstehen, Hufe geben, auskratzen und absetzen lassen
- auf den Hufbock führen lassen und dort halten
- Manipulationen am Huf: Schneiden, Raspeln
- Eisen
- Hufe wässern (s. S. 244)

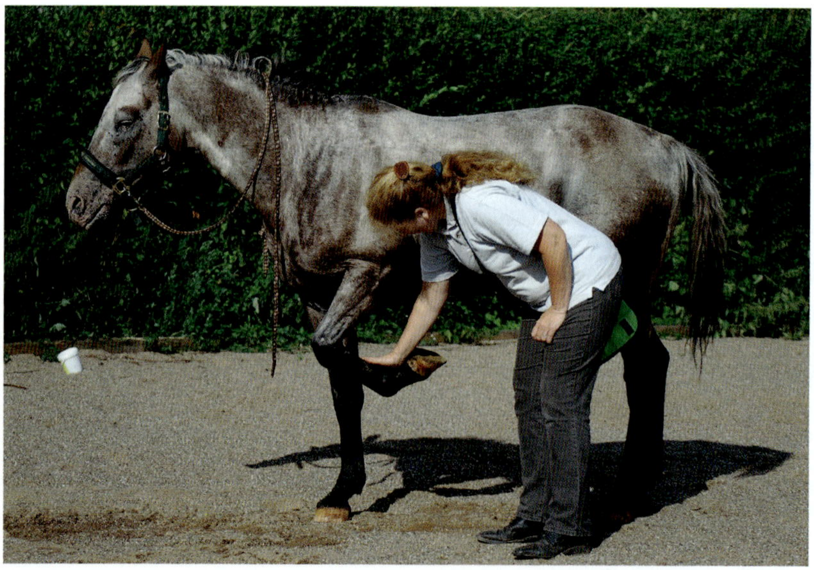
Das Bein soll locker in die Hand gegeben werden.

# Probleme am Huf

Nicht nur bei der Hufbearbeitung, sondern auch im Fall einer Erkrankung der Hufe sind Sie auf die Kooperation Ihres Pferdes angewiesen. Dabei spielen häufig Schmerzzustände zusätzlich eine erschwerende Rolle. Zu den beiden häufigsten Krankheitsbildern an Hufen gehören der Hufabszess, umgangssprachlich auch als »Hufgeschwür« bezeichnet, und die Hufrehe. Zudem können weitere Hufkrankheiten, wie Hufgelenksentzündung, Bänderzerrung, Hufrollen- und Sehnenentzündung jedes Pferd jederzeit treffen. Für eine entsprechend erforderliche tierärztliche Untersuchung und Behandlung sind folgende Trainingsbereiche relevant:

- Allgemeine Untersuchung (s. S. 106)
- Komponenten der Lahmheitsuntersuchung: Abtasten der Gliedmaßen, Hufzange bei deren Einsatz das Ziel ist, dass Ihr Pferd Schmerzhaftigkeit anzeigt. Der aktive Einsatz der Hufzange an sich sollte deshalb nicht trainiert werden. Sie können Ihr Pferd aber darauf vorbereiten, indem Sie mit einem großen metallischen Gegenstand am Huf hantieren.
- Unterschied zwischen Huf abtasten und Huf geben
- Pulsation tasten: mit Daumen und Zeigefinger an der Zehenarterie – verläuft oberhalb des Hufgelenks am Fesselkopf – 10 Sek. Dauer
- Bearbeitung des Hufhorns
- Anguss- und Schutzverband (s. S. 197)
- (Kühl-)Gamaschen und Bandagieren
- Nässe (s. S. 244)
- Keile mit viel Tape am Huf anbringen
- Anästhesie oberhalb des Hufs: desinfizieren, rasieren, mit Nadel stechen
- Spritzen (s. S. 120)
- Blutegel (s. S. 204)

Die Komponenten der Hufbearbeitung, tierärztlicher Untersuchungen und unterschiedlicher Therapien ergeben ein großes Trainingsfeld. Sie zu trainieren lohnt sich immer.

Die Egel beißen deutlich schneller, wenn das Bein unbeweglich ist.

## Hufe - Eine gefährliche Location!

*Achtung! Hufe bergen ein hohes Verletzungs- und Unfallpotential für alle Beteiligten, da sie eine der Hauptverteidigungsmöglichkeiten für Pferde darstellen. Pferdetritte sind extrem gefährlich. Trainieren Sie bei Problemfällen zuerst die Grundlagen (Höflichkeit, entspanntes Stillstehen, sich überall anfassen lassen), bis Ihr Pferd diese zu einhundert Prozent sicher beherrscht. Sie bereiten es durch die damit verbundenen positiven Erlebnisse bei der Impulskontrolle optimal auf das Huftraining vor.*



# Vor dem Training

Stellen Sie sich die Frage nach den Gründen, weshalb sich Ihr Pferd beim Hufegeben oder bei der Hufbearbeitung unkooperativ zeigt. Es kann viele unterschiedliche Ursachen wie z.B. schlechte Vorerfahrungen durch Zwangsmaßnahmen oder körperliche Baustellen haben, warum Ihr Pferd bei der Hufbearbeitung sagt: »Nein danke, das möchte ich nicht!« Arthrosen, Verspannungen, Wirbelsäulenprobleme, osteopathische Probleme, »Bauchschmerzen« und Schmerzzustände vielfältiger Art machen Ihrem Pferd nicht nur die Hufbearbeitung unnötig schwer.

**Hinweis: Im Vorfeld bei Problemen unbedingt Therapeuten und Fachleute hinzuziehen und beurteilen lassen!**

In dem Fall zieht es vielleicht einen Huf weg und hat damit Erfolg, denn das Unangenehme hört kurz auf. Ihr Pferd lernt: Das Wegziehen lohnt sich, und Sie befinden sich in einer typischen Abwärtsspirale. Wichtig ist es deshalb, in jedem Fall körperliche Ursachen auszuschließen, um Fehlverhalten durch Schmerzen zu vermeiden. Die Ängste und negativen Verknüpfungen können Sie dann ganz wunderbar über positive Erlebnisse umtrainieren.

Außerdem ist es sinnvoll, den Hufschmied vor dem Beginn des Trainings zu fragen und sich zu notieren, wie genau seine Abläufe sind und welche Werkzeuge er üblicherweise verwendet, damit Sie Ihren Trainingsplan und Ihre Zielabläufe entsprechend darauf abstimmen können. Achten Sie auch darauf, dass jeder Mensch, der etwas an den Hufen macht, ein bisschen anders agiert.

Berücksichtigen Sie die Wünsche des Hufbearbeiters und machen Sie ihm das Leben mit Nachfolgendem leichter:

- Stillstehen
- fragen: Anbinden? Nicht im Training, gerade zu Beginn nicht, später, bei anbindefrommen Pferden hilfreich; Hufbearbeiter fragen, ob es Haftungsprobleme bei freiem Arbeiten gibt
- freiwillig und prompt Huf angeben

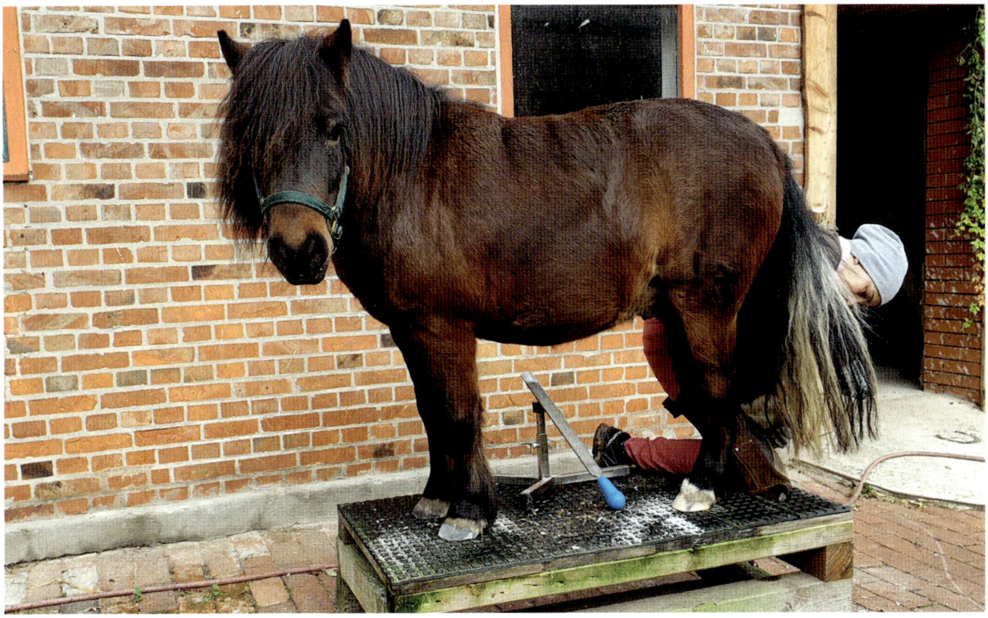

Eine große Erleichterung für die Hufbearbeitung.



- Huf dort lassen, wo er gerade ist
- kleine Ponys auf Podest aus Fairness dem Hufbearbeiter gegenüber (Wirbelsäulengesundheit!)
- Hufe wässern vor der Bearbeitung (s. S. 244)

## Füttern

Gelegentlich kann es das Training deutlich effektiver und einfacher gestalten, wenn eine zweite Person vorne am Pferd steht und das Füttern übernimmt. Dies ist besonders hilfreich, wenn Sie an den Hinterhufen trainieren. Es ermöglicht mehr Durchgänge pro Zeiteinheit.

Bei vielen Eingriffen im Medical Training eine große Hilfe: Ein Helfer zum Füttern.

Sie haben ein besseres Timing und entspricht häufig sowieso der Realität. Wenn der Trainer hingegen selbst füttert, verbessert man die Beziehung zwischen Pferd und Trainer. Dies ist besonders bei Pferden mit schlechter Biografie empfehlenswert. Also kann es anfangs sinnvoll sein, selbst zu füttern. Bei guten Fortschritten und angemessener Entwicklung können Sie dann später einen Helfer bitten, das Füttern zu übernehmen, um im Training schneller voranzukommen.

Sie können auch einen großen Eimer vor Ihr Pferd stellen und das Futter hineinwerfen. Mit dieser Fütterungsmethode vermeiden Sie ein Umwenden zu Ihnen nach dem Click. Gleichzeitig wird Ihr Pferd tief gefüttert, was für Entspannung sorgt. Üben Sie das Treffen auf jeden Fall erst ohne Pferd, damit es auch an Ort und Stelle stehenbleibt und nicht die Brocken am Boden einsammelt.



## Hufe aufnehmen/absetzen und manipulieren

Das oberste Gebot, wie in allen Bereichen des Medical Trainings, ist das Stillstehen. Außerdem muss Ihr Pferd jeden Huf auf Signal prompt anheben, weich führen lassen und ihn mit einer gewissen Körperspannung selbstständig halten. Anschließend muss es bewegungslos stehenbleiben, während geschnitten und geraspelt wird. Es sollte bei entsprechendem Druck oder Zug folgen und den Huf erst auf Signal absetzen. Das gilt sowohl für die Hufbearbeitung als auch für die tierärztliche Behandlung.

Wenn der Hufschmied mit einem Bock arbeitet, muss Ihr Pferd sein Bein auf den Bock führen lassen und dort halten, bis ein anderes Signal gegeben wird.

Vor Beginn des Trainings ist es sinnvoll zu evaluieren, auf welcher Seite Ihrem Pferd das Geben der Hufe leichterfällt. Meistens ist es klüger, die »einfachere« Seite fertig und perfekt zu trainieren, bevor man mit der anderen, schwierigeren Seite startet. Wenn man auf einer Seite schon so viel Verstärkung durch Futterlob auf dem richtigen Verhalten hat, fällt die zweite Seite oft leichter. Bedenken Sie aber den Faktor Anstrengung und führen Sie Ihr Pferd immer mal eine kleine Runde, solange Sie nur auf einer Seite arbeiten.

### Trainingsschritte:

- *stillhalten beim Herantreten und erster Berührung*
- *anheben und absetzen auf Signal*
- *halten während gearbeitet wird (Raspel, Messer, Zange etc.)*
- *auf den Hufbock führen, platzieren und bewegungslos bearbeiten lassen*
- *ruhig vom Bock anheben und absetzen lassen*
- *Ablenkung einführen*
- *Generalisierung von Menschen und Orten*

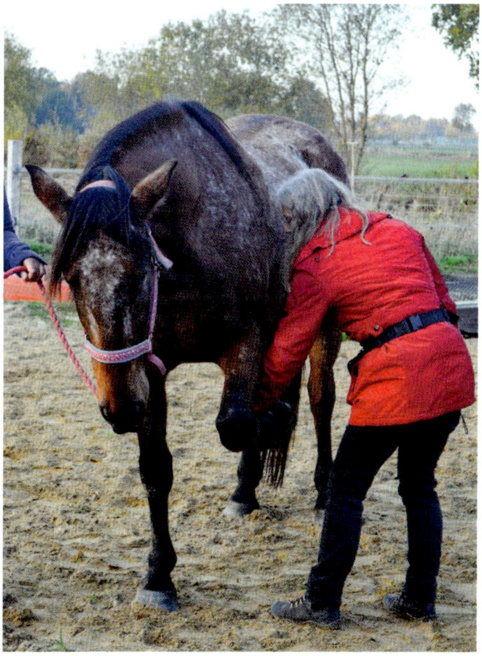

Schritt 1: Anheben

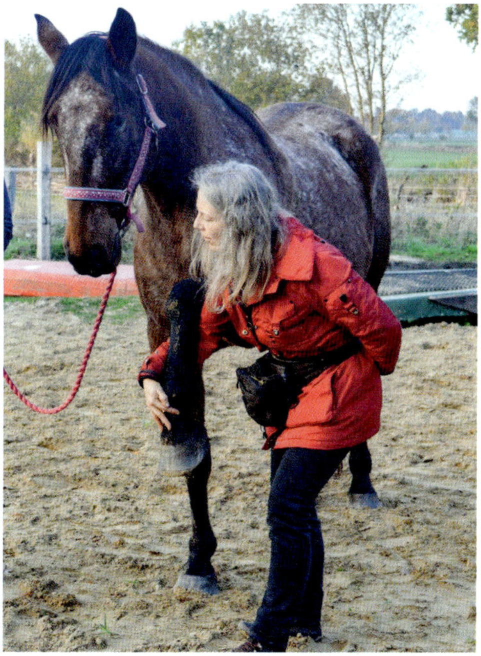

Schritt 2: Nach vorne führen

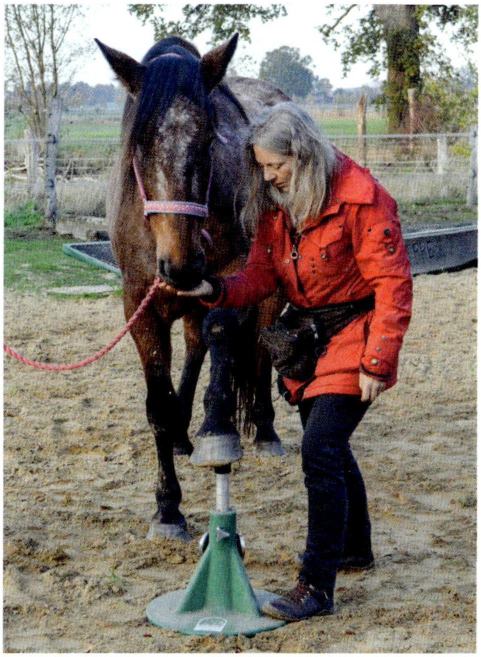

Schritt 3: Absetzen

Schritt 4: Halten

## Halten während der Bearbeitung und ruhiges Absetzen

Sie sollten mit Hufmanipulationen und Werkzeugeinsatz erst beginnen, wenn Ihr Pferd seinen Huf eine gewisse Dauer stillhält. Die Zeit muss ausreichen, um am Huf herumzuwerken, beziehungsweise ein Werkzeug in die Hand zu nehmen und am Huf anzusetzen. Der Grund dafür ist, dass es Ihrem Pferd grundsätzlich leichter fällt stillzustehen, wenn auch Sie sich nicht bewegen. Werden Sie hingegen aktiv, fühlt sich Ihr Pferd leicht getriggert, ebenfalls aktiv zu werden. Es ist also ein separater Trainingsschritt für Ihr Pferd, weiterhin stillzustehen, auch wenn Sie sich bewegen und an seinem Huf arbeiten. So können Sie Ihrem Pferd gut erklären, dass Bewegungen des Menschen kein Signal zum Hufabsetzen sein sollen.

Zu den Reizen, die Ihr Pferd im Training kennenlernen sollte, gehören das Gefühl und die Geräusche des Schabens und Raspelns einer Feile, das Hantieren mit einer Hufzange (ohne zu drücken!), ggf. das »Herumruckeln« beim Abnehmen eines Eisens, sowie das Klopfen mit einem Hammer, das »Ritschen« einer selbsthaftenden Binde und das seltsame Gefühl eines Hufverbands. Je mehr verschiedene Reize Sie im Training nutzen, desto leichter werden Sie, Ihr Pferd und Ihr Behandler es beim nächsten Huftermin oder beim Tierarzt haben.

Grundsätzlich ist es hilfreich, im Training die Abläufe, Reize und Dauer getrennt voneinander zu üben. Doch sollten Sie dabei nicht aus den Augen verlieren, dass Ihr Pferd am Ende alle Komponenten in einem einzigen Verhalten vereinen soll. Daher ist es ratsam, auch regelmäßig alles zusammenzufügen und den Ablauf im Ganzen zu trainieren.

Sollte ein Pferd hierbei nicht stillhalten, könnte auch der stärkste Schmied nicht gegenhalten.

Führen Sie das Bein immer sanft zu Boden.

### Tipp:

*Clicken und füttern Sie auch immer wieder entspanntes, sanften Absetzen eines Hufs auf den Boden. So stellen Sie sicher, dass die Hufbearbeitung von Anfang bis zum Schluss pferdefreundlich und gelenkschonend bleibt.*

### Trainingsschritte Vorderhufe aufnehmen

- *stillstehen*
- *stillstehen, auch wenn der Mensch nach hinten geht*
- *erste Berührung an der Schulter*
- *Hand streicht Bein hinab*
- *Bein wird angehoben (Signal: Hand gleitet herunter)*
- *Hand greift um Fessel*
- *Hand hebt Huf hoch*
- *Huf wird gehalten*
- *Huf wird nach außen geführt*
- *Huf wird zwischen die Beine geklemmt*
- *dort eine Zeit lang gehalten, während gearbeitet wird*
- *Huf sanft absetzen*

## Der Hufbock

Damit die Bearbeitung auf dem Bock für Ihr Pferd möglichst komfortabel und somit positiv für den Trainingsverlauf ist, sollten Sie auf mehrere Dinge achten. Vor allem die korrekte Höhe der Auflage ist wichtig. Als Richtwert gilt hier, dass die Auflagefläche auf Höhe des Vorderfußwurzelgelenks sein sollte. Viele Pferde, insbesondere kranke oder ältere, bevorzugen oft eine etwas niedrigere Einstellung. Achten Sie auf die Zeichen Ihres Pferdes und probieren Sie unterschiedliche Höhen aus. Es heißt nicht, dass Ihr Pferd ausschließlich nur in dieser einen Höhe bearbeitet werden kann, erhöht aber seine Bereitschaft zur Kooperation enorm, wenn Sie es, gerade zu Beginn des Trainings, bequemer machen. Gute Hufbearbeiter haben einen Shetty-Bock dabei, um es auch für die Kleinen einfacher zu machen. Normale Größen machen es gerade Kandidaten mit runden Bäuchen beim Hinterbein sonst unnötig schwer.

Überprüfen Sie immer, ob der Bock bezüglich Höhe, Abstand und Beinachse bequem für Ihr Pferd ist.



Beachten Sie zudem, dass Sie einen Abstand des Bocks zu Ihrem Pferd wählen, der ein einfaches Bearbeiten ermöglicht, für Ihr Pferd aber immer noch gut auszubalancieren ist. Steht der Bock zu weit vorne, fangen viele Pferde an, sich abzustützen, bis das Karpalgelenk durchgestreckt ist, können sich dann nicht mehr halten und der Huf rutscht ab und knallt auf den Boden. Das senkt die Bereitschaft, den Huf beim nächsten Mal gut zu geben und zu halten.

Entscheidend ist oft auch die Beinachse: Je weiter der Bock vom Rumpf entfernt platziert ist, desto leichter das Raspeln, aber desto unbequemer für die Gelenke und Muskeln Ihres Pferdes. Bitten Sie einen Helfer, direkt von vorne oder von hinten die Achse von Bock – Vorderbein – Hinterbein zu begutachten und Ihnen Feedback zu geben. Je nachdem, welchen Hufbock Sie verwenden, ist es sehr wichtig, den Stand so zu wählen, dass Ihr Pferd beim Abstellen des Hufs wie auch bei einem Wegziehen nicht auf ein Metallteil des Hufbocks tritt. Beugen Sie damit Verletzungen und unangenehmen Situationen vor.

Wenn Sie im Komfortbereich bezüglich Höhe, Distanz und Achse gute Erfolge haben, fangen Sie an zu variieren, um Ihr Pferd bestmöglich auf die reale Situation vorzubereiten. Bitten Sie auch ruhig Ihren Schmied, die Position des Bocks bei der Bearbeitung zu verändern.

## Werkeln am Huf

Ohne entsprechendes Fachwissen sollten Sie natürlich nicht selbst Horn abnehmen. Um dennoch das Raspeln und Schneiden zu trainieren, verwenden Sie diverse Gegenstände, wie z.B. den Hufkratzer, einen hölzernen, länglichen Gegenstand, einen Kunststoffgriff etc. und führen Bewegungen am Huf aus, die dem Raspeln bzw. Schneiden entsprechen. Bei der Simulation des Schneidens können Sie zudem während der Schneidesimulationsbewegung mit dem Gegenstand am Huf etwas ziehen. So simulieren Sie die Situation, wenn sich das Hufmesser z.B. ein wenig verkantet. Wie Sie die Dauer aufbauen, während der Huf zwischen die Beine des Bearbeiters geklemmt ist, erfahren Sie auf Seite 75.

### Trainingsschritte Vorderhufe auf den Bock

- *Hand streicht vom Ellenbogen nach innen zur Fessel*
- *Bein wird angehoben und Unterarm führt nach vorne-oben*
- *Huf wird auf dem Bock abgesetzt*
- *selbstständig halten*
- *dort eine Zeit lang halten, während gearbeitet wird*
- *Unterarm von hinten hebt Huf vom Bock*
- *und führt Bein sanft zu Boden*



## Hinterhand

Achten Sie darauf, dass Ihr Pferd die Hufpflege auf der Vorderhand sicher beherrscht, bevor Sie zur Hinterhand übergehen. Das erleichtert das Training der Hinterbeine enorm und ist hilfreich für Ihre Sicherheit. Trainieren Sie mit einem tretenden Pferd, sollten Sie unbedingt erst das Anfassen am ganzen Körper üben (s. S. 67).

Man sieht deutlich an der Mimik, warum diese Stute bislang unter Sedierung die Hufe gemacht bekam.

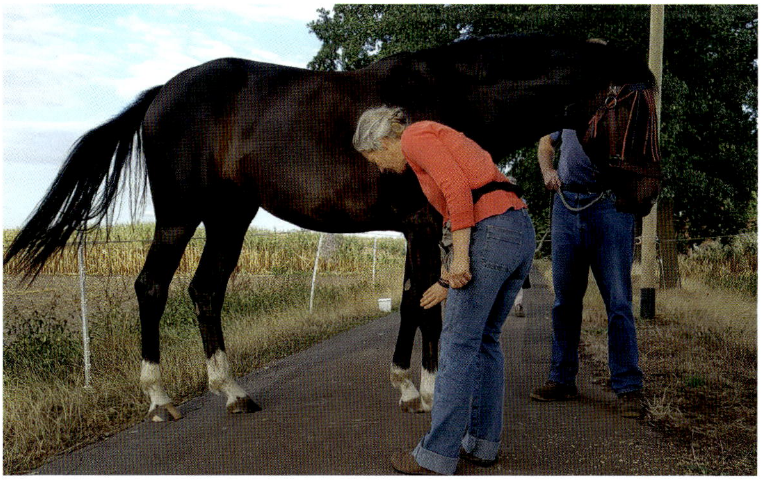

## Trainingsschritte Hinterhufe aufnehmen

- *stillstehen, während der Mensch nach hinten geht*
- *Hand berührt am Knie*
- *gleitet innen hinunter*
- *Huf wird angehoben und nach hinten geführt*
- *auf Oberschenkel ablegen*
- *dort eine Zeit lang halten, während gearbeitet wird*
- *Bein greifen und sanft zu Boden lassen*

Wenn Sie sich nicht ganz sicher sind, beginnen Sie das Training mit einem 50 Zentimeter langen Stück Poolnudel oder einem ähnlich weichen und langen Gegenstand wie z.B. einem Staubwedel. Bleiben Sie auf der Höhe des Bauches stehen und berühren Sie das Pferd ausgiebig am Hinterbein. Beginnen Sie am Rumpf und clicken und füttern ruhiges Stehenbleiben. Dann erst arbeiten Sie sich das ganze Bein hinunter und berühren es innen und außen. Sie sollten nur dann das Anheben des Beines abfragen, wenn Sie keinerlei Anspannung in der Mimik oder Muskulatur des Pferdes beim Berühren mit der Verlängerung Ihres Armes wahrnehmen. Nehmen Sie hierfür auf keinen Fall eine Gerte! Das könnte unangenehme Assoziationen und entsprechende Verhalten auslösen.

## Trainingsschritte Hinterhufe auf den Bock

- *Bock vor Hinterhuf stellen*
- *vom Knie aus in Richtung Fessel innen greifen*
- *Bein wird angehoben*
- *Huf greifen*
- *nach vorne oben führen*
- *auf Bock absetzen*
- *halten*
- *dort eine Zeit lang halten, während gearbeitet wird*
- *Fessel greifen*
- *Huf anheben*
- *sanft absetzen lassen*

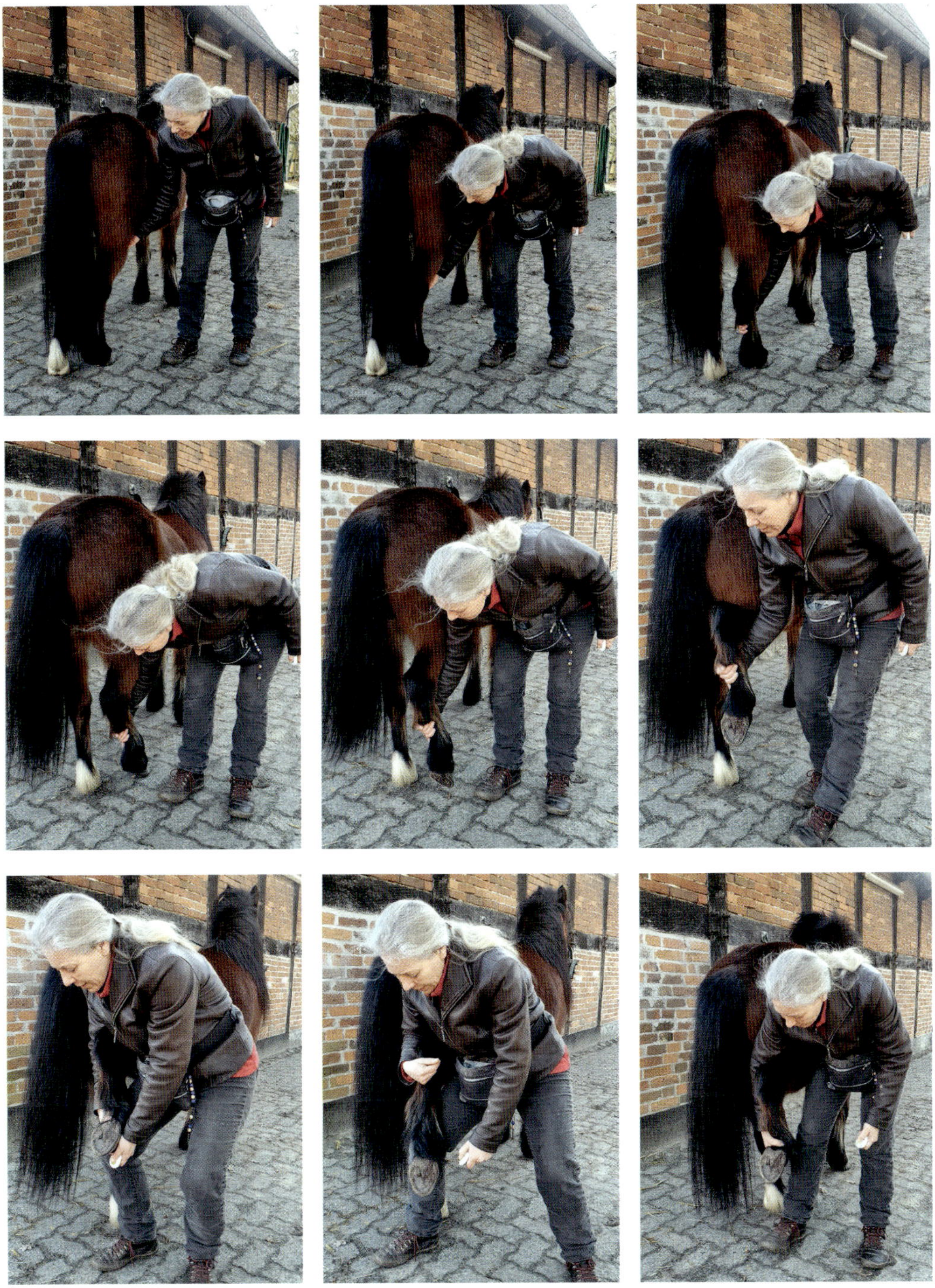

Bei Pferden, die zum Treten neigen, sollten Sie die abgebildeten Trainingsschritte jeweils zehn Mal wiederholen und nach jedem Clicken und Füttern den ganzen Ablauf von vorne machen.

# Promptheit

Manche Pferde haben im Laufe ihres Lebens herausgefunden, dass es hilfreich sein kann, den zu bearbeitenden Huf einfach stehen zu lassen, um anschließende Probleme zu vermeiden. Wenn ein paar Hundert Kilo Gewicht auf einem Pferdebein lasten, schafft es kein Mensch, das Bein anzuheben. In der – häufig traurigen – Realität greift der Mensch in solchen Fällen gern einfallsreich zu aversiven Maßnahmen, um zum Ziel zu kommen: Er reißt am Behang, klopft oder schlägt gegen das Bein, zerrt am Fesselgelenk herum oder pikt mit einem Gegenstand zwischen die Sehnen des Röhrbeins. Solche und ähnliche Maßnahmen sind wenig geeignet, dem Pferd die Hufbearbeitung schmackhaft zu machen.

Zum Glück gibt es andere, pferdefreundliche Wege, wie Sie Ihrem Pferd erklären können, auf Signal ein Bein zu lupfen. Eine Möglichkeit ist, dass Sie sich in der gewohnten Hufputzer-Position neben Ihr Pferd stellen, mit der Hand freundlich anfragen und abwarten, bis sich das Bein minimal vom Boden löst. Dabei können Sie die Reize, die Sie mit der Hand setzen, variieren und an verschiedenen Stellen im Großraum Fesselgelenk zum Beispiel streicheln, leicht zuppeln oder antippen.

Wichtig ist, dass Ihre Anfrage keinen aversiven Charakter annimmt, sonst landen Sie im Bereich der negativen Verstärkung. Sowie sich der Huf vom Boden löst, und sei es noch so zäh, clicken und füttern Sie. Wiederholen Sie diesen Schritt fünf bis zehn Mal, je nachdem, wie mühsam oder flott Ihr Pferd das Bein gehoben hat.

Von hier ausgehend verbessern Sie die »Qualität« des Beinhebens, bis Ihr Pferd das Bein prompt und butterweich auf Anfrage anreicht. Machen Sie ein Fünfer- oder Zehnerpäckchen und zählen dabei die Sekunden, die Ihr Pferd braucht, bis es den Huf vom Boden löst.

Das kann zum Beispiel so aussehen: Nach 3, 6, 5, 9 und 4 Sekunden kommt der Huf hoch, Click und Futter. Dann bilden Sie den Durchschnittswert: 3 + 6 + 5 + 9 + 4 = 27 Sekunden. Diese teilen Sie durch die Anzahl der Durchgänge: 27:5 = 5,4 Sekunden. Im nächsten Fünferpäckchen clicken Sie nur noch die Durchgänge, die unterhalb Ihres Durchschnitts von 5,4 Sekunden liegen.

Braucht Ihr Pferd länger, um den Huf zu heben, lächeln Sie, nehmen die Hand wieder weg vom Bein, richten sich auf, atmen entspannt durch und starten den nächsten Durchgang. Damit erklären Sie Ihrem Pferd, dass sich Herumbummeln nicht lohnt. Die Gleichungen »schneller als Durchschnitt = Click und Futter« und »langsamer als Durchschnitt = Neustart« wird es sich im Laufe des Trainings merken und sich mit dem Anreichen seines Hufes immer mehr beeilen.

**So funktioniert das Anheben der Hufe selbst bei einem ungeclickerten Jungpferd.**

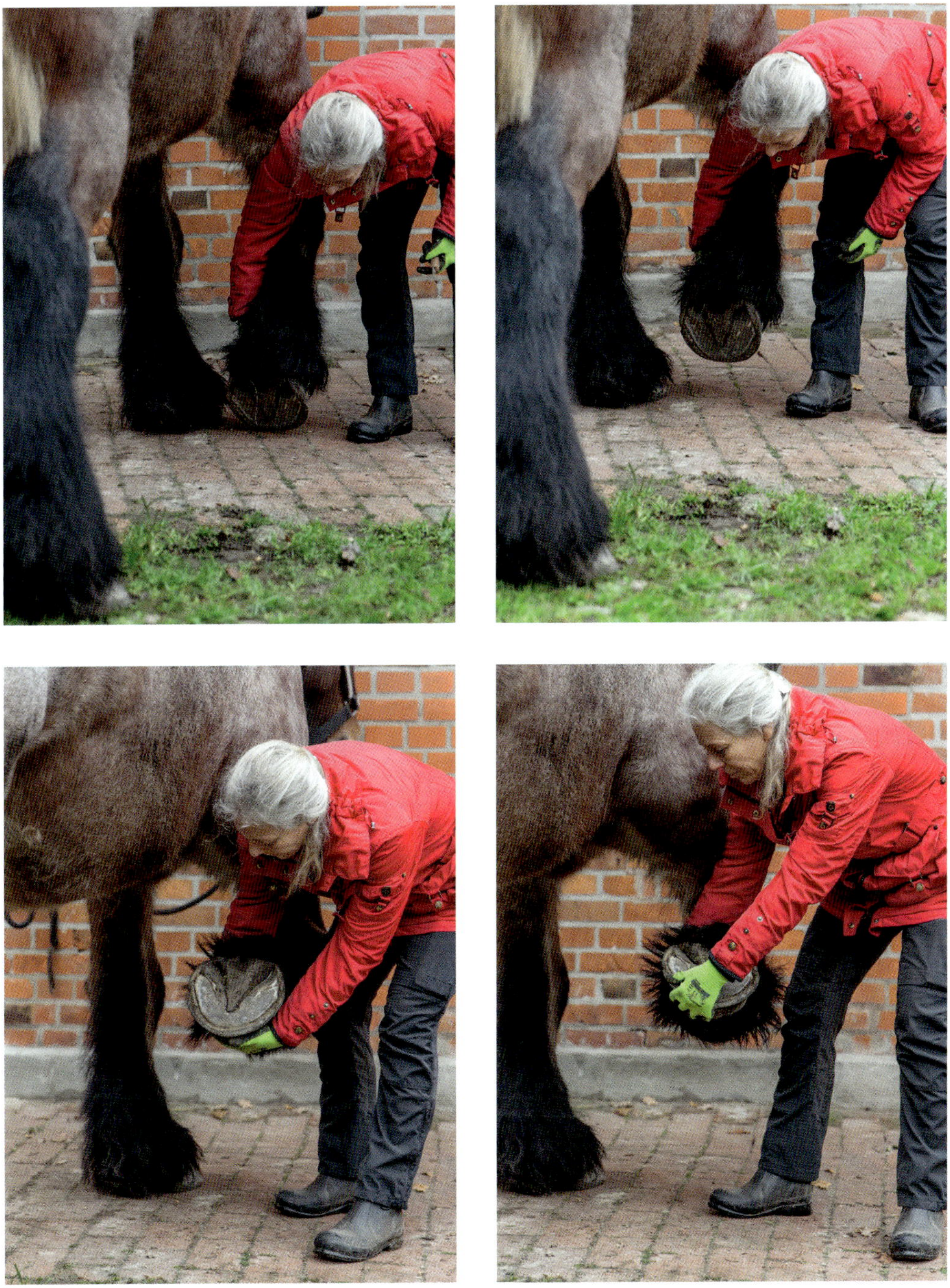

Nicht nur bei Beinen dieses Kalibers ist ein verlässliches, promptes Anheben des Hufes wichtig.

### Trainingsschritte Promptheit

- *Anheben anfragen und die Sekunden zählen, bis der Huf oben ist*
- *fünf oder zehn Mal das Ablösen des Hufs vom Boden clicken und füttern*
- *Durchschnittswert bilden*
- *im nächsten Päckchen nur Durchgänge unterhalb des Durchschnitts bestärken*
- *aus diesem Päckchen wieder den Durchschnitt bilden, so weiter bis zur Promptheit arbeiten*



## Pattex-Hufe – wenn gar nichts geht

Was aber tun, wenn Anfragen und Warten nicht den gewünschten Effekt zeigt? Wenn Ihr Pferd wie einzementiert neben Ihnen steht und mit dem Bein nicht einmal zuckt?

Das Verhalten, das Sie hier brauchen, lässt sich unterteilen und beinhaltet: »Verlagere dein Gewicht weg von dem Bein – hebe das Bein an – halte es oben.«

Wann verlagert Ihr Pferd sein Gewicht? Zum Beispiel, wenn es sich bereit macht, einen Schritt zu gehen. Das können Sie sich zunutze machen, indem Sie Ihr Pferd auffordern loszugehen, sofern es Angehen auf Signal beherrscht. Genauso gut können Sie Ihr Pferd auch »locken«, wie es in der Fachsprache heißt. Dabei arbeiten Sie mit einem Helfer, der Ihrem Pferd auf Ihr Signal hin eine große Futterschüssel knapp außer Reichweite vor die Nase hält. Stellen Sie sich neben Ihr Pferd, wie Sie es zum Hufe geben tun und lassen Ihren Helfer, wie vorher abgesprochen, den Lockreiz setzen. Ganz sicher wird sich Ihr Pferd zu der Futterschüssel hinbewegen. In dem Augenblick, in dem sich das Bein vom Boden löst, darf es einen Happs aus der Schüssel nehmen. Diese wird danach sofort wieder hinter dem Rücken des Helfers versteckt. Damit führen Sie Ihr Pferd nicht unnötig in Versuchung, loszugehen, bevor Sie den nächsten Trainingsdurchgang machen wollen. Lassen Sie Ihr Pferd wie oben beschrieben noch zwei oder drei weitere Male einen Schritt weit locken. Nimmt es das Verhalten eventuell schon vorweg, wenn Sie sich in Hufgebe-Position stellen? Wenn ja, clicken und füttern Sie das Anheben des Beins. Falls nicht, lassen Sie erneut einige Male locken.

Falls Ihr Pferd es zulassen sollte, können Sie auch das durchs Locken gelupfte Bein ganz kurz halten, das »Halten lassen« clicken und füttern und das Bein gleich wieder absetzen. Wenn nicht, überstürzen Sie nichts und lassen das Bein sofort los. Macht Ihr Pferd nun die gewünschte Vorwärtsbewegung, clicken und füttern Sie das Anheben des Beins. Klappt dieser Schritt fünf Mal nacheinander, bitten Sie Ihren Helfer, seinen Abstand zum Pferd um eine Schrittlänge zu vergrößern. Diese Maßnahme dient dazu, ihn und die Schüssel als Lockreiz schrittweise wieder abzubauen. Schließlich wollen Sie zukünftig nicht immer auf einen Helfer angewiesen sein. Festigen Sie auch hier jeden Trainingsschritt durch fünf erfolgreiche Wiederholungen und »schleichen den Helfer aus«, bis er nicht länger gebraucht wird.

## Trainingsschritte »Pattex-Huf«

- *Helfer lockt Pferd mit Futterschüssel in eine angedeutete Vorwärtsbewegung*
- *Huf löst sich vom Boden = Pferd bekommt ein Maul voll aus der Schüssel*
- *wiederholen, bis das Pferd die Bewegung vorwegnimmt*
- *Click und Futter aus der Hand für das Lösen des Hufs vom Boden*
- *Abbau des Lockreizes: Helfer lockt aus größer werdender Distanz mit immer weniger Futter, lässt schließlich die Schüssel ganz weg*
- *zehn Mal hintereinander Click und Futter für das Ablösen des Hufs vom Boden*
- *Päckchen machen und die Sekunden zählen, bis sich der Huf vom Boden löst, Durchschnitt bilden*
- *nur Durchgänge unterhalb des Schnitts bestärken*
- *wieder Durchschnitt bilden und mit dem neuen Durchschnitt wie oben beschrieben verfahren*
- *immer: Neustart bei keiner/zu langsamer Reaktion*



Wichtig ist dabei: Behalten Sie die Höflichkeit Ihres Pferdes im Blick, denn alles, was Sie clicken, hält Ihr Pferd für richtig und lohnenswert und wird es künftig wieder zeigen. Sie verstärken nicht nur das, worauf Sie sich gerade fokussieren, sondern alles, was Ihr Pferd parallel dazu tut.

# Hufeisen abnehmen

Wenn Sie die unter »Hufbearbeitung« beschriebenen Schritte mit Ihrem Pferd bereits durchgearbeitet haben, hat Ihr Pferd schon eine solide Grundlage für das weitere Vorgehen rund um den Beschlag erworben. Zum Entfernen der Eisen stellt der Schmied den Huf auf den Hufbock, schlägt mit Hammer und Meißel die Kappen der Nägel um und versenkt sie. Dann nimmt er den Huf auf, klemmt ihn zwischen seine Beine und hebelt und zieht mit einer Zange am Eisen, bis er es vom Huf gelöst hat. Das ergibt einige zusätzliche Reize.

Für viele Pferde sprichwörtlich ein »heißes Eisen« – der genagelte Hufschutz.

Das Training für das Aufnageln sollten Sie mit einem Brett zum Schutz des Hufes machen.

Das Hämmern auf der Außen- und Unterseite des Hufs lässt sich im vorbereitenden Training mit jedem beliebigen Hammer durchführen. Achten Sie bei den Schlägen von außen darauf, die Hornschicht intakt zu lassen und führen Sie die Schläge so aus, dass der Hammerkopf möglichst plan auftrifft. Steigern Sie die Anzahl der Hammerschläge pro Click in einem Bereich, in dem Ihr Pferd seinen Huf ruhig auf dem Bock lässt. Um ganz auf Nummer sicher zu gehen, nehmen Sie den Huf nach jedem Click wieder vom Bock herunter. Sie bekommen beim Wiederraufheben durch die Bereitwilligkeit Ihres Pferdes ein gutes Feedback, wie es das Klopfen empfunden hat.

Dasselbe gilt für die Schläge von unten. Sie sollten am unbeschlagenen Huf ein Stück Brett auf den Huf legen, um Tragrand und Sohle nicht unnötig zu strapazieren. Schließlich geht es um das Training des Geräusches und des Gefühls dabei.

Unangenehm kann auch das Hebeln sein. Gerade wenn ein Eisen bombenfest sitzt, kann schon einiger Kraftaufwand vonnöten sein, um es zu lösen. Um Ihr Pferd darauf vorzubereiten, nehmen Sie den Huf auf, klemmen ihn zwischen Ihre Beine und drücken, drehen und ziehen Sie ihn in alle möglichen Richtungen. Steigern Sie Intensität und Dauer immer so, dass Ihr Pferd sein Bein entspannt am Ort des Geschehens belässt.

Häufig findet nach dem Abnehmen der Eisen eine Hauklinge Verwendung, da ein beschlagener Huf oft länger bis zur nächsten Bearbeitung wächst als ein Barhuf. Mit ihr können größere Mengen Horn schneller entfernt werden als mit Messer und Raspel. Durch das Training der Hammerschläge ist Ihr Pferd bestens darauf vorbereitet.

## Gestank und Geräusche

Weitere Reize rund um das Thema »Hufeisen« entstehen durch die Geräusche bei der Bearbeitung bzw. beim Abkühlen des Eisens und beim Aufbrennen auf den Huf. Die Esse faucht und rumpelt wie ein Miniatur-Heißluftballon. Das können Sie beispielsweise mit einer Luftpumpe trainieren: Stillhalten-Pfffff-Stillhalten-Click-Futter. Genauso verfahren Sie mit einem Hammer, den Sie gegen einen soliden Metallgegenstand schlagen: Stillhalten – Ping – Stillhalten – Click – Futter.

Hammer und Amboss, die das klassische Schmiedegeräusch erzeugen, sind bei beschlagenen Pferden nämlich oft schon negativ verknüpft, denn sie kennen die Konsequenzen des Geräusches: Auf »Ping-ping-ping« folgt ein lautes »Zschhhh« und dann stinkt es. Die Geräusche und die unangenehmen Konsequenzen können Sie durch Training einzeln positiv belegen.

Der Moment des Aufbrennens, gefolgt von Qualm, ist selbst für Menschen unangenehm. Hierauf können Sie Ihr Pferd nach der Luftpumpe als kleinen Zwischenschritt gut mit geruchlosem Trockeneis vorbereiten. Es sollte aber nicht eingeatmet werden.

Den Geruch und den Qualm trainieren Sie mit einem Räucherstäbchen oder einer Zigarette. Qualm hat den Nachteil im Training, dass Sie ihn nicht so gut dosieren können. Sie sollten von daher in einer guten Distanz von mindestens einem Meter Abstand beginnen. Wenn Sie bemerken, dass Ihr Pferd zur Quelle des Übels schaut bzw. an den Nüstern sehen, dass der Geruch wahrgenommen wurde, clicken und füttern Sie. Dann nähern Sie sich schrittweise an Ihr Pferd an, bis Sie sein Bein zwischen Ihre Beine klemmen können und ein Helfer das Räucherstäbchen kurz ein Stück weit unter die Nase Ihres Pferdes entlangbewegt. Belohnen Sie es großzügig für sein Stillhalten. Weil Weihrauch und Myrrhe anders riechen als verbranntes Horn, können Sie von der letzten Bearbeitung eingesammelte Huf- und Strahlstücke mit dem Feuerzeug ankokeln und Ihr Pferd für das Aushalten dieses Geruches clicken und füttern.



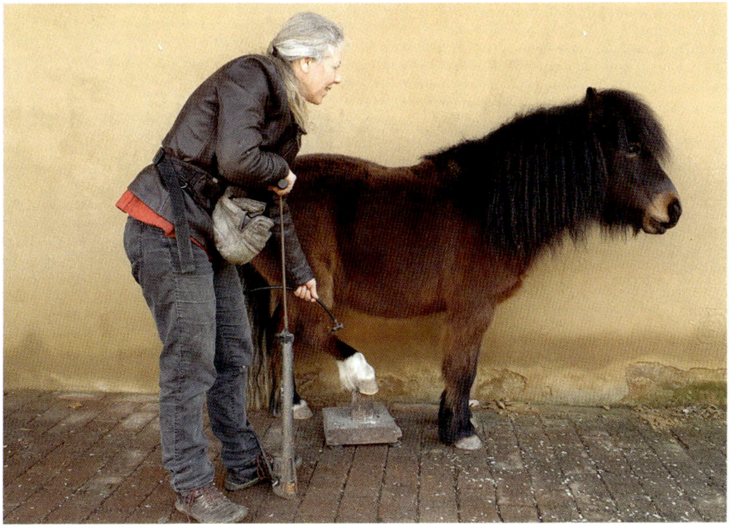

Zischgeräusche dienen als Vorbereitung für das Aufbrennen der Eisen.

Der intensive Geruch des Räucherstäbchens veranlasste Frieda dazu, in die entfernteste Ecke des Stalls zu gehen.

## Flex

Manche Hufschmiede verwenden für die Bearbeitung der Hufe auch eine Flex. Gerade in trockenen und heißen Sommern kommt sie gerne zum Einsatz. Haben Sie das noch nicht trainiert und Ihr Pferd zeigt Unwohlsein und fängt an zu hampeln, bitten Sie um Abbruch der Prozedur. Riskieren Sie lieber, dass Ihr Pferd dieses eine Mal nicht ganz so schön bearbeitete Hufe hat als unschöne Szenen mit Vertrauensbruch und Verletzungsrisiko. Trainieren Sie bis zum Folgetermin in Ruhe und gründlich den Einsatz von Maschinen am Pferdekörper (s. S. 228).

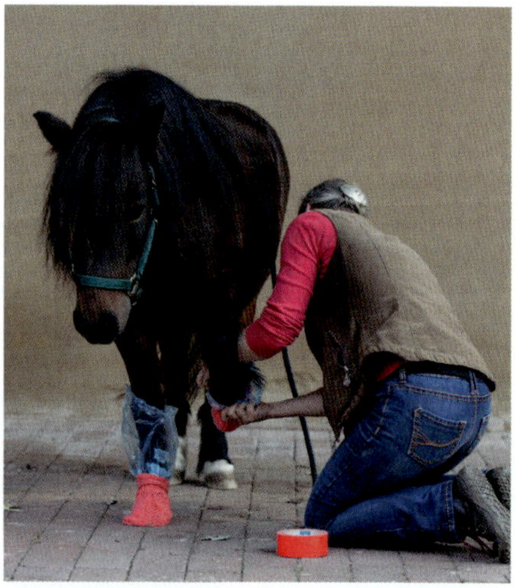

Mit Socken und Plastiktüte lassen sich die Hufe gut wässern.

## Hufe wässern

Es hat viele Vorteile, wenn das Pferd den Umgang mit Wasser lernt. Sie brauchen das in vielen Bereichen, wie zum Beispiel beim Angussverband (s. S. 197). Wenn keine ausreichende Trainingszeit vorhanden ist, können notfalls nasse Socken über den Huf gezogen und mit Tape befestigt werden.

Dafür wird ein Schwamm in die Socke gesteckt, so dass wenigstens die Sohle von unten feucht gehalten wird. Übungs- und Krankenhufschuhe sind dafür ebenfalls gut geeignet.

## Hufschuhe

Benötigt Ihr barhufiges Pferd keinen permanenten oder korrigierenden Hufbeschlag, aber doch einen zeitweiligen Schutz, z.B. vor zu starkem Abrieb beim Fahren oder für das Laufen auf nicht bereitbaren Schotterwegen, bietet sich das Tragen von Hufschuhen an. Es gibt inzwischen unzählige Modelle für alle möglichen Hufgrößen und -formen. Ist erst einmal das passende Modell gefunden, müssen die Schuhe nur noch an die Hufe. Als Einstieg kann es ausreichend sein, eine Socke über einen Huf zu ziehen und Ihr Pferd ein paar Schritte damit zu führen.

Ähnlich wie jede andere Ausrüstung kündigen auch Hufschuhe Ihrem Pferd die Konsequenz ihres Tragens an. Trainieren Sie also nicht nur das Anziehen der Schuhe, sondern lassen Sie darauf erst einmal eine angenehme Konsequenz folgen, indem Sie beispielsweise etwas abfragen, was Ihr Pferd bereits gut kann oder lassen Sie es damit grasen.

Beim Anziehen der Hufschuhe wirken Reize auf das Pferd ein, die es wahrscheinlich vom Hufe geben und der Hufbearbeitung schon kennt, wie das Heben und Halten der Hufe, sowie Klopfen auf oder Ziehen am Huf. Die meisten Hufschuhe haben außerdem geräuschhaften Klett oder Schnallen, oder Laschen, die die Innenseiten der Fesseln oder die Röhrbeine beim Anziehen berühren können. Nicht jedes Pferd weiß dies zu schätzen. Falls Sie schon trainiert haben, Hufverbände anzulegen, ist Ihr Pferd mehr als gut auf das Tragen von Hufschuhen vorbereitet (s. S. 197).

Es ist sehr wahrscheinlich, dass Ihr Pferd nach dem Überstreifen des Hufschuhs erst einmal lernen muss, seinen Huf abzustellen und am Boden zu lassen. Erst wenn es eine Zeit lang seinen Huf belastet, ruhig steht und dafür Clicks und Futter bekommt, schließen Sie den Schuh. Dass sich Ihr Pferd einen Hufschuh über den Huf vorne links streifen lässt, bedeutet nicht automatisch, dass das hinten rechts genauso gut klappt. Trainieren Sie also alle Hufe einzeln und nicht notwendigerweise alle vier in einer Trainingseinheit. Beim Ausziehen der Hufschuhe achten Sie darauf, dass Ihr Pferd während des Öffnens der Verschlüsse seinen Huf entspannt am Boden lässt.

## Daueraufbau

Überlegen Sie sich, wie Ihr Ziel hinsichtlich der Dauer aussieht. Soll Ihr Pferd für einen Click einen kompletten Huf bearbeiten lassen? Oder womöglich alle vier? Oder darf es auch Clicks und Futter für Teilbereiche der Hufbearbeitung bekommen, wie zum Beispiel nach dem Ablegen auf dem Hufbock, für schönes Stillhalten beim Feilen oder Aufbrennen eines Eisens?

Ein möglicher Zwischenschritt: Alleine auf dem Bock.

Von dieser Zielvorgabe hängt ab, wie Sie Ihren Trainingsplan im Daueraufbau (s. S. 75) gestalten. Hilfreich ist, dabei das ganze »Verhaltens-Paket« im Auge zu behalten, also den gesamten Arbeitsablauf. Da Click und Futter das Ende eines Trainingsdurchgangs bedeuten kann, ist es ratsam, auch den vollständigen Ablauf in der richtigen Reihenfolge zu trainieren. So manch ein Clickerpferd reißt sonst nach dem Click seinen Huf vom Bock.

## Kooperationssignale

Auch in der Hufbearbeitung können Sie sehr elegant mit einem Kooperationssignal arbeiten, damit Ihr Pferd ein klares, gut wahrnehmbares Signal an Sie und den Behandler senden kann, wie es sich in der aktuellen Situation fühlt. Durch die Möglichkeit zur aktiven Mitsprache bekommt Ihr Pferd mehr Vertrauen in die Situation. Vor allem, wenn es in seiner Geschichte oft die Erfahrung von Ohnmacht und Zwang machen musste oder körperlich eingeschränkt ist, empfiehlt sich das Training mit Kooperationssignal. Was Kooperationssignale sind, wie sie aussehen können und wie sie trainiert werden, lesen Sie im Kapitel »Kooperationssignale« auf Seite 84.

Wer dabei seinen Huf auf dem Bock lässt, wird es auch bei der Bearbeitung eher tun.



## Ablenkungen und Generalisierung

Da auch die Hufbearbeitung nicht im luftleeren Raum stattfindet, ist es sinnvoll und ratsam, verschiedenste Ablenkungen zu trainieren. Machen Sie Ihr Pferd mit verschiedenen Außenreizen im Zusammenhang mit dem erwünschten Verhalten vertraut. Manchmal wird der Huftermin zu einem Event im Reitstall, es kommen viele Leute zusammen, schauen zu und unterhalten sich. Das ist natürlich eine ganz andere Situation als ein Training alleine.

Anders ist auch die Bekleidung der hufbearbeitenden Zunft: Handschuhe und ein nach anderen Pferden riechender Lederschutz an den Beinen können in Ihrem Pferd unschöne Assoziationen und das entsprechende Abwehrverhalten auslösen. Planen Sie auch das in Ihre Hufbearbeitungsvorbereitung mit ein.

Eine wichtige Voraussetzung für das Training von Ablenkungen ist, dass Sie Ihr Zielverhalten bereits mit den nötigen Manipulationen und einer gewissen Dauer trainiert haben.

Es gibt sehr viele Pferde, die beim Anblick eines Mannes mit Schmiedeschürze schon den Rückwärtsgang einlegen. Nun können Sie sich in einem solchen Fall eine weibliche Fachkraft für die Hufe Ihres Pferds holen oder aber über eine sorgfältige Generalisierung (s. S. 254) dafür sorgen, dass es sich auch von einem Mann brav die Hufe bearbeiten lässt.

## Es wird Ernst – der Hufschmied kommt

*Achtung! Erhalten Sie bereits aufgebautes Vertrauen!*

Insbesondere für den Fall, dass Sie mit dem Huftraining nicht »fertig« geworden sein sollten, aber auch, um bereits aufgebautes Vertrauen nicht durch unglückliche Umstände wieder zu verlieren, empfiehlt es sich, bei einem Huftermin darauf zu achten, den Kontext im Vergleich zum Training deutlich zu verändern. Es kann vielleicht doch passieren, dass Ihr Pferd etwas Unangenehmes erleben wird: Es wird am Halfter geruckt, entgegen der Absprache das Bein festgehalten oder Ihr Pferd bekommt aus alter Gewohnheit beim Zappeln den Messergriff in den Bauch gepikt. Ziel der Kontextveränderung ist es, einen Unterschied von »Hier bin ich absolut sicher.« zu »Es kann doch einmal etwas doof werden.« zu machen.

Nutzen Sie alles, was möglich ist, um es Ihrem Pferd möglichst leicht zu machen. Dabei können Leckschale oder Dauerfüttern wertvolle Hilfen sein, wenn Sie im Training noch nicht »so weit sind«. Wichtig dabei ist, dass Ihr Pferd immer dann an der Leckschale lutschen darf, wenn es sich ruhig die Hufe manipulieren lässt. Wenn Ihr Pferd sein Bein wegzieht, verschwindet die Leckschale sofort. Schließlich wollen Sie nicht das Wegziehen belohnen.

Die Leckschale kann die Behandlung einfacher gestalten.

Ein Beispiel, welches überzeugt: Hufbearbeitung ist Trainingssache!



Sprechen Sie im Vorfeld mit Ihrem Hufbearbeiter und erklären Sie ihm, was Sie mit Ihrem Pferd schon trainiert haben. Stellen Sie sicher, dass Ihr Hufbearbeiter bereits etablierte Abläufe beim Aufnehmen des Hufs und vor allem auch beim Absetzen beherzigt. Die Bearbeitung wird dann besser, schneller und vor allem sicherer ablaufen.

Insbesondere ist es wichtig, dass Ihr Hufbearbeiter das Bein loslässt, wenn Ihr Pferd unruhig wird. Das fällt konventionell arbeitenden Pferdemenschen in aller Regel sehr schwer, weil sie genau das Gegenteil gelernt haben und erst recht festhalten, wenn das Pferd wegzieht.

Erklären Sie Ihrem Hufbearbeiter den großen Unterschied in der Herangehensweise bei der positiven Verstärkung. Sie würden sonst alle drei gemeinsam in eine unschöne Falle tappen: Ihr Pferd zieht, der Schmied hält gegen, es hält dann still und wird von Ihnen für das Stillhalten geclickt und gefüttert. Leider ist dadurch in der Belohnungshistorie das Ziehen als lohnenswert abgespeichert.

Betonen Sie, wie wichtig Ihnen das Training ohne Druck ist. Ihr Pferd wird besser und schneller kooperieren, wenn Ihr Hufbearbeiter Sie in Ihrem Training unterstützt, statt das Training unbeabsichtigt zu torpedieren.

9

# WURMKUR UND ORALE MEDIKAMENTENGABE

## Ein wichtiger Standard: Medizin ins Maul

Um Ihrem Pferd Medikamente einzugeben, gibt es mehrere Möglichkeiten. Den größten Anteil hieran hat der Weg über das Maul. Dies eignet sich in aller Regel für Sie als Pferdebesitzer selbst. Es wird dann von oraler Medikamentengabe gesprochen. Wandern Arzneimittel ins gegenüberliegende Ende des Pferdes heißt es rektal, und das Spritzen unter die Haut (s. S. 120) wird subkutan genannt. Die Atemwege (s. S. 213) oder die Augen (s. S. 211) sind weitere Eintrittspforten für gesundheitsfördernde Arzneien.

Je nach Naturell Ihres Pferdes kann die orale Medikamentengabe sehr geschmeidig und flott ablaufen. Den meisten Pferden hingegen leuchtet es spontan nicht ein, seltsam bis eklig schmeckende Pasten, Säfte oder Tabletten ins Maul zu nehmen und hinunterzuschlucken. Denn ursprünglich hat Mutter Natur die Geschmacks- und Geruchsnerven erfunden, um zu verhindern, dass man schädliche Nahrungsmittel aufnimmt.

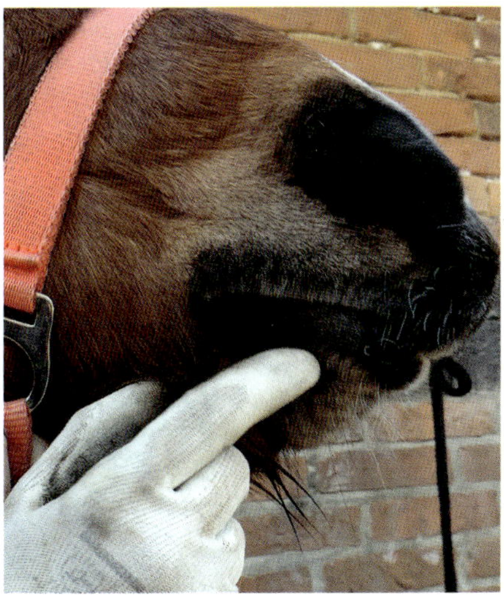

Ein deutliches »Nein« zum Griff ans Maul.

Nichtsdestotrotz kann es lebensnotwendig sein, dass Ihr Pferd sich bereitwillig Medikamente ins Maul geben lässt, ganz gleich, wie sie schmecken oder riechen. Auch sollte es das eingegebene Medikament nicht wieder teilweise ausspucken, denn damit ein Arzneimittel wie gewünscht wirken kann, muss im Blut ein bestimmter Wirkspiegel des Medikamentes erreicht werden.

Man spricht dabei auch vom sogenannten »therapeutischen Fenster«: Bei Blutspiegeln unterhalb des Wirkbereichs ist die Dosis zu gering, um den gewünschten Effekt zu erzielen. Oberhalb des Bereichs ist die Dosis zu hoch und die Nebenwirkungen können zu stark werden.

Wehrt sich das Pferd gegen die Medikamentengabe, besteht die Gefahr, dass die verordnete Menge nicht vollständig im Pferdemaul landet und in der Folge zu wenig Wirkstoff im Blut ankommt. Das heißt, der Organismus wird mit dem Wirkstoff belastet, ohne dass der therapeutische Nutzen erreicht wird. Im schlechtesten Falle führt dies z.B. bei Antibiotika dazu, dass Resistenzen gebildet werden, weil nicht alle Erreger abgetötet werden. Künftige Antibiotikagaben zeigen dann eine deutlich verminderte oder auch gar keine Wirkung mehr.

Umso wichtiger ist es, dass Ihr Pferd lernt, sich ruhig und entspannt Medikamente in sein Maul geben zu lassen – und das nicht nur vom Tierarzt. Die Durchführung einer Therapie wird in aller Regel vom Tierhalter selbst übernommen und damit auch die Verantwortung dafür, dass die verordneten Medikamente in der vorgeschriebenen Dosierung und Häufigkeit verabreicht werden.

Ist Ihr Pferd im Vorfeld sorgfältig darauf vorbereitet worden, haben Sie im Ernstfall eine ganz große Sorge weniger.

## Welche Darreichungsformen gibt es?

Grundsätzlich gibt es eine Reihe verschiedener oraler Arzneimittel-Formen: Tabletten, Kapseln, Globuli, Pulver, Tropfen, Säfte, Pasten und Suspensionen.

Am häufigsten werden für Pferde Pulver, Säfte oder Pasten verschrieben, oder, im homöopathischen Bereich, Globuli oder Tropfen. Neben Medikamenten werden Pferden auch wichtige Mikronährstoffe, wie beispielsweise Vitamine, Mineralien, Spurenelemente oder Aminosäuren, oral verabreicht.

### Beispiele für Wirkstoffe

- *Wurmkuren*
- *Schmerzmittel / Entzündungshemmer*
- *Immunsuppressiva (Cortison)*
- *Antibiotika*
- *Sedierungspasten*
- *Hustenmittel*
- *Mikronährstoffe*

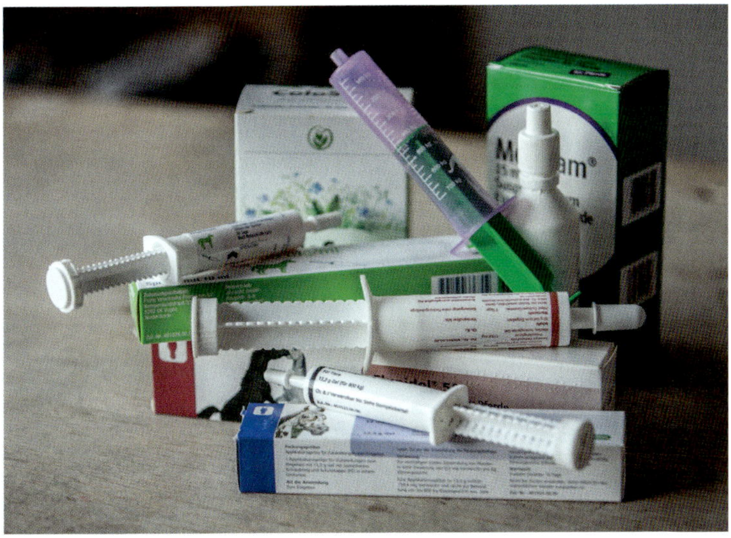

Diese bunte Vielfalt soll entspannt in den Pferdekörper gelangen.



Mit dem normalen Futter vermengt oder einfach nur darüber gestreut, verabreichen Sie Ihrem Pferd das erforderliche Medikament am bequemsten. Viele orale Arzneimittel oder Nahrungsergänzungsmittel können so ganz einfach und elegant in Ihr Pferd wandern – solange es die Zusätze nicht aus dem Futter aussortiert. Manche lassen auch wegen des Pulvers, das man so liebevoll untergerührt hat, die ganze Schüssel angewidert stehen.

Häufig kommt es zusätzlich vor, dass kranke Pferde nur noch schlecht oder auch gar nicht mehr fressen und nichts vom Angebotenen anrühren. Schmerzen beim Kauen führen ebenfalls dazu, dass Medikamente nicht mit dem Futter gegeben werden können und stattdessen direkt oral zum sofortigen Abschlucken eingegeben werden müssen.

Diesem gestellten Foto ging viel entsprechend positiv trainiertes Training voraus. Wir möchten damit plakativ auf die Kreativität des Menschen bei Zwangsmaßnahmen hinweisen.

Dann gibt es auch noch Arzneistoffe, die ihre Wirkung einbüßen, wenn sie im Nahrungsbrei untertauchen. Diese Tabletten, Kapseln, Tropfen, Säfte oder Pasten müssen auch pur verabreicht werden.

Im Prinzip ist das Spritzen eines beliebigen Medikaments ins Maul auch kein Hexenwerk. Es ist einfach, kann von jedem Pferdemenschen selbst durchgeführt werden und stellt sicher, dass die erforderliche Menge im Pferdekörper landet. Oder etwa nicht?!

Was tun, wenn sich Ihr Pferd uneinsichtig zeigt? Zwangsfütterung wie bei der Stopfleber? Ganz sicher nicht – zumal es ernsthaft gefährlich werden kann, wenn ein Pferd mit Gewalt gezwungen wird, etwas gegen seinen Willen zu tun oder auszuhalten. Um Ihrem Pferd zu erklären, bei Bedarf und in einem bestimmten Kontext auch weniger Schmackhaftes freiwillig hinunterzuschlucken, gibt es zum Glück Medical Training. Das Beispiel der Wurmkurgabe steht stellvertretend für alle weiteren oralen Verabreichungen.



## Eingabe Wurmkur

Das am regelmäßigsten verabreichte Mittel beim Pferd ist die Wurmkur. Mit viel Sorgfalt haben Sie die für das Pferd notwendige Dosierung ausgerechnet. Wie bei jeder anderen Medikamentengabe auch, ist ein extrem wichtiger Punkt, dass die gesamte Menge Wurmpaste im Pferdemaul landet und auch heruntergeschluckt wird. Manch einem Pferd ist die Prozedur aber so unangenehm, dass es den Kopf wegzieht und herumzappelt. Es hat höchstwahrscheinlich in der Vergangenheit die Erfahrung gemacht, dass es zum einen Zeit gewinnt bis zu dem ekligen Moment, zum anderen die Pastenmenge geringer wird – da sie am Kinn oder auf dem Boden landet – oder es im besten Fall »ganz ohne« davonkommt.

Durch massive Zungenaktivität gelingt es vielen Pferden auch, einen Großteil der Paste, die schon ihren Weg ins Maul gefunden hat, wieder auszuspucken. Das ist nicht nur schade ums schöne Geld, sondern auch aus gesundheitlichen Gründen wenig hilfreich, weil die Dosierung dann nicht mehr stimmt.

## Paradebeispiel Maulspritze

Einem Pferd eine Maulspritze zu geben, sieht aus der Ferne betrachtet recht trivial aus. Nimmt man eine handelsübliche Plastikspritze in die Hand und drückt den Kolben herunter – ganz gleich ob mit oder ohne flüssigen Inhalt – stellt man jedoch rasch fest, wie groß die Herstellungstoleranzen bei Einwegartikeln sind. Tatsächlich lassen sich die wenigsten Spritzen geschmeidig und gleichmäßig über den ganzen Weg des Spritzenkolbens herunterdrücken. Häufig »ruckelt« es unterwegs, und spätestens auf den letzten fünf Millimetern rauscht der Kolben schlagartig bis zum Anschlag durch, wenn man nicht darauf vorbereitet ist und ein entsprechendes Fingerspitzengefühl entwickelt hat.

Spritzbeutel und wieder befüllbare Futtertuben sind eine Alternative zu Spritzen.



Sie können sich vorstellen, was für ein unangenehmes Gefühl es für Ihr Pferd ist, wenn die letzten Milliliter im Maul geradezu explodieren. Machen Sie mit einer Spritze ein paar Trockenübungen vor Trainingsbeginn und gewinnen so Sicherheit bei der Handhabung. Sie können sich und Ihrem Pferd das Medical Training dadurch sehr erleichtern.

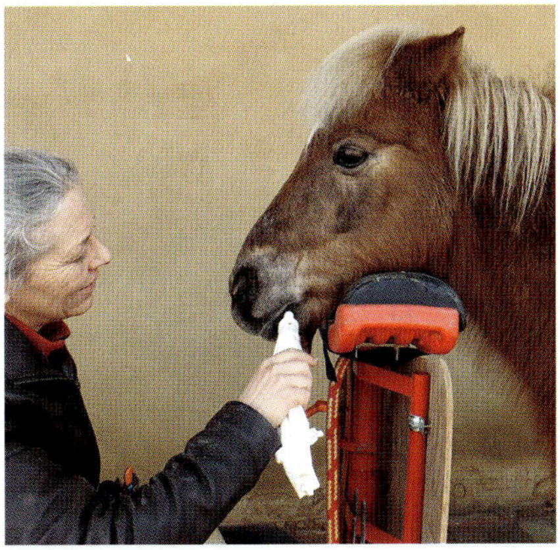

Das erste Mal gekochte Haferflocken aus der Spitztülle.

Wenn Sie nun das sanfte Herunterdrücken des Kolbens gut im Griff haben, können Sie sich der Aufgabe stellen, Ihrem Pferd druck- und angstfrei zu erklären, den ungeliebten Gegenstand bereitwillig ins Maul zu nehmen und freudig lächelnd hinunterzuschlucken was auch immer aus der Spritze läuft. Denn das spart Zeit, Nerven und – je nach Kosten des Medikaments – auch einiges an Geld.

## Kooperationssignal

Bei allen Herausforderungen im Medical Training, die mit realem Ungemach verbunden sind, kann sich Ihr Pferd noch besser und sicherer fühlen, wenn Sie beim Verabreichen der Wurmkur ein Kooperationssignal einsetzen (s. S. 84). Damit kann Ihnen Ihr Pferd deutlich und gut sichtbar mitteilen, wie passend der vorherige Trainingsschritt war und ob es bereit für den nächsten Durchgang ist.

Kommt das Pferd nicht auf den Kooperator zurück, war der Trainingsschritt zu groß.

Das Anfassen der Lippen und des Mauls ist DIE Voraussetzung, die Sie bei der AU, dem Zahn- und Wurmkurtraining brauchen.

## Voraussetzungen

Wie immer brauchen Sie ein absolutes Stillhalten Ihres Pferdes. Wenn alle vier Hufe auf dem Boden sind und Kopf und Hals gerade gehalten werden, haben Sie beide es einfacher mit der Vorbereitung auf die wurmtötende Paste. Hierfür und für die Annäherung ans Pferdemaul trainieren Sie sorgfältig die Schritte der Allgemeinen Untersuchung (s. S. 106). Ihr Pferd lernt dabei, dass ein Halftergriff, die sich seinem Maul annähernde Hand und Finger an seinen Lippen lohnenswerte Gründe sind, sich keinen einzigen Zentimeter von der Stelle zu rühren.

Achten Sie immer gut auf die kleinsten Anzeichen von Stress (s. S. 34). Nehmen Sie sie rechtzeitig wahr, können Sie schneller reagieren und Ihren Trainingsschritt modifizieren. Bewegt sich der Kopf Ihres Pferdes nur wenige Millimeter von Ihnen weg und Sie arbeiten (dennoch) weiter, wird es mit dem Hochreißen des Kopfes außerhalb Ihrer Reichweite enden.

Sollte Ihr Pferd viel Abwehrverhalten zeigen, machen Sie sich zunutze, dass die Wurmkur normalerweise von links gegeben wird. Evaluieren Sie beide Seiten der Annäherung ans Pferdemaul und beobachten Sie dabei seine Reaktionen. Sie beginnen auf der Seite, auf der es Ihrem Pferd leichter fällt, stillzuhalten.

Je nach Pferd kann ein Griff an die Lippen oder auch nur die Berührung mit einem Finger an der Wange unterhalb des Jochbeins ein guter Startpunkt sein. Ihre erste Aufgabe ist es also herauszufinden, an welcher Stelle am Maul oder im Gesicht sich Ihr Pferd mit welcher Intensität berühren lässt. Und dabei in Gänze stillhält. Wandert sein Kopf auch nur einen Zentimeter weg, müssen Sie einen kleineren Trainingsschritt wählen.

Ein konkretes Beispiel: Lässt sich Ihr Pferd mit einem Finger am Maulwinkel berühren, beginnt aber zu zucken, sobald sich der Finger zwischen die Lippen schiebt, beginnen Sie das Training mit dem Finger am Maulwinkel. Wiederholen Sie jeden Trainingsschritt fünf Mal und clicken und füttern Sie jedes schöne Stillhalten dabei.

Eine sensible Zone: Der Maulwinkel.

### Beginn Wurmkurtraining mit dem Finger

- *Maulwinkel berühren*
- *Finger leicht am Maulwinkel hin und her bewegen*
- *etwas stärker am Maulwinkel bewegen*
- *minimal in den Maulwinkel schieben*
- *ein kleines Stück weiter in den Maulwinkel hinein*
- *ruhig zwischen den Lippen liegen lassen*
- *zwischen den Lippen bewegen*
- *Zunge berühren*
- *dabei ein bisschen bewegen und wieder hinausziehen*

## Manipulationen mit der Spritze

Haben Sie das Gefühl, dass Ihr Pferd und Sie noch nicht ganz sicher bei dem Prozedere mit dem Finger sind, machen Sie kleinere Trainingsschritte. Sie können dann auch erst einmal die Seite wechseln, bevor die Spritze zum Einsatz kommt. Festigen Sie das Gelernte und gehen Sie mit dem Fingertraining auf Nummer sicher.

Kann Ihr Pferd hierbei absolut stillhalten, wiederholen Sie die Trainingsschritte mit einer leeren Übungsspritze. Handelsübliche 20 ml Plastikspritzen eignen sich für diesen Zweck sehr gut. Verschlechtert sich an dieser Stelle das Verhalten des Pferdes, evaluieren Sie, ob es an der Spritze liegt, indem Sie z.B. einen Stab aus Holz mit entsprechendem Durchmesser verwenden. Ihr Pferd kann nämlich auch die Spritze per se negativ verknüpft haben. Mit passenden Zwischenschritten erleichtern Sie ihm die Kooperation sehr.

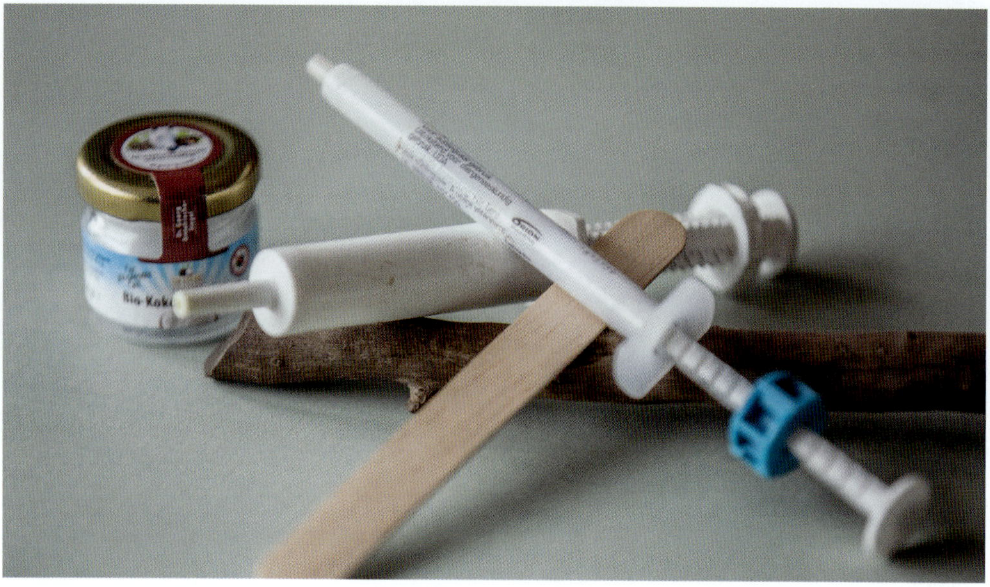

Seien Sie variabel und finden Sie gerade zu Beginn des Trainings ein Objekt, welches sich Ihr Pferd gerne zwischen die Lippen stecken lässt.

Um geschmeidiger mit der Spritze zwischen die Lippen Ihres Pferdes zu kommen, können Sie die Spritze auch mit etwas Speiseöl einfetten.

Mit einer Pipette aus Plastik lassen sich die kleinen Reize zu Beginn besser dosieren.

Wiederholen Sie die Trainingsschritte aus dem Kasten »Beginn Wurmkurtraining«, indem Sie sie gründlich mit der leeren Spritze anstatt Ihres Fingers durchführen.

## Luft im Maul

Lässt sich Ihr Pferd bereitwillig eine Spritze in den Maulwinkel schieben, wird es Zeit für den nächsten Schritt, dem Entleeren der Spritze. Dabei entstehen neue Reize im Pferdemaul wie Druck und Kälte, auf die Sie Ihr Pferd wieder in kleinen Schritten vorbereiten.

Der leichteste Reiz ist Luft. Der Kolben der Spritze wird hochgezogen, so dass sich die Spritze etwa zur Hälfte mit Luft füllt. Im ersten Trainingsschritt auf dieser Stufe wird der Kolben nur minimal gedrückt, so dass er sich gerade eben bewegt. Fürs Stillhalten während der Prozedur bekommt das Pferd Click und Belohnung. Klappt dieser Trainingsschritt in mindestens fünf aufeinanderfolgenden Durchgängen, legt der Kolben im nächsten Schritt einen etwas weiteren Weg zurück. Dabei ist es wichtig darauf zu achten, Ihr Pferd nicht zu überfordern. Dies erkennen Sie zum Beispiel daran, dass es vor dem nächsten Durchgang etwas zögerlich das Kooperationssignal gibt oder kurz den Kopf abwendet. In dem Falle sollte bei Ihnen ein rotes Warnlämpchen aufleuchten und der Trainingsschritt unter der Lupe überprüft und ggf. modifiziert werden. Nach diesem Prinzip wird weitertrainiert, bis der Kolben gefühlvoll und gleichmäßig über die ganze Länge heruntergedrückt werden kann.

## Geschmäcker sind verschieden

Theoretisch ist Ihr Pferd nach dem Finger-, Spritzen- und Lufttraining bereit für etwas Flüssiges in seinem Maul. Sie können neutral mit lauwarmem Wasser beginnen oder etwas Geschmackvolles nehmen. Für die Beurteilung von »lecker« ist aber Ihr Pferd zuständig. Fragen Sie es, indem Sie den – vielleicht in Ihren Augen – leckeren Möhrensaft in einen Eimer gießen und ihm anbieten. Wird er aufgeschlabbert? Flehmt Ihr Pferd und wendet sich ab? Zu Beginn des Trainings mit fließfähigen Substanzen sollten diese noch kein Meideverhalten verursachen (s. S. 40).

Trainieren Sie nun die Gabe und das Abschlucken verschiedener Flüssigkeiten. Steigern Sie die Menge im Maul von ein paar Tropfen bis zu mehreren Millilitern. Doch Achtung! – Jeder neue Geschmack kann erst einmal Abwehrverhalten auslösen.

---

### Wurmkurtraining: Flüssigkeiten im Pferdemaul

- *lauwarmes Wasser*
- *kaltes Wasser*
- *Frucht-/Gemüsemus, verdünnt bis angedickt*
- *Säfte, verdünnt bis angedickt*
- *mit Bittertropfen versetztes Wasser*
- *verschiedene Teesorten in unterschiedlichen Verdünnungen*
- *Salzlösungen bis zu 3 Prozent*
- *aufgeschlämmte Heilerde*
- *gekochter Leinsamen*
- *Haferflocken-Brei*
- *Mehl-Salz-Brei*

---

Warum sind Sie gut beraten, gezielt auch schlecht schmeckende Spritzenfüllungen zu trainieren? Ganz einfach: Es ist gemein, immer nur mit leckeren Substanzen zu arbeiten, vor allem, wenn Ihr Pferd schon schlechte Erfahrungen gemacht hat. Ihr Pferd baut über das Training langsam wieder Vertrauen auf, freut sich vielleicht auch schon auf seinen Trainingsbrei. Und dann eines Tages: Plötzlich stattdessen eklig fieser Geschmack im Maul! Wie entspannt wären Sie selbst, wenn so mit Ihnen verfahren werden würde? Es ist ehrlicher und fairer, Ihrem Pferd beizubringen, auch üble Geschmäcker aus einer Maulspritze hinunterzuschlucken.

Medical Training dient schließlich der Vorbereitung auf das Verabreichen von schlecht schmeckenden Arzneimitteln. Aus naheliegenden Gründen können Sie nicht mit echten Arzneimitteln trainieren. Stattdessen üben Sie mit Ihrem Pferd, grundsätzlich auch eklige Mittel aus der Spritze zu akzeptieren. Das heißt nicht, dass Ihr Pferd üble Geschmäcker nach dem Training toll findet. Es hat einfach nur gelernt, diese Prozedur entspannt mitzumachen. Das wird umso eher geschehen, je hochwertiger Ihr Belohnungsfutter dabei ist.

Um durch eine (chronische) Erkrankung (mit häufiger Medikamentengabe) oder die obligatorische Wurmkur nicht in die trainerische Insolvenz (s. S. 25) zu geraten, gibt es einfache Abhilfe: Sie wiederholen das Training regelmäßig auch mit gut schmeckenden Spritzenfüllungen

Wird toleriert: Apfelmus mit Spritze.

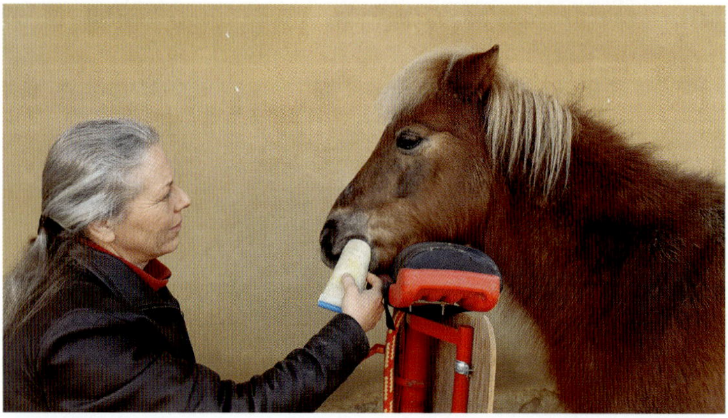

Schon skeptischer: Haferbrei mit Futtertube.

und belohnen Ihr Pferd für freiwillige Mitarbeit großzügig. So erhalten Sie Vertrauen und bekommen die vertrauensvolle Kooperation, die das Miteinander schöner macht.

**Mit unserem Wurmkur-Trainingsplan kann die Notwendigkeit zu einem Erfolgsspiel werden.**



## Zwischenschritte

*Pony Amadeus zeigte so starkes Misstrauen, dass es nach den ersten zwei Millilitern Wasser, die mit der Spritze ins Maul gedrückt wurden, den Trainingsplatz verließ und ihn auch am nächsten Tag nicht wieder betreten wollte.*
*An eine Annäherung mit der Spritze war nicht zu denken, er kam noch nicht einmal auf die Idee, Kooperationsverhalten zu zeigen.*
*Mit ihm haben wir sage und schreibe dreißig unterschiedliche Gegenstände trainiert, die ins Maul geschoben und bewegt wurden.*
*Erst ab dem fünfundzwanzigsten hat er beim Erstkontakt mit dem neuen Objekt nicht mehr gezuckt und war bereit für das weitere Flüssigkeitstraining.*

**Norweger Charly flüchtete beim Anblick einer Spritze. Jetzt bleibt er frei stehen und lässt sich Flüssigkeit ins Maul spritzen.**

Wenn ein Pferd so im Training guckt, sollte man schnell sein Verhalten modifizieren.

# 10

# NOTFÄLLE, SCHMERZEN UND VERBÄNDE

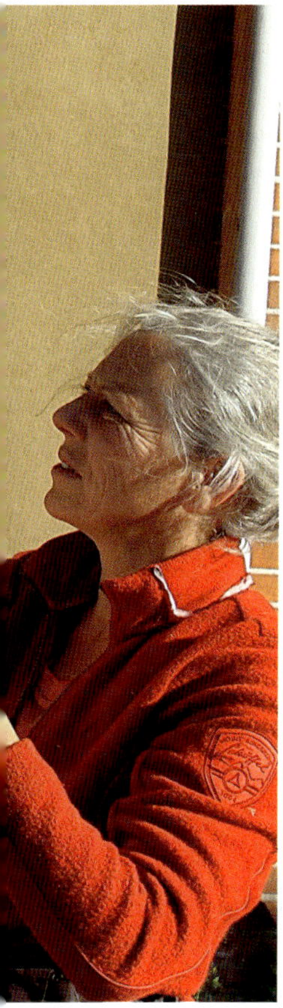

Wie oft geschieht – rein statistisch gesehen – ein Notfall im Pferdeleben? Wir haben keine Zahlen hierüber, aber eines ist sicher, Statistik hin oder her: Es könnte leider schon morgen der Fall sein! Wenn Sie jahrelang Ihren Tierarzt nur zum Impfen und für die Abgabe der Wurmkur brauchten, können Sie sich glücklich über den guten Gesundheitszustand Ihres Pferdes schätzen. Dennoch kann es immer zum Ernstfall kommen. In diesem kann genau dieser gute Gesundheitszustand dann aber problematisch werden, weil alles an Eingriffen fremd und neu ist und Ihr Pferd noch nicht gelernt hat, auch hierbei entspannt zu bleiben. Deswegen sollte Jungpferdeausbildung nach dem Aufhalftern und Führen die Allgemeine Untersuchung (AU) und die breite Palette des Medical Trainings beinhalten. Hat ein fast rohes Pferd einen Notfall, muss es selbstverständlich umgehend optimal versorgt werden. Weniger optimal sind dann die Erfahrungen, die dieses Pferd mit Menschen abspeichert. Ein Pferd versteht nicht, was dabei passiert und dass es u. U. lebensnotwendig ist, diese Prozedur auszuführen. Gegen ein dabei entstehendes Trauma anzutrainieren ist ungleich aufwändiger, als eine solide Basis im Vorfeld zu erschaffen. Das »Drüberfüttern« mit hochfrequenter Futtergabe bei nicht aufzuschiebenden Maßnahmen kann die Behandlung positiv besetzen, andersherum aber können auch das Futter und das Füttern durch die unangenehme Situation »vergiftet« werden: Ihr Pferd wird dann das Futter mit diesem unerfreulichen Erlebnis verknüpfen. Die Alternative wäre daher: Verändern Sie den Kontext, wenn Sie wissen, dass es unangenehm wird. Sofern es Ihrem Pferd noch möglich ist, gehen Sie an einen anderen Ort, ziehen Sie sich etwas anderes an und Ihrem Pferd ein anderes Halfter auf als üblicherweise.

## Grundsätzliches

Ein Notfall ist ein Notfall! Medical Training ist je nach Situation nur eingeschränkt bzw. gar nicht möglich. Halten Sie sich unbedingt an die Anweisungen und Vorgaben des Tierarztes, für ihn kommt ein Notfall nicht das erste Mal vor. Er hat in dem Moment die Verantwortung für die Sicherheit aller Beteiligten, weiß was zu tun ist und agiert am effektivsten mit seinen gewohnten Maßnahmen.

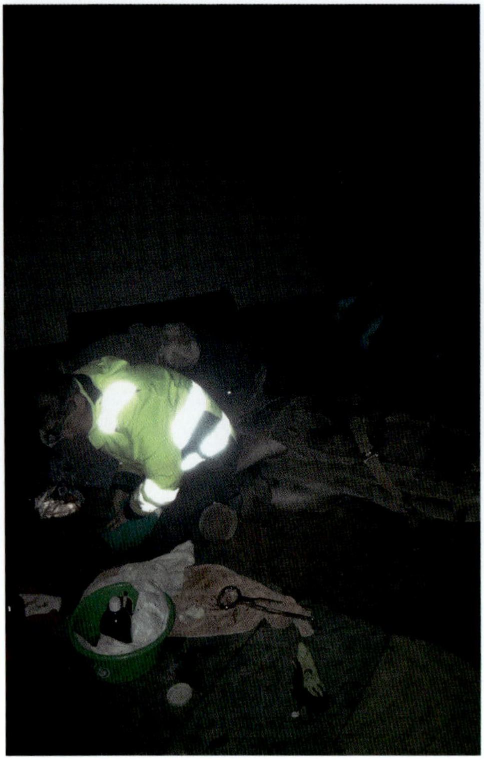

Notfälle richten sich nicht nach Tageszeiten, trainieren Sie ab und zu auch mal im Dunkeln.

Jeder hofft, dass dieser Kelch an einem vorübergehen möge.

Die eigene emotionale Betroffenheit hintenan zu stellen, kann für Sie eine gewaltige Herausforderung sein, ist aber eine sehr vernünftige Lösung. Unter Stress ist man schlechter empfänglich für Informationen. Um die Nerven zu behalten, haben sich die Rescue-Tropfen aus der Bachblüten-Therapie bewährt.

## Im Notfall:

- *Ruhe bewahren!*
- *Lieber sedieren als Gesundheit riskieren!*
- *Anweisungen des Tierarztes genau befolgen!*
- *Rescue-Tropfen für Mensch und Pferd*
- *bei notwenigen Zwangsmaßnahmen: Kontextveränderung, um Vertrauen nicht zu verspielen*
- *Visualisierung eines positiven Ausgangs*

# Klassische Notfälle

## Kolik

Ein Grausen für alle, die ihr Pferd bei einer schweren Kolik sehen: Es verweigert Futter, flehmt, scharrt mit den Hufen, schaut zum Bauch, wälzt sich, schwitzt, tritt mit den Hinterbeinen nach dem Bauch etc. ... Je schlimmer die Symptomatik, desto schlimmer ist es für das Pferd. Um herauszufinden, wie ernst es um Ihr Pferd steht, wird eine Allgemeine Untersuchung (s. S. 106) durchgeführt. Die rektale Untersuchung ist ein Muss und wird aus Sicherheitsgründen bei unwilligen Pferden mit einer Nasenbremse gemacht. Hat Ihr Pferd schon ausgiebige gute Erfahrungen beim Training des Fieberthermometers (s. S. 118) gemacht, kann sie eventuell auch ohne Nasenbremse durchgeführt werden. Doch Vorsicht! Schmerzen lassen jedes Lebewesen mitunter anders reagieren als gewohnt und trainiert.

Schieben Sie den Schlauch bei einem Pony dieser Größe maximal 10 cm in die Nüster und drücken ihn dabei immer in Richtung Nasenboden.

Das Schieben der Nasenschlundsonde ist Ermessenssache des Tierarztes und hängt vom Zustand Ihres Pferdes ab. Das krampflösende und schmerzstillende Medikament kann oral verabreicht werden, meist wird es jedoch in die Vene gespritzt. Bei einer Kolik dürfen Sie selbstverständlich nichts zur Belohnung des Stechens füttern. Sie können sich glücklich schätzen, wenn Sie mit Ihrem Pferd bereits Spritzentraining (s. S. 120) absolviert und damit ein solides »Guthaben-Polster« für Stillhalten geschaffen haben.

## Hochgradige Lahmheit

Lahmheiten werden von Grad eins bis fünf unterschieden. Der höchste Grad besagt, dass Ihr Pferd sein Bein nicht mehr auf dem Boden absetzen möchte. Grad eins bemerken Sie als Besitzer selbst womöglich gar nicht, spätestens ab Grad drei sollten Sie den Tierarzt rufen. Nach der AU will der Tierarzt herausfinden, wo genau der Schmerz sitzt, sodass das Bein nicht mehr belastet wird. Die Beine werden im Seitenvergleich abgetastet (s. S. 67), der Huf des lahmen Beins wird mit Hufmesser und Zange untersucht. Sedieren ist bei einer Lahmheitsuntersuchung kritisch zu sehen, da es zur Folge hat, dass das verletzte Bein mehr belastet wird, als es unter vollem Schmerzempfinden geschehen würde. Dadurch können z.B. bei einer Fissur Brüche entstehen.

Ein in aller Ruhe angelegter Hufverband wird länger halten.

Hat Ihr Tierarzt ein mobiles Röntgengerät, kann die Diagnostik der Knochen sofort stattfinden (s. S. 228).

In der anschließend ggf. verordneten Boxenruhe sind Verbandwechsel oder Medikamentengaben nur dann eine willkommene Abwechslung für Ihr Pferd, wenn sie durch Medical Training positiv verknüpft werden.

## Hufabszess

Eine plötzlich auftretende, hochgradige Lahmheit, die teilweise mit Fieber einhergeht, ist häufig ein Hufabszess. Umgangssprachlich wird er auch als Hufgeschwür bezeichnet. Der Organismus Ihres Pferdes versucht, defektes Gewebe, Giftstoffe oder die Abbauprodukte einer Entzündung abzutransportieren und auszuscheiden. Die Ursachen hierfür sind vielfältig: Dies können u. a. Bakterien, Medikamente, Stoffwechselentgleisungen oder eine mangelhafte Hufbearbeitung sein.

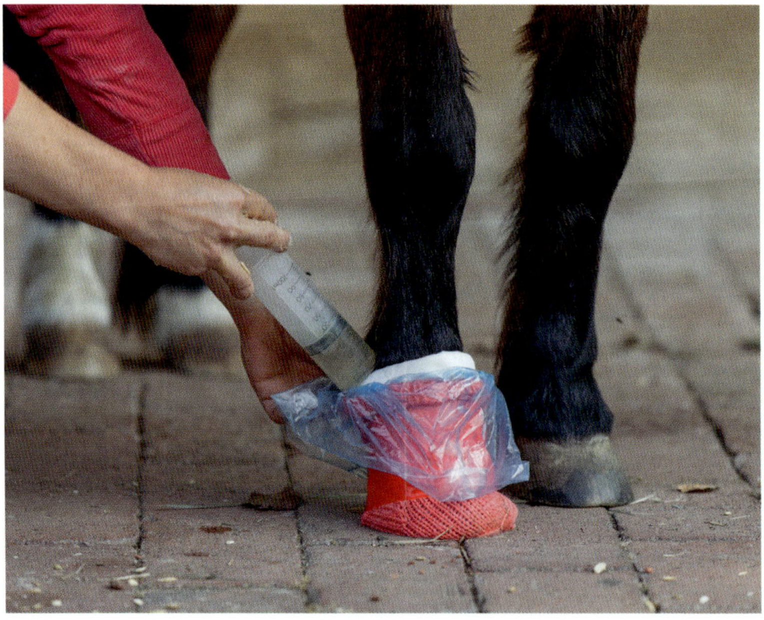

Wenn das Wasser eingefüllt wird, kann es ohne Training zum Hochreißen des Hufs kommen.

Zur Diagnose wird nach Pulsation an der Fessel getastet und mit der Hufzange sorgfältig der ganze Huf abgedrückt, um den Eiterherd lokalisieren zu können. Dann macht Ihr Tierarzt einen Kanalisierungsversuch mit dem Hufmesser, um den Abszess zu öffnen und dem Eiter den kürzesten Weg nach draußen zu ermöglichen. Das nimmt Druck vom Gewebe und reduziert die Schmerzen.

In jedem Fall ist ein Hufverband mit Anguss oder – im späteren Verlauf – als trockener Schutzverband Therapie der Wahl. Mehrere Termine mit dem Tierarzt oder Hufbearbeiter können nachfolgend nötig sein. Alle zwei Tage sollte der Verband gewechselt werden.

## Angussverband

Wird der Angussverband nur mit Wasser gemacht, dient er dazu, das Hufhorn weich zu halten und das weitere Abfließen des Eiters zu ermöglichen. Desinfizierend kommt je nach Befund, Rivanol oder Kernseife hinzu. Trainieren Sie im Vorfeld eine für Ihr Pferd etwas ungemütlichere Variante, bei der es das Bein wirklich lange hochhalten muss, dann wird es die komfortablere Variante eines Profis immer gut verkraften. Beim reinen Schutzverband lassen Sie einfach das Wasser weg.

Da bekannterweise oft das echte Leben dazwischenkommt, kann es sein, dass Ihr Pferd einen Angussverband braucht, bevor Sie im Training alle Einzelschritte hintereinander weg zusammengefügt haben. Wenn es nicht über die gesamte Prozedur für einen Click stehen bleiben kann, führen Sie stattdessen nur einzelne Handlungen aus und belohnen diese.

Bei Geräuschempfindlichkeit trainieren Sie das »Ritsch« zuerst stehend neben Ihrem Pferd.

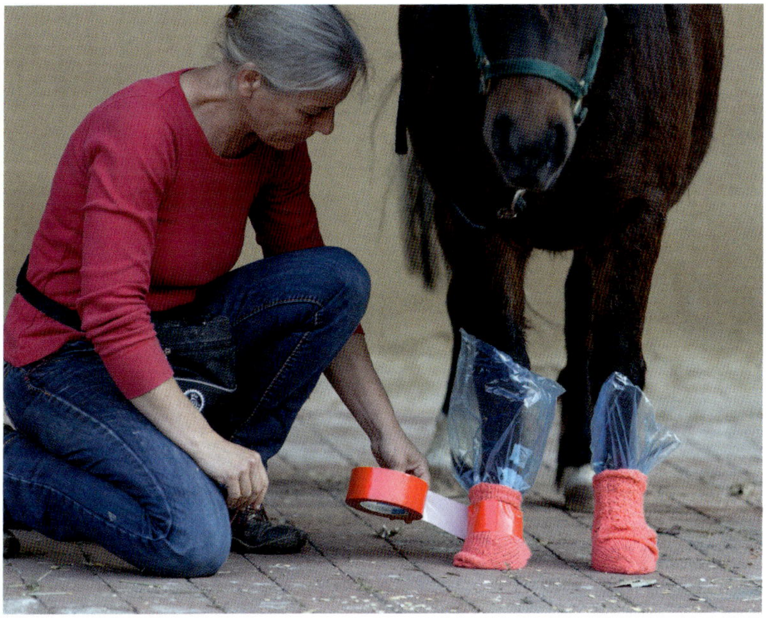

Clicken Sie immer wieder zwischendrin für das Ruhighalten des Beines. Ein Helfer kann das Füttern übernehmen, damit Sie nicht nach jedem Click wieder aufstehen müssen. Noch komfortabler ist es mit einem zweiten Helfer, der den Huf hochhält. Sie werden mit dem Handling von Pferdebein und Verbandmaterial schon genug gefordert sein.

Wickeln Sie den getränkten Mullwatteverband um den Huf herum, so dass der Ballen knapp bedeckt ist, und schlagen Sie ihn von unten hoch, damit unter dem Huf eine platte gerade Fläche entsteht. Der häufigste Fehler ist, die Mullwatte zu weit oben anzulegen und dadurch zu wenig Fläche zum Umklappen nach oben zu haben. Die Mullwatte sollte oberhalb des Tapes überstehen und sich nach außen umlegen lassen, sodass Sie später mit einer großen Spritze von allen Seiten Wasser nachfüllen können. Das Justieren des Materials ist natürlich einfacher, wenn das Pferdebein völlig unbeweglich ist. Legen Sie dann die Flexbandage in großen Achtertouren um den Huf herum. Sie können, im Gegensatz zur Bandage am Pferdebein, nichts zu fest anziehen.

Die nachfolgende Fixierung mit Tape kann für Ihr Pferd durch das plötzliche scharfe »Ritsch!« beim Abreißen des Tapes und das weitere Geknister beim Abwickeln erschreckend sein. Prüfen Sie erst einmal auf Distanz und nicht direkt unter dem Pferdebauch, wie es auf das Geräusch reagiert. Geben Sie ruhig ein paar Clicks für das Stillstehen währenddessen aus.



## Trainingsschritte Angussverband

- *Wassergefäß heranziehen*
- *Watte tränken (plätscherndes Wasser)*
- *Watte auswringen*
- *knistern mit der Verbandsverpackung*
- *Geräusch, wenn Klebeband/Tape von der Rolle abgezogen wird*
- *Huf anheben*
- *Huf mit nassem Lappen umwickeln*
- *Mullwatteverband herumwickeln*
- *Flexbandage anlegen*
- *reichlich mit Tape umwickeln*
- *Huf abstellen*
- *von vorne nochmal eine Spur Tape aufkleben*
- *Wasser mit Spritze einfüllen, bis es hinausläuft*

Ihr Pferd sollte Sie auch am abgestellten Huf arbeiten lassen. Vor allem gilt das, wenn Sie im hinteren Bereich mit einer großen Spritze Wasser nachfüllen, um dafür zu sorgen, dass innerhalb des Verbands alles schön feucht bleibt. Es ist völlig normal, dass Wasser unten aus dem Verband herausläuft. Wie Sie Ihr Pferd daran gewöhnen, ist ausführlich im Kapitel »Wasser« erklärt (s. S. 238).

Beim Abnehmen des Hufverbands brauchen Sie für das ruhige Stehen auf drei Beinen eine gewisse Dauer, die Ihr Pferd so aushalten kann. Es kann eine ganze Weile dauern, bis Sie mit dem Skalpell oder einem scharfen Messer vom Ballen aus alle Schichten des Verbandes durchtrennt haben und den Verband abziehen können.



## Verband am Bein anlegen

Es ist manchmal die Ankündigung von einem sehr fremden und komischen Körpergefühl, die Ihr Pferd zum Zappeln beim Anlegen eines Verbandes bringt. Vor allem wenn Sie Cool-Packs einbandagieren, kann es im ersten Moment zum Zucken des Pferdebeins kommen. Wie immer ist absolutes Stillhalten Ihr Kriterium für einen Click. In einer hockenden Position arbeitet es sich schneller und vor allem sicherer, wenn alle vier Hufe fest auf dem Boden verankert sind.

---

### Trainingsschritte Verband/Kühlbandage

- *vorbeugen*
- *Gamasche ans Bein annähern*
  - Zwischenschritte: Stück Stoff, Handtuch
- *Bein berühren*
  - von hinten, von vorne, von der Seite
  - Hand mit Stoff bewegen
  - Dauer bis 30 Sek.
- *Verband wickeln und fixieren*

---

Bei Verbänden, die ein Gelenk mehr oder weniger ruhigstellen bzw. in seiner Beweglichkeit deutlich einschränken, ist der kritische Moment nach dem Anlegen der des Losgehens. Dann realisiert Ihr Pferd, dass es seine Gelenke nicht so beugen kann, wie es gerne würde. Und erschrickt sich fürchterlich und möchte im schlimmsten Fall nie wieder etwas um seine Beine gewickelt bekommen.

Diese Wicklung kann in dem Moment des Losgehens zu Erschrecken führen.

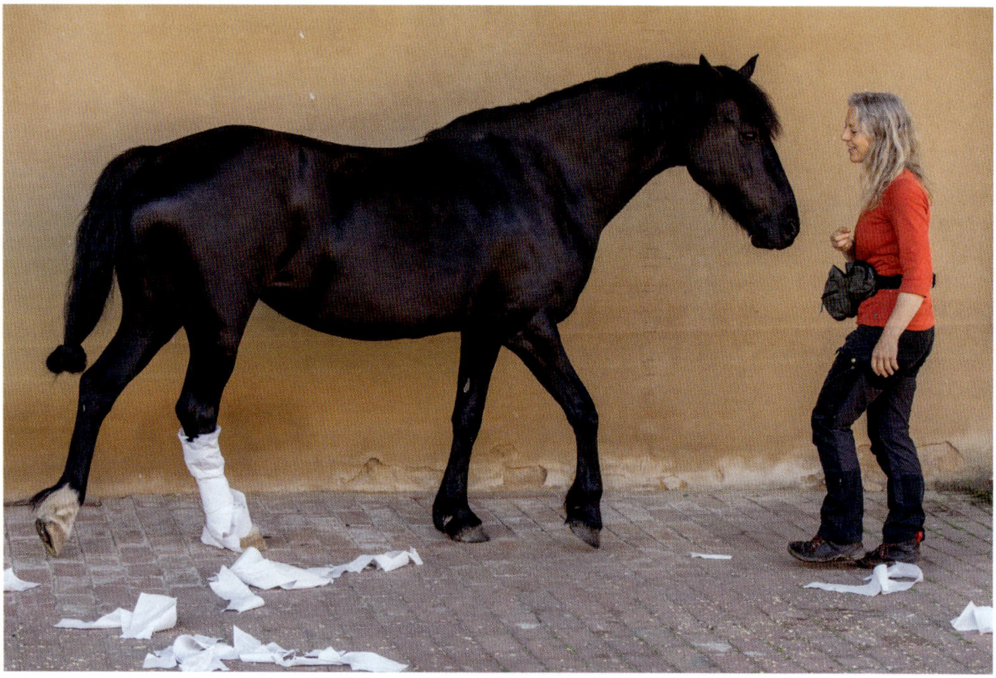

Bestärken Sie Ihr Pferd großzügig für das Erdulden des seltsamen Körpergefühls.

Sie können zuerst mit Toilettenpapier trainieren: Sollte Ihr Pferd doch eine heftige Bewegung machen, weil es sich z.B. erschrickt, windet sich nicht plötzlich eine Stoffschlange zwischen den Beinen Ihres Pferdes durch. Das Papier reißt einfach ab. Sie trainieren die Bewegungseinschränkung schonend und steigern sie langsam: Anfangs machen Sie nur ein bis zwei Wicklungen um das Karpalgelenk und clicken sofort beim allersten Schritt, zu dem Sie Ihr Pferd danach auffordern. So erreichen Sie eine positive Verknüpfung des Widerstands am Bein ohne das Risiko von massiven Abwehrbewegungen. Schicht um Schicht steigern Sie die Anforderungen bis hin zu vielen Wicklungen mit entspannten Schritten. Dann folgt das zweite Vorderbein und danach erst umwickeln Sie ein Hinterbein.



## Verbände

Ein regelmäßiger Verbandwechsel dient der Kontrolle des Heilungsprozesses und der Entfernung von Geweberesten, außerdem kann neu eine Heilsalbe oder Desinfektion aufgetragen werden. Ein Verband ist umso einfacher und fachgerechter anzulegen, je weniger Ihr Pferd sich dabei bewegt. Verbände erzeugen möglicherweise feuchte oder brennende Empfindungen, knisternde oder raschelnde Geräusche, sehen seltsam aus und erfordern längeres Stillhalten fürs Anlegen. Geübt werden muss daher an allen vier Beinen, Rumpf, Hals und Kopf.

Spielerisch können Sie das Ganze mit der »Klopapier-Challenge« angehen. Hierbei trainieren Sie das Stillstehen bei ungewöhnlicher Optik und taktilen Reizen. Die Anforderungen: Wickeln Sie mindestens je zehn Mal mit der Klopapierrolle um Kopf, Hals, Bauch und ein Bein. Ihr Pferd sollte dabei bewegungslos stillstehen – alle Hufe bleiben die gesamte Zeit auf dem Boden. Sie sollten dafür Ihr Pferd selbst füttern. Je weniger Clicks, desto besser. Extrapunkte können Sie sich notieren, wenn das Klopapier ohne Riss am Stück bleibt. Noch mehr gibt es für das Wieder-Aufrollen am Pferdekörper zwecks Müllvermeidung und Weiterverwendung.

Berühren Sie Ihr Pferd zuerst nur mit der Rolle und steigern Sie langsam die abgerollte Blattzahl so, dass Ihr Pferd sich gut Click und Futter für das Mitspielen bei dieser wunderbaren Vorbereitung für den Ernstfall verdienen kann.

Ist dieser nun schon eher eingetreten und Ihr Pferd noch nicht so weit, die ganze Prozedur für einen Click auszuhalten, sollten Sie beim Anlegen bzw. Wechseln von Verbänden immer einen Helfer haben, sonst landen schnell Futterreste in der Wunde. Legen Sie sich alle benötigten Utensilien zurecht.

Tiefkühlerbsen und Windeln sind schnelle Akuthilfe beim Reheschub.

Wenn es möglich ist, einem Huhn das Stillstehen beim Verbinden beizubringen, wird es mit dem entsprechenden Training auch bei einem Pferd funktionieren.

Öffnen Sie z.B. schon den Verschluss der Salbentube sowie die Verpackung von Bandage und Mull und platzieren Sie diese auf einem sauberen Tuch auf der Putzkiste.

## Trainingsschritte Verband

- *Kleberänder von Fell/gesundem Gewebe lösen*
- *Verband abwickeln/abziehen*
- *Wunde berühren*
- *Säubern*
- *Salbe o.Ä. auftragen*
- *Knistern mit der Verbandsverpackung*
- *Auflegen des Verbandmulls*
- *Geräusch, wenn Klebeband/Tape von der Rolle abgezogen wird*
- *Fixierung des Mulls*

# Wunden

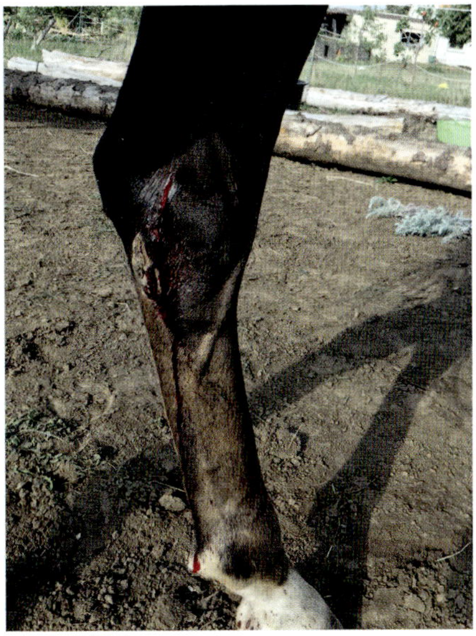

Eine denkbar ungünstige Zone für eine Wunde bzw. den Verband.

Man staunt manchmal, wobei und woran Pferde sich ihre Haut und das darunter liegende Gewebe schwer verletzen können. Besonders wenn Nähen oder Klammern erforderlich ist, sollte immer zeitnah gehandelt werden. Verletzungen bis auf den Knochen werden in der Klinik versorgt. Eine Sedierung (s. S. 120) ist oft unumgänglich bzw. Voraussetzung für eine handwerklich gute Behandlung am Pferd. Nach der AU wird die Wunde erst einmal gesäubert. Je nach verwendetem Mittel und Vorgehensweise wird es dort, wo es Ihrem Pferd ohnehin schon wehtut, zusätzlich noch kalt, nass, möglicherweise noch schmerzhafter, brennt und es riecht fremdartig. Da Wunden Bewegung nicht gut vertragen, werden sie meist genäht oder getackert. Wie Sie Schmerzreize trainieren, erfahren Sie auf Seite 204. Nach dem Anlegen des Verbandes bekommt Ihr Pferd eine Spritze mit Antibiotika.

Dann fährt der Tierarzt vom Hof und Sie müssen alle zwei Tage den Verband wechseln und die Wunde erneut reinigen. Je nach täglich verfügbarem Zeitbudget, Schwere der Wunde und Empfindlichkeit Ihres Pferdes kann es zeitlich sehr knapp werden, wenn Sie jetzt erst mit dem Medical Training beginnen. Dasselbe gilt für weitere Spritzen oder orale Medikamente für den Heilungsverlauf. Das Ziehen der Fäden oder Entfernen der Klammern nach ca. zehn bis zwölf Tagen ist eigentlich keine schmerzhafte Prozedur. Häufig sind jedoch die Nerven bei einem untrainierten Pferd und seinem Menschen durch die häufigen Verbandwechsel und die Schwierigkeiten dabei so blank, dass dabei ohne das entsprechende Training wieder der Einsatz einer Nasenbremse notwendig ist.

# Wundversorgung

Wundversorgung kann sehr schmerzhaft sein. Trainiert werden können im Vorfeld Schmerzreize mit einer Dauer von bis zu dreißig Sekunden oder mehr. Ihr Pferd lernt: »Es kann mal wehtun, das Stillhalten dabei lohnt sich aber extrem!«

Das Applizieren von zähflüssigen Mitteln wie Salben, Cremes oder Gel können Sie mit der Vorgehensweise wie beim Waschen auftrainieren (s. S. 245). Mit haushaltsüblichem Quark oder mit Heilerde lässt sich gut üben, eine klebrige Masse am Pferdekörper aufzutragen.

Üben Sie vor dem Notfall, dass sich Ihr Pferd auch am Kopf einschmieren lässt.

### Tipp:

*Hat Ihr Pferd akuten Bedarf an Wundversorgung und ist im Medical Training noch nicht so weit, dass die gesamte Prozedur für nur einen Click ablaufen kann, gehen Sie am besten mit einem Helfer sehr kleinschrittig an die Aufgabe heran. Fokussieren Sie dabei den aktuellen Trainingsschritt und nicht das Ziel. Sollte Ihr Pferd Sie gar nicht erst an die Wunde heranlassen, beginnen Sie mit Höflichkeitstraining (s. S. 44). Dieses schult die Impulskontrolle. Dann setzen Sie sanfte Reize in einer völlig unverfänglichen Zone (s. S. 67), steigern die Intensität und arbeiten sich schrittweise in den Bereich der zu versorgenden Wunde.*

## Schmerzreize

Die Wundtoilette, wie auch diverse Behandlungen an der Wunde, erzeugt Schmerzreize, denen Ihr Pferd sich verständlicherweise entziehen möchte. Die Vermeidung von Schmerz ist ein überlebensnotwendiger Schutzmechanismus. Wenn es schmerzt und unangenehm ist, dann reagiert ein gesunder normaler Körper mit Abwehr. Es sei denn, er hat gelernt, Schmerzen bis zu einem gewissen Maß zu akzeptieren. Wenn nun Injektion, Wundtoilette oder Krebssalbe notwendig sind, gilt es, das Vertrauen und die Kooperation Ihres Pferdes zu erhalten bzw. zu bekommen.

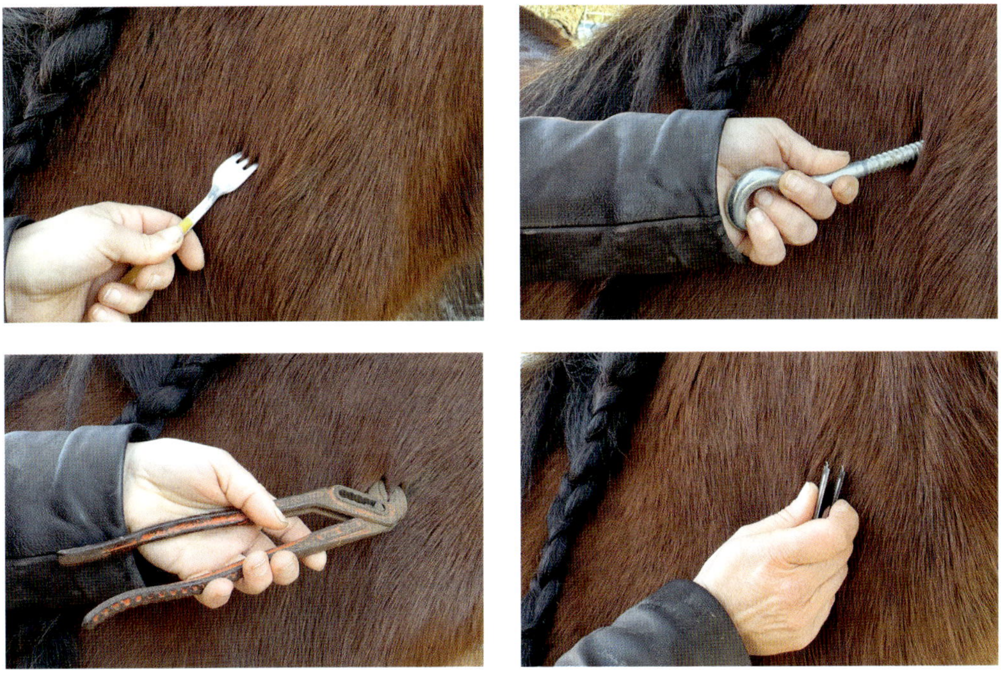

Auch wenn es auf den ersten Blick etwas gemein aussieht: Eine bessere Einstimmung auf den auszuhaltenden Schmerz bei einer Behandlung gibt es nicht.

Wie sieht Ihr Alltag mit Ihrem Pferd diesbezüglich aus? Wenn Ihr Pferd erst einmal gelernt hat, sich mit Hilfe unterschiedlichster Abwehrverhalten den möglicherweise unangenehmen Behandlungen erfolgreich zu entziehen und dadurch Erleichterung erfahren hat, wird es erfahrungsgemäß immer schwieriger und vor allem auch gefährlicher, die nötige Behandlung durchzuführen.

Sie können nicht wissen, wie schmerzhaft wirklich ein bestimmter Reiz von Ihrem Pferd empfunden wird. Wie genau die Trigger aussehen, die in Ihrem Pferd die Angst vor einem Schmerzgefühl auslösen, können Sie nur im kleinschrittigen Training entdecken. Sie beobachten sein Verhalten genau und setzen mit Medical Training genau dort an, wo es noch richtig gut mitmacht, um eine Verhaltensänderung zu bewirken. Je mehr differenzierte Schmerzreize Sie trainieren, umso größer ist die Wahrscheinlichkeit, dass Ihr Pferd vertrauensvoll gesundheitlich notwendige und schmerzvolle Behandlungen ertragen kann und weiterhin kooperativ mitarbeitet.

Steigern Sie die Reize immer im gut auszuhaltenden Bereich.

Sie können Ihr Pferd mit allen möglichen Gegenständen auf Schmerzen wie z.B. bei der Wundversorgung oder beim Spritzen vorbereiten.



**Es gilt nicht nur bei schlechten Vorerfahrungen:**

*Vielfältige Schmerzreize*

- in unterschiedlichen Zonen
- mit verschiedenen Intensitäten
- mit unterschiedlicher Dauer
- und vor allem mit guter Belohnung

*bringen den bestmöglichen Erfolg.*

## Vielfalt im Training

Verschiedene unangenehme Reize können Sie mit den Händen, aber auch mit diversen Gegenständen trainieren. Voraussetzung für Schmerzreiztraining ist, dass Ihr Pferd sich überall entspannt anfassen lässt. Erst dann steigern Sie die Reizintensität. Es bietet sich an, unterschiedliche Arten von Berührungen mit den Händen zu trainieren, bevor man Gegenstände nutzt. Alles ist geeignet, um Ihr Pferd auf das, was eines Tages kommen wird, vorzubereiten. Bei der Auswahl an Utensilien sind der Phantasie keine Grenzen gesetzt. Im Kapitel Spritzentraining (s. S. 120) finden Sie einen detaillierten »Fahrplan« zum strukturierten Reiztraining.

Wie immer im Medical Training beginnen Sie, wenn Ihr Pferd stillsteht, setzen einen einfachen Reiz in einer einfachen Zone, clicken und füttern das Stillhalten und machen von diesem ersten Trainingsschritt fünf fehlerfreie Durchgänge, bis Sie zum nächsten Schritt übergehen. Sollte es nicht funktionieren, wählen Sie einen passenden Zwischenschritt. Achten Sie stets auf Ihr Pferd und sein Stresslevel. Beobachten Sie genau!

### Reize mit den Händen

*Variationen: flache Hand, Finger, Fingernägel, Faust; Intensität und Dauer*

- *abstreichen*
- *klopfen*
- *drücken*
- *kneten*
- *zupfen an den Fellhaaren*
- *ziehen an den Fellhaaren*
- *zwicken*
- *kratzen*
- *reiben*
- *den Finger ranschnippen*
- *Hautfalte ziehen*
- *Hautfalte ziehen und drehen*



Wenn Sie mit Utensilien arbeiten, löst möglicherweise ein bestimmter Gegenstand Angst aus, weil dieser zu sehr an eine schlechte Erfahrung mit einem ähnlich aussehenden Gegenstand erinnert. Vielleicht ist es auch Ihre Körperhaltung, wenn Sie sich einer bestimmten Zone annähern, die Ihr Pferd dazu bewegt, genau bei dieser Zone Abwehrverhalten zu zeigen, obwohl der Reiz vermeintlich leichter war als der davor. Vielleicht war auch der Reiz mit seiner Stärke und Dauer eine zu große Anforderung.

## Schlundverstopfung

Ihr Pferd hat hierbei in der Regel Panik, frisst nicht mehr, die Halshaltung ist verkrampft, ggf. würgt es und aus Maul und Nase kommt, in der Speiseröhre angestautes, Futter oder Schleim. Kurz vor dem Eingang in die Brust ist ein Engpass, der Schlund, der leicht verstopfen kann. Wenn Sie mit Reiben auf der linken Halsseite keine sofortige Verbesserung erreichen können, muss schleunigst der Tierarzt auf den Hof kommen.

Krampflöser, Schmerzmittel und ggf. Sedierung werden i.m. oder i.v. injiziert (s. S. 120). Die Nasenschlundsonde soll durch das Wasser die Verstopfung lösen. Nach diesem ernsten Notfall muss vor allem die Schleimhaut im Hals gut heilen. Vernarbungen in der Speiseröhre können diese enger machen. Das bedeutet, dass Sie auch Ihr Clickerfutter erst einmal nur in Breiform verabreichen können.

# Auge

Kneift Ihr Pferd sein Auge zu, ist das Augenlid geschwollen, besteht dauerhafter Tränenfluss, ist Ihr Pferd lichtscheu oder Sie sehen sogar eine Verletzung am Auge, sollten Sie Ihren Tierarzt rufen. Nach der AU schaut er sich das Auge mit dem Ophthalmoskop an. Eine weitere diagnostische Maßnahme am Auge: Fluorescein wird hineingetröpfelt, um Beschädigungen oder Verletzungen der Hornhaut festzustellen. Wie bei der Zahnbehandlung ist es ein großer Vorteil, wenn Sie Ihr Pferd schon mit einer Stirnlampe auf das anschließende Anleuchten nach den Tropfen vorbereitet haben.

Weiterhin wird das Auge gespült und Augensalbe appliziert. Diese werden Sie für einen guten Heilungsprozess dann mehrmals täglich auftragen. In ernsten Fällen muss ein Augenkatheter gelegt werden, sollten Sie die heilende Substanz nicht ins Auge bekommen. Ihr Pferd muss vielleicht sogar eine Maske tragen (s. S. 71) oder in eine dunkle Box gestellt werden.

Wie Sie im Vorfeld Ihr Pferd auf die Manipulationen am sensiblen Sehorgan vorbereiten, lesen Sie auf S. 211.

Für die Diagnostik am Auge ist Stillhalten unerlässlich.

## Atemnot

Die sogenannte »respiratorische Krise« erkennen Sie am deutlichen »Ziehen und Pumpen« mit Brustkorb und Bauchmuskulatur. Eine in Ruhe doppelt bis dreifach erhöhte Atemfrequenz, geblähte Nüstern und betonte Bauchatmung verlangen schnell den Tierarzt. Intravenöse Injektionen (s. S. 120) oder Inhalationen (s. S. 213) folgen auf die AU. Beides ist ohne das entsprechende Vortraining unnötiger Stress für den angeschlagenen Organismus. Die weitere Behandlung sieht mindestens einmal täglich Inhalationen und ggf. weitere Spritzen vor. Mobile oder fest installierte Solekammern können den angeschlagenen Atemwegen langfristig helfen.

## Fieber

Es liegt auf der Hand, dass Sie bei Fieber die Temperatur Ihres Pferdes möglichst entspannt und sicher messen können sollten. Bei über 39 Grad spricht man von Fieber. Deutliche Anzeichen sind Apathie, Bewegungsunlust und ein nicht fressendes Pferd. Um diese Anzeichen von einer Kolik abzugrenzen und die richtige Behandlung wählen zu können, braucht Ihr Tierarzt die diagnostischen Komponenten der AU. Für die Behandlung bekommt Ihr Pferd Injektionen. Sollte ein Venenkatheter nötig sein, wird geschoren und desinfiziert, um die Infusionen legen zu können. Ihr Pferd muss dann dreißig Minuten Stehzeit ertragen sowie die Infusionsbeutel, die neben ihm aufgehängt werden. Im weiteren Verlauf bekommt Ihr Pferd meist orale Medikamente verabreicht (s. S. 180).

Ein Muss: Entspanntes Fiebermessen.

---

### Vorbereitung für den Notfall:

- *Allgemeine Untersuchung*
- *inkl. Temperatur messen*
- *Spritzentraining*
- *Schmerzreize aushalten*
- *Verbände*

---

Besuchen Sie einen Erste-Hilfe-Lehrgang für Pferde. Über das Wissen im Medical Training hinaus wird es Ihnen helfen, in Notfällen angemessen, besonnen und kompetent reagieren zu können.

11

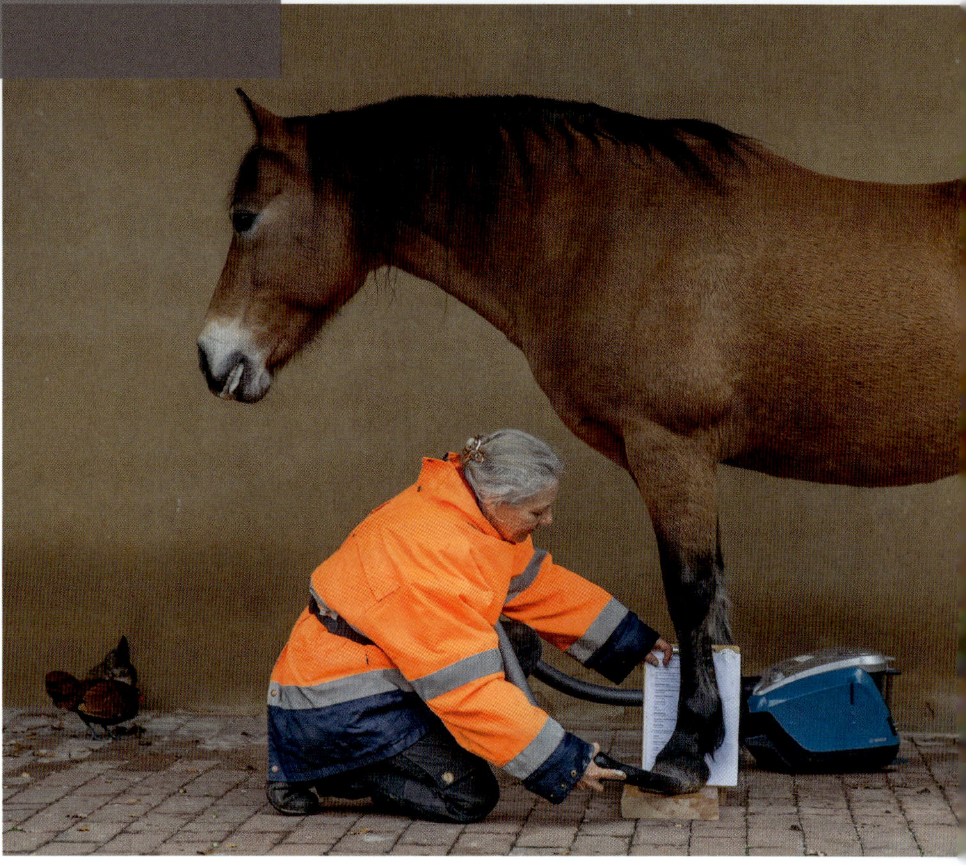

# MEDICAL TRAINING-SPEKTRUM

# Augen

Als Fluchttiere sind die Augen für Pferde ein äußerst wichtiges Wahrnehmungsorgan. Viele Pferde reagieren hier empfindlich auf Berührungen bzw. sogar schon auf Berührungsversuche.

Bereits das Anfassen in der Augenregion vertragen sie häufig schlecht, ganz zu schweigen von der Gabe von Augentropfen oder -salben. Abwehrreaktionen sind hier an der Tagesordnung. Das reicht vom Wegdrehen des Kopfes bis zum entschiedenen Rückzug aus der Situation. Erschwerend kommt hinzu, dass Augenentzündungen oder -verletzungen sehr schmerzhaft sein können und dies die Abwehrreaktionen verstärkt. Häufig geht Lichtempfindlichkeit damit einher, so dass es Ihrem Pferd doppelt schwerfällt, sich die Augenlider auseinanderziehen zu lassen, um beispielsweise Medikamente ins Auge zu erhalten.

Eine tierfreundliche Alternative zu Festbinden, Nasenbremse oder Sedieren – ja, all das findet sich im Augen-Behandlungsalltag – ist es, dem Pferd über Medical Training zu erklären, stillzuhalten, während es beispielsweise Tropfen in sein Auge bekommt.

In der Vorbereitung ist es wichtig, dass Ihr Pferd lernt, verschiedene Reize am geöffneten Auge zu tolerieren, selbst wenn dies schmerzhaft sein sollte. Trainieren Sie mit Ihrem Pferd vor allem eines: Stillhalten, Stillhalten und absolutes Stillhalten, denn Augen sind höchst empfindliche Organe. Wenn Ihr Pferd während der Untersuchung oder der Therapie zappelt, besteht zusätzlich zu der bereits bestehenden Problematik die Gefahr einer Verletzung des Auges.

Womit könnte Ihr Pferd rund um sein Auge konfrontiert werden? In einer Augenuntersuchung kommen Geräte zum Einsatz, wie ein binokulares Spaltlampenmikroskop für die oberflächliche Begutachtung und ein Ophthalmoskop, um die Linse, den Glaskörper und den Augenhintergrund zu untersuchen. In beiden Fällen wird Ihrem Pferd ein fremdartiges Objekt dicht vors Auge gehalten und ins Auge hineingeleuchtet, damit der Tierarzt überhaupt etwas erkennen kann.

Kooperation beim Verabreichen der Augentropfen kann das Augenlicht retten.

Muss der Augeninnendruck gemessen werden, kommt ein so genanntes Tonometer zum Einsatz, bei dem mit einem kurzen, starken Luftstrahl die Flexibilität des Augapfels gemessen wird. Ferner werden Sonografie und Fluoreszein-Test eingesetzt. Bei letzterem wird Ihrem Pferd eine Testflüssigkeit ins Auge geträufelt und das Auge anschließend mit einer Speziallampe auf Schädigungen untersucht.

Friedas erste Reaktion auf das Anleuchten.

Nach ein paar Clicks sieht es schon besser aus.

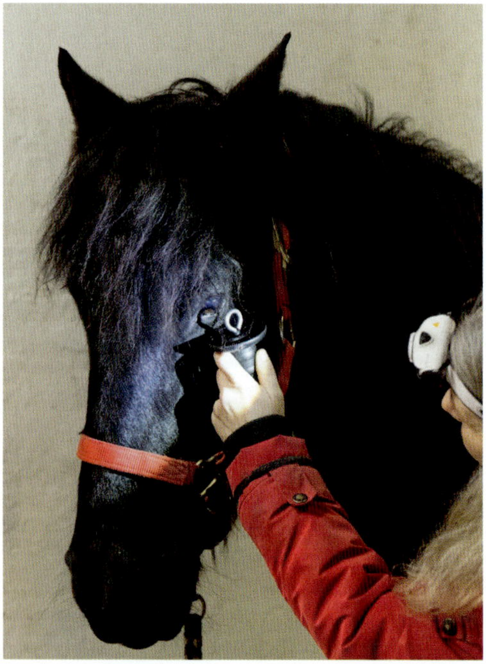

## Wie können Sie Ihr Pferd darauf vorbereiten?

Üben Sie mit Ihrem Pferd, dass es sich rund ums Auge berühren und ins Auge leuchten lässt und gruselige Gegenstände in unmittelbarer Nähe zum Auge ertragen kann. Außerdem, dass Sie die Augenlider auseinanderschieben können, Flüssigkeiten hineingeträufelt werden und, vor allem, dass auch fremde Menschen all diese Dinge tun.

---

### Trainingsschritte Augenbehandlung
### Absolutes Stillhalten bei:

- *Annäherung der Hand an das Auge*
- *Anfassen der Lider mit Daumen und Zeigefinger*
- *Öffnen des Auges mit Daumen und Zeigefinger (für Augentropfen genügt das Herabziehen des unteren Lids)*
- *mit der zweiten Hand einen Gegenstand an das Auge annähern (zum Beispiel das Tropffläschchen mit den Augentropfen oder aber einen beliebigen anderen Gegenstand)*
- *Gewöhnung an Wassertropfen im Gesicht*
- *körperwarme »Übungstropfen« in den Augenwinkel*
- *Übungstropfen in das untere Augenlid*

---

Als Übungstropfen können Sie isotonische Kochsalzlösung, Euphrasia oder Oculoheel Augentropfen verwenden. Als Salbe eignet sich Bepanthen Augensalbe.

Auch beim Augentraining ist der Steigerwald.T-Kooperator eine großartige Arbeitshilfe. Dabei legt Ihr Pferd seine Unterkieferäste auf einem Polster ab und signalisiert damit seine Bereitschaft mitzumachen, was auch immer mit ihm passiert. Verlässt das Pferd den Kooperator oder verändert minimal seine Lage darauf, fühlt es sich vom aktuellen Trainingsschritt überfordert. In diesem Fall fügen Sie einen Zwischenschritt in Ihren Trainingsplan ein. Detaillierte Informationen über den Kooperator finden Sie auf Seite 95.

## Inhalieren – wenn die Luft knapp wird

Wenn Ihr Pferd tief und rau hustet sowie zähen Nasenausfluss hat, wird Ihr Tierarzt in aller Regel zum Inhalieren raten. Das Sekret, das sich in der Luftröhre oder in den oberen Bronchien festgesetzt hat, wird dadurch gelöst. Nach dem Inhalieren kann Ihr Pferd den Schleim leichter abhusten.

Im Rahmen einer solchen Inhalationstherapie werden die vom Tierarzt verschriebenen Flüssigkeiten – das können verschiedenste Corticoide, Schleimlöser, Bronchienerweiterer, Krampflöser, homöopathische Mittel, Kräuterliquide oder reine Kochsalzlösungen sein – mit Hilfe eines Verneblers sehr fein zerstäubt. Die vernebelten Kleinpartikel werden vom Pferd eingeatmet und erreichen so die Atemwege. Über die Nüstern und die Luftröhre gelangt das vernebelte Inhalat in die Bronchien und im Idealfall bis tief in die Lunge.

Damit dieser Nebel die unteren Atemwege überhaupt erreichen kann, ist die Partikelgröße von ganz entscheidender Bedeutung. Eine Möglichkeit, einen so feinen Nebel zu erzeugen, sind Ultraschallschwingungen. Als Richtwert wird eine Partikelgröße von einem bis maximal fünf Mikrometer empfohlen.

Beim Inhalieren schieben Sie Ihrem Pferd eine Maske über die Nase und fixieren diese mit einem Band im Genick. Die Atemmaske umschließt den Pferdekopf bündig und wird durch einen Gummi- oder Silikonring abgedichtet. Rückschlagventile in der Maske sind für den Druckausgleich mit der Umwelt zuständig. Meist steht auch ein Frischluftventil zur Verfügung, um den Unterdruck abschwächen zu können, der beim Atmen in der Maske erzeugt wird. In der sogenannten Verneblerkammer des Inhalators wird die zu inhalierende Flüssigkeit in die kleinsten Partikel zerstäubt, von dort in die Maske geleitet und vom Pferd eingeatmet. Im Schnitt sollte das betroffene Pferd 20 Minuten täglich inhalieren, um eine spürbare Besserung zu erzielen.

Vielleicht kennen Sie das unangenehme Gefühl beim Inhalieren auch selbst. Wenn Sie zum Beispiel nach Großmutters Rezept mit einer, nach Kamille riechenden, dampfenden Schüssel und einem großen Handtuch über dem Kopf am Küchentisch gesessen haben, dann wissen Sie, wie anstrengend das Atmen unter diesen Bedingungen werden kann.

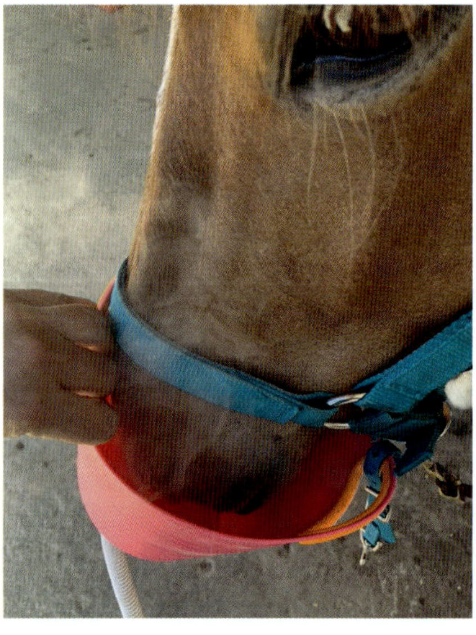

Erste Schritte mit eingeschaltetem, aber nicht fixiertem Inhalator.

Je nach Disposition können sogar Erstickungsgefühle aufkommen, die das Inhalieren zu einer Tortur werden lassen. Da ist es keine große Überraschung, dass sich viele Pferde zum Teil massiv gegen das Inhalieren wehren. Vor allem, wenn sie unvorbereitet in diese Situation gebracht werden. Die Empfehlung der Vernebler-Hersteller ist, das Pferd doppelseitig fest und sicher anzubinden, bevor ihm die Maske angezogen und der Inhalator eingeschaltet wird. Man kann sich leicht vorstellen, wie stark die gewünschte Wirkung einer Inhalation verfehlt wird, wenn Ihr Pferd von tiefer, ruhiger Atmung ins hektische und oberflächliche Atmen verfällt und das Inhalat kaum über den Kehlkopf hinauskommt.

Zur ersten Gewöhnung können Sie einen Eimer und einen Staubsaugerschlauch nehmen.



Abhilfe schafft eine gute Vorbereitung und ein durchdachter Trainingsplan, um Ihrem Pferd zu erklären, beim Inhalieren ruhig und entspannt zu stehen und tiefe Atemzüge zu nehmen. Sie können auf den Genickriemen verzichten, da das Training auf Freiwilligkeit beruht und Ihr Pferd jederzeit die Möglichkeit hat, das Inhalieren abzubrechen, wenn es sich überfordert fühlt. Stattdessen wird die Atemmaske in der Hand gehalten oder stationär befestigt, so dass Ihr Pferd seine Nase gut hineinstecken kann.

## Reize beim Inhalieren

Auch das Inhalationstraining besteht aus mehreren Komponenten. Das Gerät, auch als »Ultraschallvernebler« bezeichnet, erzeugt akustische Reize in Form eines Vibrierens, das auch für den Menschen gut wahrnehmbar ist. Pferdeohren hören Frequenzen bis zu 38 Kilohertz, also deutlich im Ultraschallbereich, der bei etwa 20 Kilohertz beginnt. Trainieren Sie also mit Ihrem Pferd zunächst das Geräusch, indem Sie den Vernebler neben dem Pferdkopf einschalten und das Stillhalten clicken und füttern.

Durch die eng anliegende Gesichtsmaske kommen taktile Reize hinzu, außerdem das Umklappen der voluminösen Gummidichtung beim Hineinstecken und Herausziehen des Kopfes, sowie das ungewohnte Gewicht an der Nase, falls die Maske wie ein Maulkorb getragen wird, oder aber die Fixierung des Kopfes bei stationärem Gebrauch.

Schließlich muss Ihr Pferd lernen, die Veränderung der Atemluft zu tolerieren. Die Luftfeuchtigkeit steigt erheblich an und es kommen, je nach verordneter Rezeptur, ungewohnte Gerüche hinzu. Zudem muss Ihr Pferd beim Einatmen den Nebel aktiv aus der Maske »saugen«.

Beim Ausatmen klappen die Einwegverschlüsse der Auslassventile um und setzen dem Luftstrom einen leichten Widerstand entgegen. Ein möglicher Gewöhnungsschritt kann durch den Einsatz von Trockeneis stattfinden: Nähern Sie langsam den Behälter mit dem aufsteigenden »Nebel« und bestärken Sie schönes Stillhalten beim Anblick der wabernden Schwaden. Verringern Sie langsam die Distanz zu Ihrem Pferd. Bedenken Sie aber, dass es sich um Kohlenstoffdioxid handelt und von Ihnen beiden nicht eingeatmet werden sollte.

Für den Behandlungserfolg ist eine nicht zu unterschätzende Dauer des Inhalierens wichtig. Da Sie Ihr Pferd während des Inhalierens nicht füttern können, sollten Sie den Aufbau der Dauer sorgfältig durchführen (s. S. 75). Keine große Überraschung also, dass das Inhalieren gut trainiert sein will.

## Trainingsschritte Inhalieren

| *Inhalieren* | *Gerät* | *Ventile* |
|---|---|---|
| *Gerät neben Pferdekopf anschalten* | *an* | |
| *ein bis fünf Sekunden Dauer* | *an* | |
| *Nase hineinstecken* | *aus* | *offen* |
| *möglicher Zwischenschritt: Fressbremse* | | |
| *ein bis fünf Sekunden Dauer* | *aus* | *offen* |
| *Nase hineinstecken* | *an* | *offen* |
| *ein bis fünf Sekunden Dauer* | *an* | *offen* |
| *Nase hineinstecken* | *an* | *3/4 offen* |
| *ein bis fünf Sekunden Dauer* | *an* | *3/4 offen* |
| *Nase hineinstecken* | *an* | *1/2 offen* |
| *ein bis fünf Sekunden Dauer* | *an* | *1/2 offen* |
| *Daueraufbau bis zum therapeutischen Ziel* | *an* | *1/2 offen* |

In aller Regel reicht es völlig aus, das Frischluftventil maximal zur Hälfte zu schließen. Manche Hersteller weisen ausdrücklich darauf hin, das Frischluftventil nicht vollständig zu schließen, damit das Pferd durch den entstehenden Unterdruck nicht in Panik gerät. Bitte konsultieren Sie Ihren Tierarzt und das Bedienerhandbuch Ihres Inhalators im Hinblick auf die Benutzung der Atemmaske.

Isistute Dísas Training vom Losreißen bis zum entspannten Stillstehen beim Inhalieren.



## Alternative zur Maske

Seit 2020 gibt es auf dem Markt einen Inhalator, der per Nüsternadapter ausschließlich in die linke Nüster des zu behandelnden Pferdes eingeführt wird und mit einem höchst effizienten Wirkstoff punktet. Das Handling wird in der mitgelieferten Broschüre per Text und Video ausführlich beschrieben. Jedoch kann auch diese Art des Inhalierens einen Pferdebesitzer vor fast unüberwindbare Hürden stellen, wenn er im Medical Training keine Erfahrung hat.

Nicht jedes Pferd weiß das Einführen eines großen blauen Plastikgerätes in die Nüster zu schätzen, selbst wenn empfohlen wird, während der Anwendung Leckerlis zu geben. Dies wäre theoretisch möglich, da das Maul des Pferdes während der Behandlung frei bleibt. Jede Kaubewegung kann aber dazu führen, dass der Adapter unangenehm an der Nasenwand schabt. Wie Sie schon wissen, ist Stillhalten oberste Tugend im Medical Training, weil so das geringste Risiko für missliebige Empfindungen besteht.

Der Sprühnebel, der durch ein lautes Knacken beim Betätigen des Auslösehebels entsteht, mag das ein oder andere unvorbereitete Pferd ebenfalls wenig begeistern. Eine Verweigerung der Kooperation bei der Behandlung wäre wegen des nicht erreichbaren Therapieerfolges und auch wegen der hohen Kosten des Geräts ärgerlich.

Trainieren Sie zuerst, dass sich Ihr Pferd einen Gegenstand in die Nüster schieben lässt.

Das über den Tierarzt erhältliche Gerät enthält Wirkstoff für zehn Tage Therapie. Sie müssen ein- bis zweimal täglich acht bis zwölf Sprühstöße in die Nüster Ihres Pferdes auslösen. Ein Atemindikator zeigt den richtigen Zeitpunkt, nämlich den zur Einatmung, an.

Elegant ist beim Einsatz dieses Geräts, dass Sie keine geschlossene Maske haben und eine deutlich kürzere Dauer trainieren müssen. Sie beginnen wie immer, wenn Ihr Pferd stillsteht.

### Trainingsschritte Equihaler

- *ein bis zwei Finger in die Nüster stecken*
- *so weit hinein wie möglich*
- *Gerät annähern*
- *Nüster berühren*
- *zentimeterweise einführen*
- *Knackgeräusch neben dem Kopf*
- *Knackgeräusch, wenn sich das Gerät in der Nase befindet*
- *Dauer aufbauen*

## Solekammer – Kurzurlaub am Meer

Als Erweiterung des Inhalierens kommt, besonders bei Pferden mit Ekzem, die Verwendung von Flüssigkeiten mit speziell dafür geeigneten Verneblungsgeräten in abgeschlossenen Räumen zum Einsatz. Dabei wird durch die Verneblung eines Salzaerosols ein Mikroklima wie am Meer hergestellt. Ihr Pferd atmet nicht nur die vernebelte Flüssigkeit ein, der feine Nebel legt sich auch auf Haut und Fell und soll beides zusätzlich pflegen.

### Trainingsschritte Solekammer

- *Betreten der entsprechenden Kammer*
- *ruhiges, entspanntes Stehen in der Kammer*
- *Engegefühl, falls die Kammer Begrenzungen beinhaltet*
- *Kammer, welche sich mit Nebel füllt*
- *alleine oder mit einem weiteren Pferd die Behandlungszeit darin verbleiben*

Improvisieren Sie enge Bereiche, die Ihr Pferd durch Training positiv verknüpft.



Mittlerweilen können auch zu Solekammern umgebaute Pferdeanhänger gemietet werden, in diesem Fall sollten Sie das Thema »Pferdeanhänger stressfrei betreten« im Vorfeld gründlich mit Ihrem Pferd trainieren.

## Scheren

Ob und wie großflächig ein Pferd geschoren werden sollte, darüber streiten sich die Geister. Tatsache ist jedoch, dass nur wenige Pferde das Geräusch und das Gefühl auf der Haut mit einer wohltuenden Mikromassage gleichsetzen. Die meisten versuchen eher, sich der Prozedur zu entziehen. In diesem Fall wird das Argument »Es ist schneller vorbei und angenehmer, wenn du stillhältst.« leider bei einigen Pferden nicht wirken. Manchen würde es schon helfen, an einem gut gefüllten Heunetz oder einer Leckschale zu stehen. Haben Sie einen Kandidaten, der nicht zu barocker Fülle neigt, bitten Sie einen Helfer sich mit einem gut gefüllten Futtereimer auf Höhe des Pferdekopfes zu positionieren.

Bei so viel Skepsis sollte man lieber frei arbeiten und sich langsam rantasten.

Ohne Kabel und mit ausgeschaltetem Gerät bleibt Amadeus stehen und lässt sich am Fell zupfen.

Wiederholen Sie das an vielen Zonen des Pferdekörpers und intensivieren dann das Zupfen.

Dadurch nimmt Ihr Pferd zwar einige Kalorien zusätzlich auf, es kann aber so manchem Tier dazu verhelfen, seine Hufe auf dem Boden stehen zu lassen. Doch was können Sie tun, wenn Ihr Pferd schon bei dem Geräusch der Schermaschine den Rückwärtsgang einlegt, um seine Haare für sich zu behalten? Ist der Reiz zu stark und die Angst zu groß, wird sich Ihr Pferd in dem Moment überhaupt nicht für Futter interessieren. Zudem können Schwierigkeiten auftreten, wenn Sie aufgrund von Mauke oder Milben bei einem Pferd mit Behang die Beine zur besseren Behandlung scheren möchten. Dann kann es zwar sein, dass es freudig das Futter nimmt, aber dennoch mit den Beinen zappelt.

Um das Scheren positiv aufzubauen, brauchen Sie – wie immer – einen Startpunkt, an dem Ihr Pferd noch ruhig und entspannt steht. Von dort aus nähern Sie sich in kleinen Trainingsschritten Ihrem Ziel. Auch wenn man es dem geschorenen Fell vielleicht ansieht: Es ist sinnvoller, nur eine Spur von zehn Zentimetern zu scheren, das Stillhalten zu clicken, zu füttern und anschließend fortzufahren. Besser, Ihr Pferd hat einmal eine nicht ganz so akkurate Frisur, als dass es zappelt und sich unwohl fühlt.

Nach jedem Click schalten Sie während des Fütterns das Gerät aus. So können Sie zusätzlich den Effekt der negativen Verstärkung nutzen: Das unangenehme Geräusch und Gefühl hört auf, wenn Ihr Pferd ein bestimmtes Verhalten zeigt.

Für das Scheren der Beine beginnen Sie aus Sicherheitsgründen immer am Vorderbein. Die erste Berührung mit dem Ende der Schermaschine findet an der Schulter statt. Anschließend arbeiten Sie sich in Zehn-Zentimeter-Schritten das Bein hinab.

Achten Sie beim Schertraining und bei der eigentlichen Prozedur unbedingt auf gut geschärfte Scherköpfe. Je stumpfer sie sind, desto mehr ziept es und desto eher verleiten Sie Ihr Pferd durch diese vermeidbaren Reize zu Ausweichbewegungen. Wählen Sie am besten ein Modell mit Akku, so entfällt der potenzielle Gruselfaktor »sich windende Schlange« durch das Kabel.



Pferde mit Spritzenphobie sind in der Region der Vene besonders skeptisch beim Scheren.

Füttern Sie Ihr Pferd ruhig während einer osteopathischen Behandlung.

## Manuelle Therapien

Häufig kommt im Zusammenhang mit Medical Training die Frage auf, ob man das Stillhalten beim Osteopathen oder Physiotherapeuten clicken sollte oder nicht. Sie können bei Ihrer Entscheidung hierzu folgende Gedankengänge einbeziehen: Mit gut aufgebautem Medical Training erreichen Sie, dass Ihr Pferd auch Schmerzen klaglos erträgt. Man sollte also z.B. nie ein Pferd mit Sattelzwang durch Clickertraining dazu bringen, sich entspannt satteln zu lassen, ohne vorher den Sattel gründlich auf seine Passform untersucht zu haben.

Es ist bei der Osteopathie bzw. Physiotherapie jedoch hochgradig sinnvoll, wenn Ihr Pferd sich bei Schmerzen durch entsprechendes Verhalten mitteilen kann. Die Ausdrucksform »Abwehr« kann aber je nach Pferd sehr unterschiedlich ausfallen. Im Idealfall weicht Ihr Pferd bei der therapeutischen Intervention ein wenig aus und bewegt dabei maximal einen Huf zur Seite. Das ist für Sie die Information, dass es für Ihr Pferd an der jeweiligen Stelle unangenehm ist. Sofort wird der Druck reduziert und sich sanfter in die betroffene Zone vorgearbeitet. So manches Pferd wurde aber in der Vergangenheit nicht gehört, wenn es dermaßen subtil sein Unwohlsein ausgedrückt hat. Wenn dieser Reiz sich jedoch bis zu einem echten Schmerz steigert, weil der Therapeut unbeirrt auf das schmerzende Gewebe einwirkt, verlässt das Pferd das Szenario. Bleibt ihm diese Möglichkeit verwehrt, ist die Folge leider oft Aggressionsverhalten. In diesem Fall gilt in der Behandlung, wie im Training: Sagt das Pferd zu oft nein, war der Trainingsschritt zu groß und somit die Manipulation zu stark.

Gehen wir jetzt von einem Therapeuten aus, der sein Handwerk versteht und die Botschaften Ihres Pferdes mit entsprechend vorsichtiger Annäherung an die schmerzhafte Zone quittiert. In einem solchen Fall ist es hilfreich, Ihr Pferd für das ruhige Stehenbleiben und Sich-anfassen-Lassen zu clicken und zu füttern. Warum? Weil die Behandlung bei einem ruhig stehenden Pferd das Gewebe besser erreicht, als wenn es immer wieder durch Bewegung in die Anspannung gerät. Da ich gelernte Human-Masseurin bin und einige Jahre Pferde behandelt habe, kann ich Ihnen sagen, dass das Gewebe zu einem »spricht«, wenn man es anfasst. Darüber hinaus teilen Pferde Ihre Sorgen und Bedürfnisse nicht nur über Weggehen oder Beißen mit. Sie nutzen ebenso ihre komplette Mimik, um zu zeigen, wie sie sich gerade fühlen (s. S. 34).

Trainieren Sie mit dem Clicker ruhiges Stehen beim Anfassen des ganzen Körpers (s. S. 67) sowie das Anheben der Beine (s. S. 160), auch durch eine fremde Person. Dadurch kann Ihr Pferd die Berührungen an sich schätzen lernen und wird sich in einer Behandlung auch fallen lassen können.

## Rektale Untersuchung/ Tupferprobe

Die ungefragten Eingriffe in den Intimbereich Ihres Pferdes werden aus Sicherheitsgründen verständlicherweise gerne mit einer Nasenbremse durchgeführt. Sie können aber z.B. eine Trächtigkeitsuntersuchung auch mit Hilfe einer Blutprobe machen lassen, da Spritzentraining (s. S. 120) ohnehin zum Standard des Medical Trainings gehört. Als Vorbereitung für die diagnostischen Maßnahmen im hinteren Bereich Ihres Pferdes sollten Sie mit ihm ausgiebig das Messen der Temperatur mit dem Thermometer üben. Eine regelmäßige intensive Reinigung des Scham- und Afterbereiches mit Wasser und Schwamm, bereitet Ihr Pferd ebenfalls gut auf die bevorstehende Aufgabe vor.

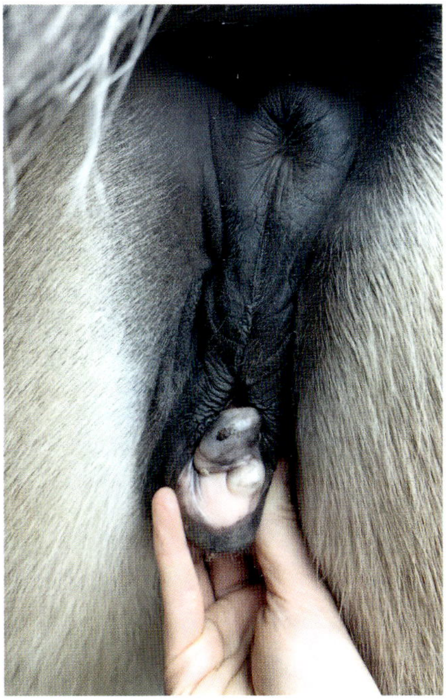

Ein Griff, den man nur bei einem absolut entspannten Pferd machen sollte.

Bitten Sie Ihren Tierarzt um ein schrittweises Vorgehen und Wiederholungen, die Sie clicken und füttern können. Hat er im Termin selbst nicht viel Zeit, empfiehlt sich Dauerfüttern.

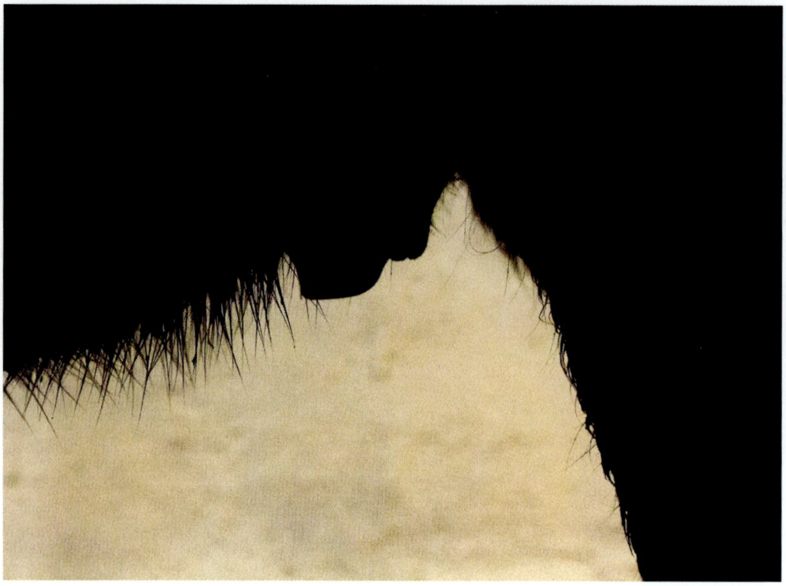

Liegt dort ein Problem verborgen oder nicht?

## Schlauch reinigen

Wenn Ihr Pferd eine Stute ist, können Sie dieses Kapitel einfach überspringen. Haben Sie jedoch einen Wallach oder einen Hengst, so kann das Thema Schlauchreinigung relevant sein. Pferde, die regelmäßig ausschachten, haben einen sauberen Schlauch. Bei jenen, die nur selten ausschachten, sammelt sich das sogenannte »Smegma« zwischen Vorhaut und Eichel sowie in der Reservefalte. Smegma ist eine wachsartige Mischung aus abgestorbenen Hautzellen, Drüsensekret der Talkdrüsen und Urin- oder, bei Hengsten, Spermaresten. Es sind hellgelbe bis schwarze, zum Teil borkenartige Krusten, die häufig unangenehm riechen. Das Bedürfnis, den Schlauch des Pferdes von dieser eher unappetitlichen Substanz zu befreien, ist also groß. Doch ist es wirklich notwendig und verbessert es die Gesundheit?

## Notwendigkeit der Schlauchreinigung

Das Smegma ist für viele Pferdebesitzer nicht nur optisch ein Problem, es galt bisher auch als optimaler Nährboden für Bakterien und damit als gesundheitsschädlich. Doch gerade regelmäßige Reinigungen sollen der Gesundheit nicht zuträglich sein, wie eine Studie aus den USA zeigt (Delaware Valley College, Pennsylvania: »Effectiveness of Cleaning and Bacterial Growth in the Equine Sheath«). Dort wurden in einer Versuchsreihe 19 Wallache in vier Gruppen aufgeteilt. Es gab eine Kontrollgruppe, die keinerlei Schlauchpflege erhielt, und drei Gruppen, bei denen regelmäßig, mit Abständen von drei Wochen, Intimwäsche betrieben wurde: Gruppe eins wurde mit Wasser gewaschen, Gruppe zwei mit einem speziellen Präparat für Schlauchpflege und Gruppe drei mit einem milden Babyshampoo. Vor und nach der Reinigung wurde jeweils ein Abstrich gemacht und im Labor analysiert.

Durch die Abstriche zeigte sich, dass die Proben nach einer Reinigung ein deutlich erhöhtes Bakterienwachstum zeigten, der Wert war bis zu 100-fach größer als vor der Schlauchwäsche. Dabei erzielte das spezielle Schlauchpflegepräparat erstaunlicherweise den höchsten Wert, klares Wasser den niedrigsten. Bei allen drei Gruppen konnte aufgrund der regelmäßigen Intimpflege auch insgesamt ein Anstieg der Bakterienbelastung festgestellt werden, sowohl vor der Reinigung als auch danach. Der Grund dafür ist, dass durch die Pflegemaßnahmen wichtige Proteine zerstört wurden, die das Bakterienwachstum am Schlauch von Natur aus hemmen.

Trotzdem können besonders starke Verunreinigungen Auslöser für Krankheiten sein. Wallache beispielsweise, bei denen sich durch fehlende Erektion vermehrt sehr viel Smegma am Schlauch befindet, haben ein zehnfach höheres Risiko an Peniskarzinom zu erkranken als Hengste. Bei älteren Wallachen und Hengsten kann es durch Hormonveränderungen auch zu Entzündungen und Schwellungen im Genitalbereich kommen. Überlegen Sie also, ob eine Schlauchreinigung bei Ihrem Pferd von Nöten sein könnte. Holen Sie sich bitte zunächst die Meinung Ihres Tierarztes dazu ein. Eine Situation, in der die Pferde im Beisein des Tierarztes häufig ausschachten, ist während einer Sedierung, beispielsweise bei der Zahnkontrolle. Sollten Sie sich nach Beratung mit Ihrem Tierarzt für die Reinigung des Schlauchs entscheiden, ist es wichtig, auf kurze Fingernägel zu achten, um den Schlauch Ihres Pferdes nicht aus Versehen zu verletzen. Außerdem sollten Sie Einmalhandschuhe tragen.

Das Anfassen des Schlauchs ist nicht nur für die Reinigung ein nötiger Handgriff. Auch für manche medizinische Untersuchungen und Behandlungen, beispielsweise die Kontrolle auf und die Entfernung von Smegmasteinen, ist es angenehmer für Ihr Pferd und Ihren Tierarzt, wenn das Anfassen des Schlauchs zuvor trainiert wurde.



## Vor dem Ausschachten

Um das Anfassen des Schlauchs zu trainieren, ist es hilfreich das Training nicht mit dem Trainieren des Ausschachtens, sondern schon ein paar Schritte davor, bei der Berührung der Schlauchtasche, zu beginnen. So belohnen Sie nicht aus Versehen das Wiedereinziehen des Schlauchs und Ihr Pferd ist – je nach Vorerfahrung – entspannter, da es nicht befürchten muss, direkt am Schlauch angefasst zu werden.

---

### Trainingsschritte Schlauchtasche anfassen

- *Pferd in ca. 20 cm Entfernung der Schlauchtasche anfassen*
- *Pferd in ca. 10 cm Entfernung der Schlauchtasche anfassen*
- *Pferd unmittelbar neben der Schlauchtasche anfassen*
- *beim Anfassen die Schlauchtasche berühren*

- *Schlauchtasche am Ansatz berühren*
- *Schlauchtasche anfassen*
- *Haut der Schlauchtasche zwischen Daumen und Finger nehmen*
- *leichten Druck zwischen den Fingern ausüben*
- *den Druck schrittweise erhöhen*
- *an der Haut der Schlauchtasche ziehen*

Ein Griff, den man nur bei einem absolut entspannten Pferd machen sollte.

## Ausschachten auf Signal

Lässt sich Ihr Pferd problemlos in der Nähe und an der Schlauchtasche anfassen und auch Druck ausüben, geht es darum, das Ausschachten zu trainieren. Dies ist eine Aufgabe, die etwas Geduld Ihrerseits erfordert. Beobachten Sie Ihr Pferd und probieren Sie verschiedene Möglichkeiten aus: Wann schachtet es im Alltag aus? Schachtet es beispielsweise auf einem weichen Untergrund nach dem Reiten zum Urinieren aus? Macht es das eventuell irgendwann im gemeinsamen Beisammensein, z.B. beim Clickertraining, beim TTouch, beim Putzen? Oder eventuell sogar beim Kraulen? Besonders häufig geschieht es beim Kraulen der hinteren Rückenpartie oder der Schweifrübe. Sie können auch versuchen, Ihr Pferd explizit in der Nähe der Schlauchtasche zu streicheln und zu kratzen und so ein Ausschachten zu provozieren. Je besser Sie das Ausschachten auslösen können, desto einfacher wird es, dieses auf ein Signal hin zu trainieren. Belohnen Sie zu Beginn jeden Ansatz zum Ausschachten. Sobald Sie zuverlässig sagen können, wann Ihr Pferd ausschachten wird, geben Sie unmittelbar davor ein Signal.

## Anfassen des Schlauchs

Noch während Sie das Ausschachten auf Signal trainieren, können Sie mit dem Training des Schlauchanfassens beginnen. Dafür beginnen Sie in einer Entfernung, in der Ihr Pferd den

Doch sobald der Säuberungsvorgang zu forsch angegangen wird, ist der Schlauch wieder weg.

Schlauch noch entspannt ausgeschachtet lässt. Die dafür passende Entfernung ist individuell und kann schon damit beginnen, dass Sie Ihr Pferd am Rücken anfassen, sofern Sie das Ausschachten nicht über Kraulbewegungen am Rücken ausgelöst haben. Wandern Sie dann Schritt für Schritt weiter in Richtung Schlauch und achten darauf, dass Ihr Pferd dabei den Schlauch nicht einzieht. Sollte Ihr Trainingsschritt zu groß gewesen sein und das Pferd schachtet ein, clicken Sie dieses Verhalten nicht, damit Sie kein unerwünschtes Verhalten bestärken.

## Trainingsschritte Schlauch anfassen

- *dem Pferd Ausschachten auf Signal beibringen*
- *Pferdekörper während des Ausschachtens anfassen*
- *Schlauchtasche am Ansatz berühren*
- *Schlauchtasche anfassen*
- *den Schlauch Stück für Stück weiter unten anfassen*
- *an unterschiedlichen Stellen leicht zupfen*
- *den Schlauch mit einem trockenen Tuch berühren*
- *den Schlauch mit einem leicht feuchten Tuch berühren*
- *den Schlauch mit einem nassen Tuch berühren*
- *mit einem nassen Tuch leicht hin und her streichen*
- *Druck schrittweise erhöhen, bis ein wirkliches Reiben stattfinden kann*
- *Dauer schrittweise aufbauen (s. S. 75)*

Sprechen Sie mit Ihrem Tierarzt, ob eine Schlauchreinigung wirklich nötig ist.



## Smegmasteine

Wallache und Hengste haben neben der Harnröhre drei (eine große und zwei kleinere) höhlenartige Ausbuchtungen. In diesen können sich Ablagerungen aus Smegma und Urin sammeln und sich zu harten Smegmasteinen verdichten. Diese drücken auf die Harnröhre und verursachen damit Schmerzen beim Urinieren. Bleibt der Vorgang zu lange unbemerkt, werden die Steine immer größer und der Urinabsatz des Pferdes kann beeinträchtig werden, bis hin zum Harnröhrenverschluss. Deshalb ist es wichtig, Ihr Pferd regelmäßig auf Smegmasteine zu kontrollieren und diese dann ggf. entfernen zu lassen.

Für die Kontrolle ist es hilfreich, im Vorhinein, zusätzlich zu den bereits beschriebenen Trainingsschritten, ein Herumdrücken rund um die Harnröhre am Ende des Schlauchs zu trainieren. Bauen Sie den Druck wieder Schritt für Schritt auf, fangen Sie mit einem sanften Berühren an und arbeiten Sie sich bis zu einem starken Drücken voran. Dabei spüren Sie bereits, ob ein Stein vorhanden ist, oder nicht.

Sie sehen also, auch wenn Sie den Schlauch nicht reinigen wollen, das Training lohnt sich immer. Auch bei beispielsweise unerwarteten Verletzungen oder einer ggf. gesundheitlich erforderlichen Einreibung. Es kann nur von Vorteil sein, wenn sich Ihr Wallach oder Hengst auch am Schlauch berühren und behandeln lässt.

## Geräte

Der Einsatz für Diagnostik und Therapie ist oft planbar und daher im Vorfeld trainierbar. Furchteinflößend für Pferde ist dabei meist die Gerätschaft, nicht die Untersuchung selbst.

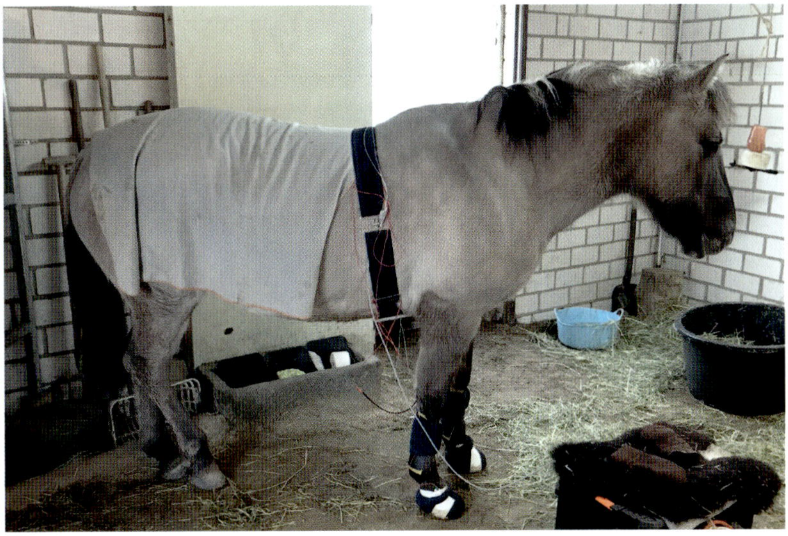

Nur mit einem perfekt vorbereiteten und tiefenentspannten Pferd ist eine Gerätebehandlung so möglich.

Diagnostikgeräte werden oft an den Beinen eingesetzt und erfordern eine gewisse Dauer an wirklichem Stillhalten. Unscharfe Aufnahmen nützen niemandem etwas. Zudem sind die Geräte meist sehr teuer, weswegen es umso wichtiger ist, dass Ihr Pferd sich absolut entspannt und kooperativ verhält und nicht aufgrund einer Bewegung Schaden anrichtet.

## Untersuchungs- und Therapiegeräte

- *Röntgen*
- *Ultraschall*
- *Bioresonanz*
- *Magnetfeld*
- *Stoßwelle*
- *Horizontaltherapie (Wechselstrom)*
- *Massage- und Vibrationsgeräte*

Zusätzlich zu der Optik der Geräte mit Kabeln und Schläuchen können folgende Dinge für Ihr Pferd erschreckend sein: Menschen mit Röntgenschürzen, die sich anders bewegen und anders aussehen, die Geräusche beim Heranrollen des Geräts oder Geräusche und körperliche Reize, die durch Massage- und Vibrationsgeräte entstehen. Sie können auch hier mit einem Kooperationssignal arbeiten (s. S. 84). Für eine Generalisierung üben Sie mit möglichst vielen verschieden Objekten (s. S. 254).

Zur Vorbereitung auf das Röntgen können Sie z.B. mit einem Schlauchwagen oder Staubsauger als Röntgen-Imitator arbeiten. Das Beschnuppern eines neuen, Angst einflößenden Gegenstandes zu clicken, hat den Vorteil, dass der Gegenstand schnell positiv verknüpft wird. Überdenken Sie dies jedoch, denn Beschnuppern zu clicken bedeutet, ein Verhalten zu bestärken, welches Sie nachher nicht mehr haben wollen und der Tierarzt möglicherweise aus verständlichen Gründen ablehnt. »Bedenke, was du clickst, denn es könnte wieder gezeigt werden.«

Um das Heranrollen des Gerätes zu üben, können Sie wie beim Training des Wasserschlauchs vorgehen (s. S. 248). Nach jedem Click sollten Sie das Gerät wieder ein Stück vom Pferd wegrollen. Am besten trainieren Sie hier auch mit einem Helfer. Dies hat zudem den Vorteil, dass das der Untersuchungssituation ähnlicher ist, da auch dann mehrere Personen an Ihrem Pferd und mit den Gerätschaften hantieren werden.

Hinzu kommen die zwei bis fünf Zentimeter dicken Klötze, auf denen die Hufe abgestellt werden. Ihr Tierarzt wird welche aus Gummi oder Holz mitbringen. Sie können Ihr Pferd aktiv die Klötze betreten lassen. Je nach Vorerfahrung und Feinmotorik Ihres Equiden kann es jedoch passiv geschmeidiger funktionieren. Heben Sie den Huf an, schieben mit Ihrem Fuß den Klotz in die richtige Position und setzen den Huf auf dem Klotz ab. Clicken Sie zuerst immer in dem Moment der Lastaufnahme, dann erhöhen Sie die Dauer um ein paar Sekunden und verfahren genauso mit dem zweiten Huf. Zum Training der Röntgenplatte können Sie beispielsweise eine Pappe oder ein Klemmbrett nehmen.

## Ablauf Röntgen

1. *Menschen legen Schürzen an*
2. *Pferd wird auf Klötze gestellt*
3. *Gerät wird herangerollt und in Position gebracht*
4. *Platte wird positioniert*
5. *Aufnahme wird gemacht*
6. *Gerät wird entfernt*
7. *Hufe werden von Klötzen genommen*

Sie können theoretisch nach jedem Einzelschritt clicken und füttern. Trainingsziel ist jedoch immer der gesamte Ablauf für einen Click: Hufe aufnehmen, auf Klötzen absetzen, Staubsauger heranziehen, Platte ein paar Sekunden an das Bein halten, Hufe wieder von den Klötzen nehmen. Verändern Sie beim Training auch Ihre Position zum Pferd, die Richtungen, aus denen der Staubsauger herangezogen wird und natürlich auch verschiedene Positionen und Winkel.

Trainieren Sie auch, die Pferdehufe auf Klötze zu stellen und dort eine Zeit lang stehenzulassen.

Halten Sie Ihre »Röntgenplatte« immer wieder anders vor oder hinter das Pferdebein. Wie Sie die Dauer des Stillhaltens trainieren können, erfahren Sie auf S. 75.

Sie sollten ein Video vom etablierten Trainingsaufbau und -ablauf erstellen und Ihrem Tierarzt zeigen, damit der für Ihre Pferd nun bekannte Ablauf entsprechend durchgeführt werden kann. Das wird ihm außerdem helfen, sich auf den Weg ohne Sedierung einzulassen.

## Ekzemerdecke anziehen

Im Pferdeleben kann es aus verschiedenen Gründen notwendig werden, eine Decke anzuziehen. Das kann eine Abschwitzdecke nach einem anstrengenden Workout, bei Krankheit eine Regen- oder Wärmedecke oder, wovon leider immer mehr Pferde betroffen sind, eine Ekzemerdecke sein. Mit Zebramuster ausgestattet oder hellen, nicht schweißtreibenden Farben sowie verschiedenen leichten und engmaschigen Stoffen und Schnitten, soll sie Ihr Pferd vor Kriebelmücken und weiteren allergieauslösenden Insekten schützen. Die Ekzemerdecke zeichnet sich dadurch aus, dass sie relativ eng am Körper anliegt und Ihr Pferd vom Kopf bis zur Schweifrübe umschließt. Daher sind die Decken meist standardmäßig mit Halsteil und Bauchlatz ausgestattet, um auch Mähnenkamm und Bauchnaht zu schützen. Manche Exemplare verfügen über einen Schweiflatz, der um die Schweifrübe geklettet werden kann. Alle haben Beinschnüre, die mit Kunsstoffschnallen oder metallenen Karabinern befestigt werden, damit der Sitz der Decke über einen längeren Zeitraum gewährleistet bleibt.

So macht Anziehen Spaß.

Der Frühling beginnt, die Insekten erwachen, die Decke muss ans Pferd. Wenn Sie mit Ihrem Pferd schon das Anziehen einer Abschwitz- oder Thermodecke geübt haben, haben Sie schon ein gutes Fundament für die etwas umständlichere Prozedur mit einer Ekzemerdecke gelegt. Leider wird deren Schutzfunktion nicht automatisch von jedem Pferd sofort eingesehen.

Fluchtinstinkte vor Säbelzahntiger, Hyäne oder Schlange sind beim Pferd genetisch so stark verankert, dass durch das Anziehen der Ekzemerdecke entstehende Reize wie Rascheln, Flattern, »Anspringen« oder »um die Beine schlingen« zu mehr oder weniger heftigen Ausweichbewegungen führen können. Welches Pferd steckt schon freiwillig den Kopf in einen dunklen Stoffschlauch und lässt ihn sich über den Kopf ziehen? Bevor Sie die Decke überhaupt auflegen können, kann es zum Beispiel vorkommen, dass Ihr Pferd nach dem herunterhängenden Bauchlatz tritt oder Runde um Runde um Sie herumkreiselt.

Ein wenig neidisch schaut man auf die tiefenentspannt herumstehenden Equiden im Stall, die vom Auflegen der Decke bis hin zum Verschließen der letzten Schnalle mit keiner Wimper zucken, geschweige denn einen Huf von der Stelle bewegen. Das wünschen wir uns alle.
Es spart Zeit, schont die Nerven und ist zudem ein echter Nutzen für die Gesundheit aller Beteiligten.

Die gute Nachricht: Das Stillhalten beim Anziehen einer Decke ist für Pferde deutlich leichter trainierbar als oftmals angenommen wird. Sie können Ihrem Pferd helfen, bei der Prozedur entspannt mitzumachen. Schauen wir uns eine der Maximen im Training an, die lautet: Pferde tun das, was sich für sie lohnt. Wenn es sich lohnt, beim Schließen des Bauchlatzes oder dem Anbringen der Beinschnüre drohend das Bein zu heben, weil die unerwünschte Handlung dann unterbleibt, wird dieses Verhalten immer wieder gezeigt werden. Gleiches gilt für das Herumtrappeln beim Auflegen der Decke. Als Pferd kann man damit den drohenden Moment des vermeintlich springenden Beutegreifers »Decke« herauszögern.

Vielleicht hat eine aufgelegte Decke Ihr Pferd schon einmal gekitzelt, vielleicht hat das Auflegen beim ersten Mal einen großen Schrecken ausgelöst, vielleicht ist es irgendwann einmal mit einer wild unter dem Bauch flatternden Decke durchgegangen und hat sich bewegende Gegenstände als traumatisch abgespeichert. Berührungen am Hinterbein können auch aufgrund ganz anderer Erfahrungen, wie z.B. missglückten Hufbearbeitungsversuchen, negativ verknüpft sein. Wir wissen oft nicht, was in der Vergangenheit unseres Pferdes alles dazu geführt hat, dass es sich nun auf eine bestimmte Art und Weise verhält.

## Der Ablauf

Möchten Sie Ihrem Pferd eine Ekzemerdecke anziehen, ist es zunächst hilfreich, wenn Sie sein Zielverhalten möglichst genau visualisieren. Im Fall des Anziehens ist dies eine vollständige Immobilität.

Alle vier Hufe stehen auf dem Boden, Kopf und Hals sind gerade und dies für die gesamte Dauer der Prozedur. Nur dann sollten Sie bestärken, also mit Click und Futter belohnen. Vergegenwärtigen Sie Sich nun, welche Handgriffe, Bewegungen und körperlichen Reize Ihr Pferd aushalten muss: Sie treten von seitlich-vorn an Ihr Pferd heran und richten die Ekzemerdecke so her, dass sie kompakt über den Kopf ihres Pferdes gezogen werden kann. Sie streifen den Gummizug des Halsteils über das Maul Ihres Pferdes und ziehen die Decke über seinen Kopf, wodurch die Augen bedeckt werden und Ihr Pferd für einen Moment nichts sieht. Relativ fest anliegend ziehen Sie diesen Halsschlauch nun weiter über die Ohren, bis hinter den Ganaschen die richtige Stelle erreicht ist. Nun rollen sie das Halsteil in die Länge und ziehen das Rückenteil inklusive Schweiflatz bis über die Schweifrübe. Die Länge des Bauchlatzes muss beim ersten Mal möglicherweise noch mit mehreren Strippen angepasst werden. Nun ziehen Sie die Beinschnüre an den Innenseiten der Hinterbeine bis zum baumelnden Gegenstück der angebrachten Schnallen durch und lassen diese mit einem Klicken einrasten.

Gerade der Anfang der Prozedur ist mit einer großen Menge Stoff, die über den ganzen Pferdkopf gezogen wird, ein anspruchsvolles Unterfangen. Ein schöner, spielerischer Zwischenschritt kann auch die Klopapier-Challenge (s. S. 201) sein.

Trainieren Sie »Hantieren mit Stoff» vor allem im Hals-/Kopfbereich und achten Sie gut darauf, dass Ihr Pferd seinen Kopf bei jedem Trainingsschritt exakt an derselben Stelle hält.

Beginnen Sie, wie immer, beim Stillstehen. Stellen Sie sich jeden Trainingsschritt als Frage vor, die Sie Ihrem Pferd stellen: »Kannst du alle 4 Hufe auf dem Boden lassen, wenn ...?« Lautet die Antwort: »Ja!«, clicken und füttern Sie.

Jede Frage wiederholen Sie fünf Mal. Nur wenn diese immer mit einem wunderbaren Stillstehen beantwortet, geclickt und gefüttert werden kann, gehen Sie zum nächsten Trainingsschritt weiter. Nur bei fünfmaligem Erfolg geht es weiter im Plan! Dafür kombinieren Sie Frage eins mit Frage zwei und verfahren damit in Fünferpäckchen. Click und Futter gibt es immer nur nach der positiven Beantwortung der letzten Frage des jeweiligen Schrittes. Dadurch, dass Sie immer wieder von vorne beginnen, wird der gesamte Ablauf trainiert und gefestigt sowie gleichzeitig das Anziehen und nebenbei auch das Ausziehen der Decke.

Gerade wenn Ihr Pferd es grundsätzlich nicht schätzt, dass etwas seine Augen, Ohren und seinen Kopf berührt, sollten Sie diese Herausforderung zuerst gründlich und mit weniger Stoff trainieren.



Stoff über den Ohren will trainiert sein.

Für das Training des Hineinschlüpfens in die Ekzemerdecke legen Sie das Tuch zu einem Ring zusammen.



## Trainingsschritte Hineinschlüpfen

- *Handtuch auf den Hals legen*
- *schrittweise bis zu den Ohren vorarbeiten*
- *Handtuch bis an die Ohren heranlegen, evtl. schon ein wenig zwischen die Ohren schieben*
- *den Hals von den Ohren bis zum Widerrist mit Handtuch bedecken*
- *mit aller gebotenen Vorsicht eine Ecke des Handtuchs über ein Ohr legen*
- *Handtuch über beide Ohren legen*
- *Abdecken der Augen isoliert trainieren:*
  *Zunächst ein Auge mit Stoff abdecken, dann das andere, dann beide*
- *dann erst andersherum,*
  *d.h. von der Nase aus Handtuch über Nasenrücken, Ohren und Hals ziehen*
- *dasselbe mit einer Wolldecke*
- *... und mit der zusammengerollten Ekzemerdecke*

Diese vorbereitenden Schritte müssen sitzen, um einem entspannten Pferd den Stoffschlauch über den Kopf ziehen zu können.

Manchmal ein heikler Moment: Die Sicht des Pferdes ist eingeschränkt.

## Trainingsplan Ekzemerdecke

1. *mit der Decke auf dem Arm herantreten*
2. *sie anheben*
3. *das Maul berühren*
4. *über die Augen ziehen*
5. *über die Ohren ziehen*
6. *in die richtige Position bringen*
7. *das Rückenteil bis zum Schweif ausbreiten*
8. *am Hinterteil laut Klett auseinanderziehen,*
9. *Schweifrübe anheben*
10. *etwas herumwickeln*
11. *den Bauchlatz an der Seite herabhängen lassen*
12. *zwischen den Vorderbeinen nach Brustlatz greifen*
13. *diesen mit mehrfachen Handgriffen und Klicken justieren und befestigen*
14. *innen am Hinterbein hindurchfassen*
15. *Schnalle greifen und geräuschvoll schließen*

Trainingsziel ist, den Ablauf von eins bis elf in einem Zug für einen Click durchführen zu können. Im echten Leben ist aber alle Theorie grau und es kann sein, dass Ihr Pferd eine Frage nach Stillstehen nur zwei Mal positiv beantworten kann. Dann wählen Sie einen Zwischenschritt. Das kann z.B. zwischen Schritt zwei und Schritt drei der Fall sein. Herantreten und Anheben funktionieren, bei Berührung macht Ihr Pferd mehrmals einen Schritt zur Seite. Dann fügen Sie in Ihren Trainingsplan die Punkte 2b und 2c ein und heben ein Handtuch bzw. die zusammengerollte Decke an. So können Sie ihr Pferd dort abholen, wo es noch »Ja!« sagen kann und damit weiter Vertrauen aufbauen. Seien Sie versichert: Es gibt immer mindestens einen Zwischenschritt! Jeder einzelne Schritt muss über Wiederholungen abgesichert werden, um das Verhalten zu festigen. Denn nur weil etwas einmal funktioniert hat, heißt das noch lange nicht, dass Ihr Pferd sich direkt wieder so verhalten wird.

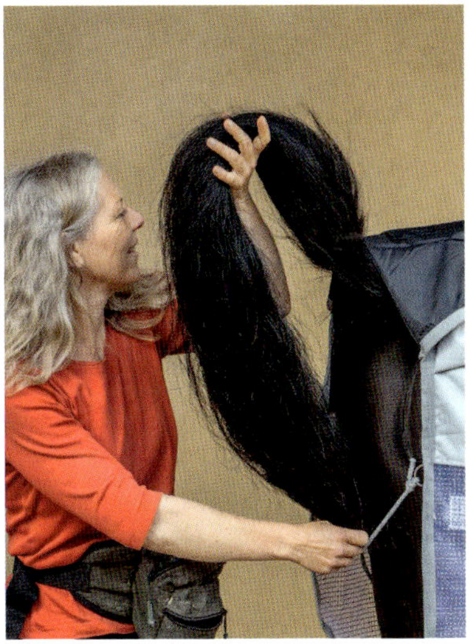

Mit guter Vorbereitung ist die Schweifkordel kein Problem.

An einem stürmischen Tag wird das Anziehen wahrscheinlich mehr Trainingsschritte erfordern als bei Windstille. Frei auf dem Paddock, wenn die Herde schon zur Weide entschwindet, wird es nicht so gut funktionieren wie am Putzplatz. Bevor unser Wunschverhalten von Schritt eins bis 15 nicht sitzt, ist es günstiger, unter möglichst entspannten Bedingungen zu trainieren.

Das Ausziehen zu trainieren ist genauso wichtig wie das Anziehen. Ekzemerdecken können dazu neigen, sich beim Ausziehen statisch aufzuladen.

Auch der Moment des zu-Boden-Fallens sollte, wegen seiner plötzlichen Veränderung der Optik, verbunden mit einem Geräusch, schrittweise geübt werden. Das kann als erster Trainingsschritt einfach nur ein Führstrick sein, der über den Rücken rutscht und neben dem Vorderbein zu Boden fällt.

Auch immer einen Click wert:
Die Decke fällt zu Boden.

# 12

# WASSER

# $H_2Oh$, mein Pferd ist weg!

Der wohltuende Effekt einer Dusche zum Entfernen von Schweiß oder das Kühlen eines Beines sollte für den Besitzer keine schweißtreibende Angelegenheit sein, ist es in der Realität aber leider oft. Bei manchen Parasitenmitteln muss sogar das ganze Pferd gewaschen werden, ein Hufbad erleichtert dem Schmied die Bearbeitung der Hufe im Sommer ungemein und so manche Wunde sollte gründlich gespült werden können. Schauen wir uns die Anwendung von Wasser auf dem Pferdekörper unter dem Gesichtspunkt der Reizvielfalt an, haben wir Verschiedenes, was einzeln trainiert werden kann und, je nach Pferd, auch entsprechend kleinschrittig angegangen werden sollte.



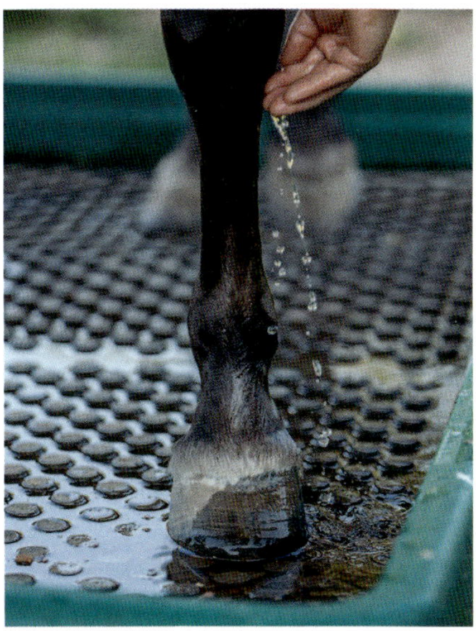

In einer Klauenwanne für Rinder können Sie wunderbar die Hufe wässern.

Der stärkste Reiz ist der auf der Haut Ihres Pferdes. Wenn man bedenkt, dass viele Pferde extra den eigestreuten Bereich in Stall oder Paddock aufsuchen, um zu vermeiden, dass der Urin an die Beine spritzt, wird schnell klar, dass Flüssigkeit auf der Haut nicht immer angenehm ist. Dagegen gibt es die große Zahl der Offenstallpferde, die sich trotz eines geräumigen Unterstandes lieber in den Regen stellen. Vorlieben und Abneigungen sind, wie immer, höchst individuell verteilt. Nass werden, weil etwas aus den Wolken kommt, oder mit dem Schlauch abgespritzt werden sind auf jeden Fall oft zwei Paar (Bade-)Schuhe.

Ein weiterer ernstzunehmender Faktor ist das Plätscher-Geräusch, wenn Wasser auf den Boden trifft. Nicht umsonst werden bei anspruchsvollen Trails Rasensprenger auf einer Plastikplane als zu bewältigende Aufgabe eingesetzt.

Das Plätschern sollten Sie zuerst gut sichtbar für Ihr Pferd trainieren.

Pferde können darauf sehr abwehrend bzw. mit Flucht reagieren. Sie sollten auch berücksichtigen, dass das Geräusch ein erlernter Ankündiger für eine unangenehme Konsequenz sein kann. Die Information »Plätschern« bedeutet für Ihr Pferd, dass bei dem Verhalten des Stillstehens die Konsequenz des Nasswerdens folgt. Gehört Ihr Pferd zu den Exemplaren, die das nicht mögen, wird allein schon das Plätschern entsprechendes Meideverhalten, wie z.B. Zurückweichen, nach sich ziehen.

Schlangen können lebensgefährlich sein. Ein, sich auf dem Boden windender, langer Gegenstand, der sich auf ein Pferd zubewegt, stellt in den Augen manchen Pferdes eine ernste Gefahr dar. Sie sollten also diesen optischen Reiz separat trainieren. Ihr Pferd könnte bereits beim Anblick des Schlauches eine negative Konsequenz erwarten und sich deshalb bereits beim Sichten dieser potenziellen Bedrohung entfernen.

Wie bei allen möglicherweise unangenehmen Maßnahmen am Pferdekörper, ist auch beim »Flüssigkeiten-Training« die Erfahrungsgeschichte Ihres Pferdes in dem Bereich entscheidend für sein Verhalten in der jeweils akuten Situation. Hat es schon die Erfahrung gemacht, dass durch Hin- und Hertrappeln das Störende vermieden werden kann, dann wird es auch wieder versuchen, diese Strategie anzuwenden.

Würde Amadeus größere Distanz brauchen, müsste ein Helfer das Füttern übernehmen.



Und wenn es nur ein kurzer Moment der Erleichterung ist, weil das Bein angehoben wird und der Wasserstrahl nicht sofort trifft: Es ist und bleibt eine durch negative Verstärkung erreichte positive Konsequenz, die das Verhalten »ich hebe mein Bein an« für Ihr Pferd bedeutet. Also wird es sich höchstwahrscheinlich auch wieder so verhalten, schließlich hat es schon einmal geholfen. Sie können und sollten nie darauf hoffen, dass Ihr Pferd versteht, dass es sowieso nichts bringt auszuweichen und das nasse Element ja nur gut gemeint und zu seinem Nutzen ist.

## Aktiv ins kühle Nass

Eine Pfütze oder einen Bach zu betreten ist etwas anderes, als nass gemacht zu werden. Beim Betreten muss sich das Pferd aktiv und bewusst in die unangenehme Situation hineinbegeben.

Beim Waschen hingegen ist die Anforderung eine Impulskontrolle, durch die Ihr Pferd in der Lage ist, den ehemals unangenehmen Reiz mit dem neuen Verhalten – brav und entspannt stillstehen – zu beantworten.

Mit einer Plane und vier Kanthölzern können Sie ein Wasserbecken bauen.

Wassertraining beginnt ohne Wasser. Zuallererst lernt Ihr Pferd das Wasserbecken zu betreten. Sie können diesen praktischen Trainingshelfer aus vier Balken unter einer Plastikplane bauen. Idealerweise legen Sie den Boden des Beckens mit einer rutschfesten Gummimatte aus. So stellen Sie sicher, dass ihr Pferd, ohne zu rutschen und schlechte Erfahrungen zu machen, durch die Passage kommt.

Wenn Ihr Pferd schon Erfahrung mit dem Betreten von Planen im Trail hat, können Sie direkt mit dem vollständig aufgebauten Becken starten. Hat es allein bei dieser Aufgabe schon starke Bedenken, lassen Sie die Balken weg und trainieren Sie erst einmal das Betreten der Plane.

Achten Sie bei jedem Trainingsschritt gut auf die Mimik und die Reaktionen Ihres Pferdes.

In diesem Trainingsabschnitt ist das Ziel, dass Ihr Pferd brav vor dem »Becken« wartet und auf eine Aufforderung Ihrerseits prompt mit allen vier Hufen hineingeht, um dort im Stehen Click und Futter zu bekommen. Sollte es sehr zögerlich sein, gehen Sie rückwärts, mit zum Pferd gewandten Körper, in die vermeintliche Gefahr vor. Neigt Ihr Pferd dazu, das Becken nur mit den Vorderbeinen zu betreten, um mit seinen Hinterbeinen außen am Becken vorbeizugehen, helfen Sie ihm mit Pylonen, die Sie rechts und links platzieren. Sie sollten immer erst losgehen, wenn Ihr Pferd ruhig und höflich neben Ihnen steht.

Der erste Huf, der das Becken trifft, wird geclickt und gefüttert. So verfahren Sie mit jedem Huf, bis Ihr Pferd mit allen Vieren im trockenen Becken steht. Für höfliches und ruhiges Stehen von einer Dauer von ca. zwei bis fünf Sekunden gibt es jeweils einen Click. Dann fordern Sie Ihr Pferd auf, das Becken wieder zu verlassen, gehen eine kleine Volte und beginnen von Neuem. Beobachten Sie Ihr Pferd hierbei gut: Wie prompt und zügig betritt es das Becken? Zögert es noch vor jedem Schritt? Wie gut kann es dort stehen bleiben? Abhängig von der Qualität des Betretens steigern Sie nun die Anforderungen. Erst, wenn ein Trainingsschritt fünf Mal in Folge erfolgreich und flüssig absolviert wurde, geht es weiter.



## Trainingsschritte Wasserbecken

- *Becken ohne Wasser*
- *den Boden mit Wasser benetzen*
- *Wasserstand ½ cm hoch*
- *Wasserstand 1 cm hoch*
- *Wasserstand 2 cm hoch*
- *usw. bis das Wasser über den Kronsaum reicht*

Bei einem Becken von ca. 1 x 2 Metern Fläche ist eine Gießkanne voll (zehn Liter) ein guter Trainingsschritt. Es ist jedoch immer vom jeweiligen Pferd abhängig, wie schnell man vorgehen kann und sollte. Ab dem Moment, in dem beim Betreten Wasser hochspritzt, kann es sein, dass Ihr Pferd nicht mehr so prompt hineingeht. Füttern Sie langsames Hineingehen mit einer etwas kleineren Portion und schönes Stillstehen im Wasser mit zwei bis drei größeren Portionen. So geraten Sie nicht in die Falle, ein schlechteres Verhalten genau so wertvoll zu machen wie ein schönes Zielverhalten. Behalten Sie stets ein mutiges, beherztes Betreten als wünschenswert im Auge.

**Schritt für Schritt und Liter für Liter werden die Anforderungen für Amadeus gesteigert.**

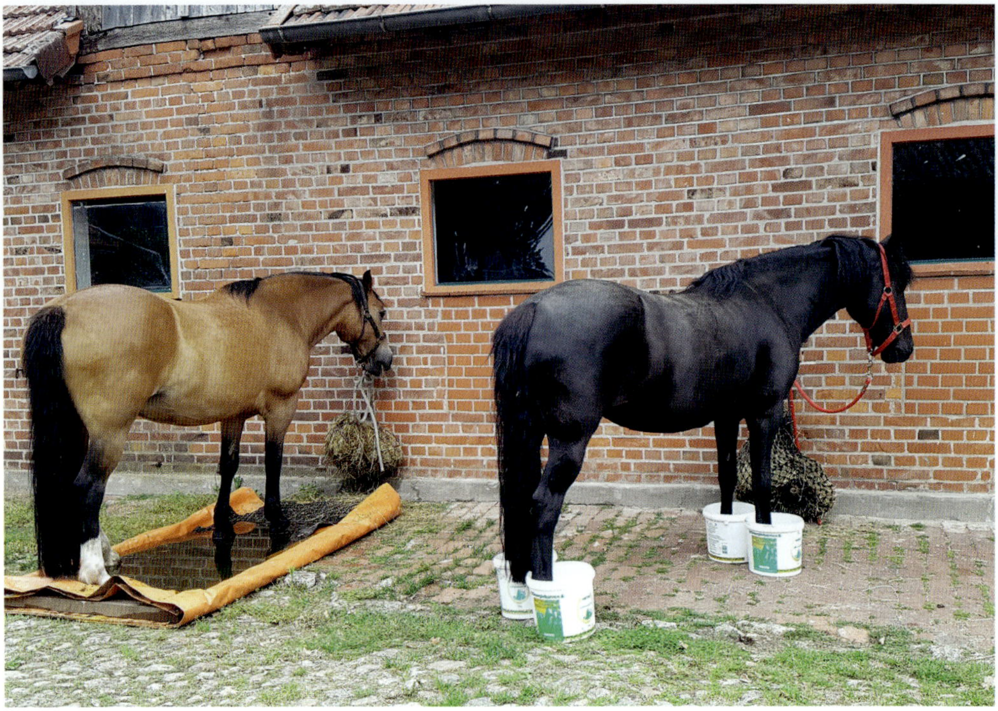

Mit etwas Heu wird das Warten auf die Hufbearbeitung angenehm gestaltet.

## Hufbad

Einen Huf in einen wassergefüllten Eimer abstellen zu können, kann nicht nur in Krankheitsfällen, sondern auch im Sommer sinnvoll sein. Gewässerte Hufe erleichtern Ihrem Hufbearbeiter die Arbeit sehr, weil das Hufhorn durch das Wässern weicher wird.

Hierfür muss Ihr Pferd natürlich eine gewisse Zeit mit den Hufen in den Eimern verweilen. Tipp: Wenn Sie sehr warmes Wasser nehmen, können Sie die Dauer halbieren, da das Horn schneller weich wird. Wenn Sie längeres Stehen nicht extra mit dem Clicker trainieren möchten, hilft es ein gefülltes Heunetz für Ihr im Wasser stehendes Pferd hinzuhängen. Alternativ können Sie auch eine Leckschale anbieten. Es gibt Modelle aus Apfeltrester, die nicht so stark zuckerhaltig sind.

In heißen Sommern eine Wohltat für den Hufbearbeiter: Gründlich gewässerte Hufe.

Für den Eimer gilt die gleiche Vorgehensweise wie für das Becken: Zuerst heben Sie den Huf wie zum Auskratzen an, ziehen den leeren Eimer in die richtige Position und stellen den Huf langsam im Eimer ab. Das Belasten des Hufs wird geclickt und gefüttert, dann bekommt Ihr Pferd zwei bis drei Clicks für das Stehen im Eimer. Erst wenn das zuverlässig funktioniert und Ihr Pferd den Huf ein paar Sekunden lang ruhig im Eimer stehen lassen kann, fügen Sie schritt- beziehungsweise schluckweise das Wasser hinzu.

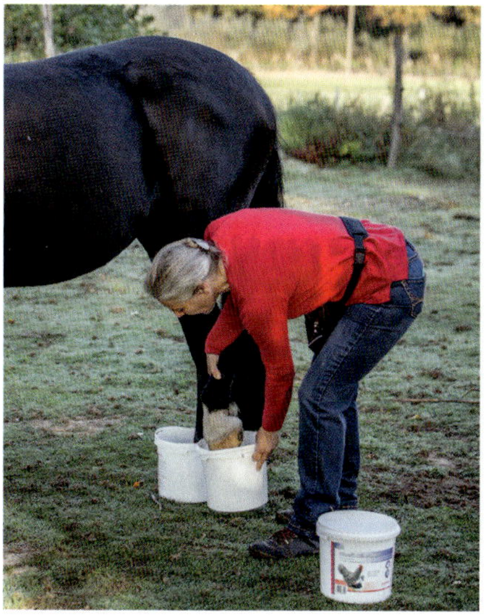

Erst ein Huf, dann zwei, dann drei, ...

## Waschen

Jetzt geht es an den Rumpf Ihres Pferdes. Am bequemsten, und somit das bevorzugte Trainingsziel, ist das Waschen mit dem Wasserschlauch. Dieser kommt zu Beginn jedoch noch nicht zum Einsatz.

Gehen Sie an einen Ort, an dem Ihr Pferd sich sicher fühlt. Hatten Sie schon das ein oder andere »Wasserdrama«, beginnen Sie das Training keinesfalls am üblichen Waschplatz. Wählen Sie einen noch unbelasteten Bereich für das Training. Ideal ist es auch, wenn der Bereich sicher umzäunt ist und Sie mit einem freistehenden Pferd ohne Halfter trainieren können. Ihr Pferd kann Ihnen dann deutlicheres Feedback über sein Wohlbefinden bei der Prozedur geben. Bleibt es entspannt stehen, haben Sie alles richtig gemacht. Bewegt es sich weg, sollten Sie das als Anlass nehmen, Ihre Trainingsschritte zu überdenken und die Anforderungen zu senken. Beginnen Sie mit einem für das Pferd gut zu bewältigenden Trainingsniveau, dessen Anforderung Sie mittels nachfolgender Trainingsschritte Stück für Stück steigern.

Der Trainingsplan für »Nässe« beinhaltet eine schrittweise Steigerung des Reizes auf der Haut. Beachten Sie die Temperatur des Wassers. Nicht nur in der kalten Jahreszeit sollten Sie anfangs mit lauwarmem Wasser trainieren. Beginnen Sie in einem Bereich am Körper, in dem Ihr Pferd Berührungen allgemeiner Natur mag und gut toleriert. Jeder Trainingsschritt wird mindestens fünf Mal wiederholt. Das Vorgehen ist wie folgt: Ihr Pferd steht ruhig und höflich – Reiz – Click – Futter, ruhiges Stehen – Reiz – Click – Futter etc.

Wie geht es weiter? Konnten Sie den jeweiligen Schritt fünf Mal hintereinander clicken und füttern, weil alle vier Hufe fest auf dem Boden geblieben sind? Dann geht es zum nächsten Schritt. Sollten während eines Fünferpäckchens (s. S. 72) zwei oder gar drei Fehler in Form von Schritten auftauchen, wählen Sie einen passenden Zwischenschritt. Hierbei wird eine Reizintensität zwischen der, die noch gut funktionierte und der, die nicht mehr funktioniert, gewählt.

Wir sind noch weit weg vom Abspritzen, aber immerhin hat er sich schon angenähert.

## Trainingsschritte Waschen

- *Berührung an einer harmlosen Stelle, z.B. an der Schulter, mit dem trockenen Schwamm*
- *Schwamm anfeuchten, aber nur so, dass beim Zusammendrücken kein Wasser hinausläuft, Berührung an der Schulter*
- *einen nicht zu großen Eimer mit einem halbem Liter Wasser füllen, an den Ellenbogen hängen und dem Pferd den leicht feuchten Schwamm an die Schulter drücken*
- *neben dem Pferd stehend den Schwamm so nass machen, dass beim Andrücken das Fell nass wird, aber kein Wasser am Körper herunterläuft, und an die Schulter drücken.*
- *Eimer halb mit Wasser füllen, eine immer größere Wassermenge an die Schulter bringen, bis hin zum Plätschern, wenn Wasser am Bein hinuntergelaufen ist und auf dem Boden auftrifft*
- *von dort aus alle Zonen am Pferdkörper abarbeiten*

Schritt 2: Ein trockener Schwamm wird an die Schulter gedrückt.

Hier läuft schon etwas Wasser das Bein hinunter und Ronjas Mimik hat sich verändert.

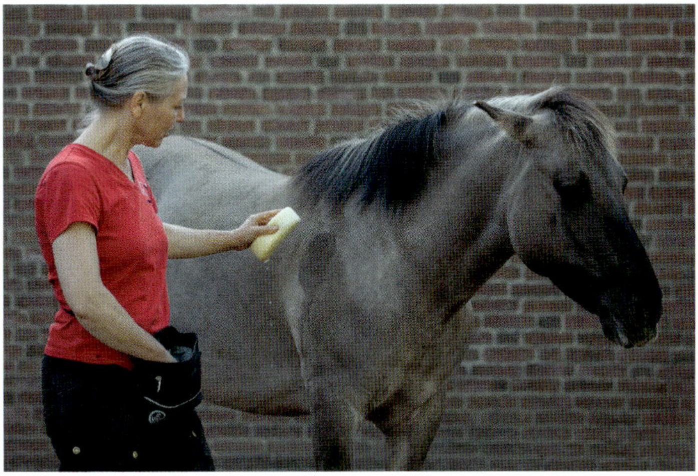

Als Zwischenschritt können Sie den Schwamm neben der Schulter ausdrücken.

Die Gießkanne scheint für Amadeus weniger gruselig als der Schlauch zu sein.

Können Sie nun intensiv die Schulter und, durch das hinunterlaufende Wasser, das ganze Vorderbein nass machen, wandern Sie in 30 cm Schritten am Rumpf weiter. Achten Sie darauf, dass auch hier fünf Mal in Folge das korrekte Verhalten gezeigt und belohnt wird, bevor es weitergeht. Je nach der Reaktion Ihres Pferdes und veränderter Empfindlichkeit an bestimmten Zonen, müssen Sie eventuell den Wasserreiz etwas modifizieren und nochmal ein paar Clicks für einen leicht feuchten Schwamm ausgeben, ehe es so richtig klitschnass werden darf. In dieser Etappe ist das Trainingsziel, den gesamten Pferdekörper ausgiebig mit dem Schwamm waschen zu können.

Danach kommt die Gießkanne zum Einsatz. Zum einfacheren Handling ist anfangs ein fünf Liter Modell zu empfehlen. Sie beginnen wieder im einfachsten Bereich, der inzwischen durch das Training die höchste Masse an Verstärkern hat. Eine Gießkanne sieht anders aus als ein Schwamm oder ein Eimer. Deswegen kann es sein, dass die Annäherung dieses fremden Objekts auch schon ein paar Clicks benötigt.

Lassen Sie die Kanne für die allerersten Schritte mindestens halb leer. Das reduziert das Risiko von ungeplanten und ungewollt großen Wassermengen, die Ihr Pferd erschrecken könnten. Berühren Sie einfach die Schulter mit dem Ende des Gießkannenhalses, ohne dass Ihr Pferd dabei Wasser abbekommt. Clicken und füttern Sie die Reaktion des Stillhaltens. Funktioniert das, steigern Sie in Fünferpäckchen die Reizintensität von einem einzigen Schluck Wasser bis hin zu ein paar Litern. Trockenübungen ohne Ihr Pferd helfen Ihnen, im genauen Dosieren der

Wassermengen aus der Gießkanne sicherer zu werden. Verändern Sie dann wie beim Schwamm die Zonen am Pferdekörper. Durch das häufige Nachfüllen der Gießkanne haben Sie den angenehmen Nebeneffekt, dass das Geräusch von laufendem Wasser schon mit trainiert wird. Auch hier müssen Sie eventuell an empfindliche Körperregionen nochmal die reine Annäherung der Gießkanne üben.

Lässt sich Ihr Pferd entspannt mit der ganzen Gießkanne waschen, ist es bereit für den Wasserschlauch. Machen Sie den Test und ziehen Sie neben Ihrem stehenden Pferd einen Führstrick zu sich heran, dessen Ende auf dem Boden liegt. Reagiert es? Schaut es intensiv nach dem Strick? Wenn es ruhig bleibt, clicken und füttern Sie. Wenn nicht, wiederholen Sie das Über-den-Boden-Ziehen in zwei Metern Entfernung. Für einen effektiveren Trainingsablauf ist ein zweiter Mensch hilfreich, der am Kopf Ihres Pferdes steht. Sie selbst bewegen den Führstrick und clicken. Direkt danach kann Ihr Trainingspartner das Futter anreichen. Durch die zweite Person können Sie mehr Durchgänge in derselben Zeit trainieren und die Versuchung für Ihr Pferd, sich zu bewegen, ist deutlich geringer. Wie so oft ist Distanz der ohne entsprechendes Training aversiv wirkenden Reize einer der Schlüssel zum Erfolg. Beginnen Sie stets dort, wo Ihr Pferd die Frage »Kannst du stillstehen, wenn ...« mit einem eindeutigen »Ja!« beantworten kann. Mit dieser Vorgehensweise helfen Sie Ihrem Pferd, sich wirklich sicher zu fühlen und belegen den Reiz positiv, um ihn dann kleinschrittig zu steigern. Wenn Sie rund um Ihr Pferd herumwandern können und es trotz des schleifenden Strickes stehen bleibt, berühren Sie es mit dem Karabinerhaken in der altbewährten Zone und bestärken das Stillhalten.

Beim nächsten Trainingsschritt ist Ronja schon gelassener.

Erst jetzt kommt der Schlauch zum Einsatz. Je nachdem wie weit der Wasserhahn entfernt ist, brauchen Sie spätestens ab hier einen Helfer, der den Hahn bedient, oder Sie montieren einen Absperrhahn am Ende des Schlauches. So ist es möglich, die Wassermenge genau zu dosieren und somit Ihr Pferd mit den richtigen Trainingsschritten abzuholen. Nach der Berührung lassen Sie im nächsten Trainingsschritt nur ein winziges Schlückchen aus dem Schlauch laufen. Danach steigern Sie die Wassermenge, immer im Komfortbereich Ihres Pferdes bleibend. Das Wasser sollte immer einfach nur hinauslaufen und noch keinen scharfen Strahl haben. Die Intensität steigern Sie erst nach dem Abarbeiten des gesamten Pferdekörpers. Dann kann wieder ein Jahrhundertsommer kommen, und Ihr Pferd und Sie können das kühle Nass so richtig genießen.

# Einsprühen

Auf den Pferdekörper wird seltenst reines Wasser gesprüht, das nasse Element am Pferdekörper kann Fliegen,- Mähnen- oder Wundspray sein. Damit kommen weitere Faktoren zu »nass« hinzu, die die Akzeptanz eines Pferdes für die pflegerischen Maßnahmen zu seinem Wohl drastisch senken. Antiseptische Sprays kommen gemeinhin bei offenen Wunden zum Einsatz. Das plötzliche Auftreffen der medizinischen Flüssigkeit brennt in vielen Fällen recht unangenehm. Vergegenwärtigen Sie sich die Abfolge von A-B-C (s. S. 14) beim Lernen. Das zischende Geräusch »A« kündigt beim Verhalten Stillhalten »B« an, dass die Konsequenz »C« ein plötzliches Auftreffen einer brennenden Flüssigkeit in einem ohnehin schmerzenden Bereich ist. Wenn das kein guter Grund zum Ausweichen und Zappeln ist!

Warum manche Gerüche als aversiv von Ihrem Pferd wahrgenommen werden, darüber kann man nur spekulieren. Es kann gut sein, dass die Verknüpfung mit dem Grusel-Geräusch und dem Erschrecken beim Auftreffen des Sprühnebels entstanden ist und den Geruch sozusagen »vergiftet« hat. Manches riecht aber per se für die eine oder andere Pferdenase ekelig und das Tier sucht verständlicherweise sein Heil in der Flucht.

Das Geräusch beim Sprühen ertönt noch unerwarteter als bei einem Wasserschlauch und ist auch deutlich schärfer. Früher gab es nur Blauspray-Dosen, die man vorher kräftig schütteln



Sprühen Sie anfangs immer vom Pferdekörper weg.

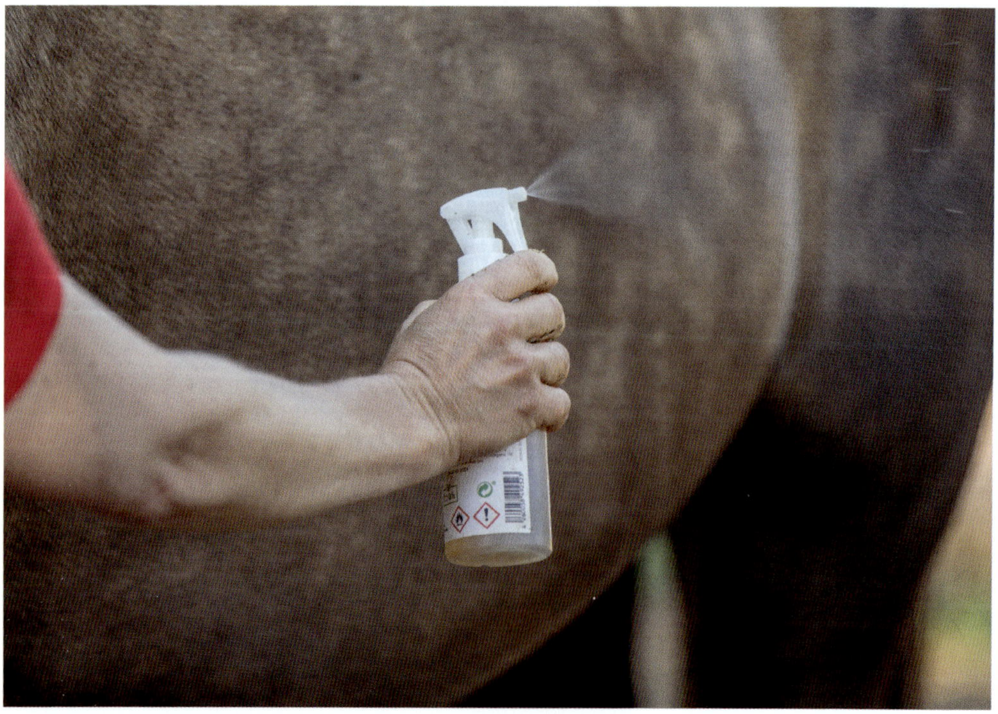

Sena gibt durch das Wangentarget ihr OK für den nächsten Sprühstoß.



musste. Dann ist die erste Ankündigung von etwas Unangenehmen das Klacker-Geräusch. Ich habe einmal mit einer Stute trainiert, die nur beim Schütteln der Dose in fünf Metern Entfernung zügig den Rückwärtsgang eingelegt hat.

Ebenso erschreckend wie das »PFFFFT!« kann das plötzliche Auftreffen der Flüssigkeit auf der Haut sein. Selbst wenn kein scharfer Strahl herauskommt, könnte Ihr Pferd meinen, dass ein Schwarm Pferdebremsen auf ihm landet. Machen Sie sich immer wieder klar, dass wir nie genau wissen können, was im Kopf des jeweiligen Pferdes wirklich vorgeht. Es macht für viele Pferde auch einen Unterschied, ob die Schulter oder der Bauch besprüht werden.

Für unser Training machen wir uns wie immer Distanz zunutze. Jedes noch so ängstliche Pferd hat einen Komfortbereich, in dem Sie so viel herumsprühen können, wie Sie wollen, ohne dass eine Abwehrreaktion ausgelöst wird. Üben Sie bei ganz sensiblen Kandidaten mit einem Helfer, der das Füttern übernimmt, damit Sie die ersten Trainingsschritte in ausreichend großem Abstand durchführen können. Das Training in Fünferpäckchen und der Einsatz eines Kooperationssignals (s. S. 84) erweist sich (nicht nur) beim Sprühtraining als große Hilfe.

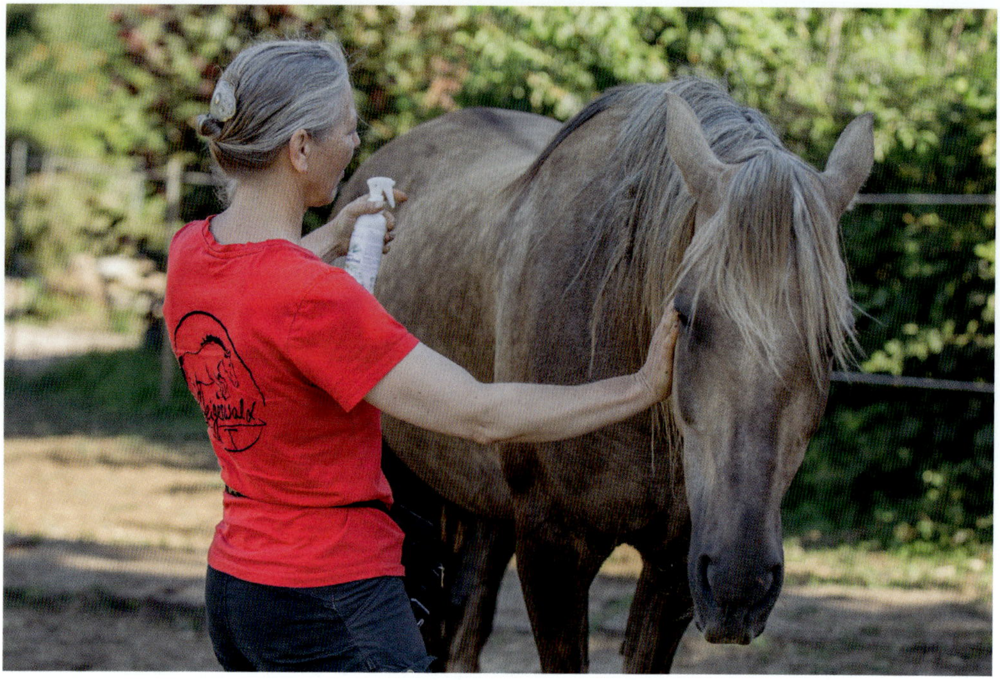

Jetzt kann schon direkt auf die Schulter gesprüht werden.

Auch sollten Sie anfangs immer vom Pferd wegsprühen, damit wirklich nur das Geräusch trainiert wird. Haben Sie sich räumlich an Ihr Pferd herangearbeitet und stehen an seiner Schulter, verändern Sie den Sprühwinkel und clicken und füttern jedes »Pffft«. Sind Sie so weit herumgekommen, dass die ersten Tropfen auf das Fell auftreffen würden, halten Sie die Flasche in Richtung Pferdekörper. Anstatt zu sprühen, drücken Sie in einem Fünferpäckchen nur den Sprühkopf ans Fell. Im nächsten Trainingsschritt machen Sie das »Pffft« selbst mit dem Mund, bevor Sie mit dem Sprühkopf den Pferdekörper berühren. Bleibt Ihr Pferd dabei entspannt, sprühen Sie ganz langsam so an die Schulter, dass man eigentlich nicht von Sprühen sprechen kann, weil der Sprühkopf direkt auf der Haut ist. Von hier aus steigern Sie die Distanz des Sprühkopfes und wandern dann, wie beim Waschen auch, die verschiedenen Zonen ab. Und denken Sie immer daran: Jeder dieser Trainingsschritte wird geclickt und gefüttert, sofern Ihr Pferd das gewünschte Verhalten des Stillstehens gezeigt hat. Widerholen Sie dieses Vorgehen in Fünferpäckchen.

Ich hatte, mangels besseren Wissens, bei meiner alten Stute jahrelang einfach einen Schwamm genommen, um Bremsenmittel aufzutragen. Ich kann Ihnen versichern, dass sich Sprühtraining auszahlt! Nicht nur, weil man keinen klebrigen, stinkenden Schwamm in den Händen hat. Die schönste Belohnung für gutes Training ist ein Pferd, welches Ihnen wirklich vertraut und gerne kooperiert. Spätestens vor dem Hintergrund einer medizinischen Indikation werden Sie froh sein, wenn Sie Ihr Pferd mit Sprühtraining vorbereitet haben und nicht erst im Akutfall beginnen müssen.

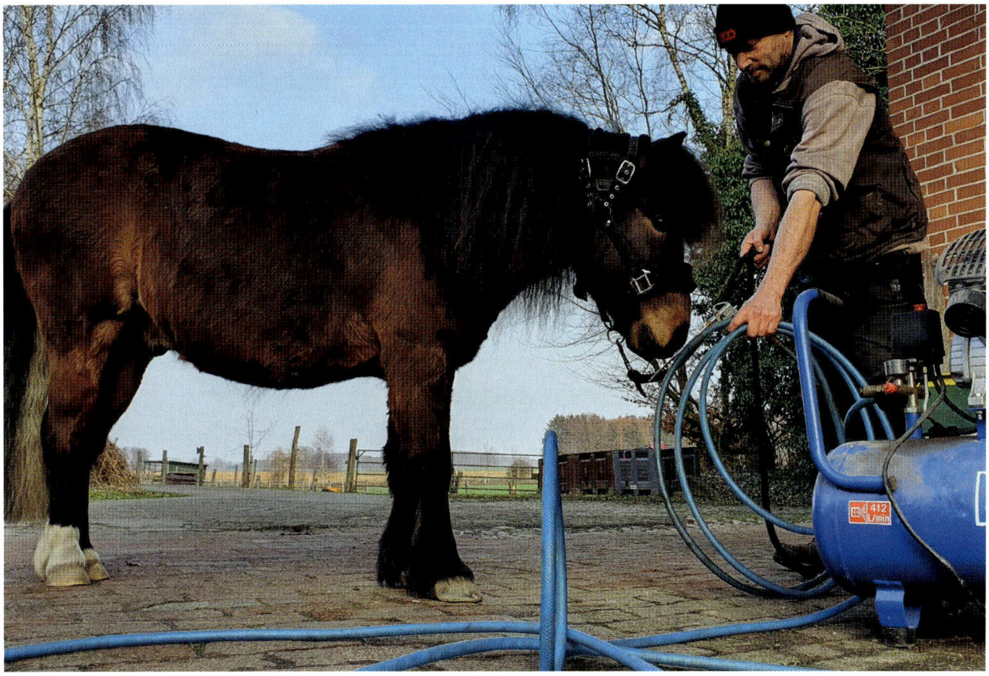

Wenn Sie die Möglichkeit haben, einen Kompressor einzusetzen, sollten Sie sie unbedingt nutzen. Sie trainieren damit gleichzeitig den Schlauch für das Waschen und ein scharfes, mit einem Hautreiz verbundenes Geräusch.



## Trainingsschritte Einsprühen

- *in Komfortdistanz weg vom Pferd sprühen*
- *bis auf einen halben Meter an Ihr Pferd heranarbeiten*
- *schrittweise den Sprühwinkel zum Körper hin verändern*
- *den Körper, ohne zu sprühen mit Sprühkopf berühren*
- *vor der Berührung Pffft-Geräusch mit dem Mund machen*
- *ein paar Tropfen aus kurzer Distanz sprühen*
- *Abstand vergrößern*
- *Strahlintensität verändern*
- *schrittweise den ganzen Pferdekörper abarbeiten*

# 13

# GENERALISIERUNG

Als ich mit meinen Offenstallponys das erste Mal in einer richtig großen Veranstaltungshalle auftrat, erschraken sie sich bei fast jedem Applaus. Jemand meinte danach tröstend zu mir: »Naja, so etwas kann man eben nicht trainieren.« Heute weiß ich es besser. Die hierfür genutzte Generalisierung kann man auch als Verallgemeinerung bezeichnen. Sie steht unter der Überschrift: »Wie man Dinge trainiert, die man eigentlich nicht trainieren kann.«



Natürlich können Sie auch Ihren Tierarzt regelmäßig zum Training mit dazu holen. Das kostet aber seine Zeit und Ihr Geld. Außerdem kann es auch einmal sein, dass ein fremder Kollege gerade Dienst hat. Sinnvoller ist es deshalb, die gleiche Intervention am Pferd mit vielen unterschiedlichen Gesichtern, Handlungen und Situationen zu trainieren. Generalisierung beschreibt das Phänomen, dass erlernte Reflexe nicht nur als Antwort auf den ursprünglichen, die Reaktion auslösenden, Reiz entstehen. Verhalten werden also auch durch Auslöser hervorgerufen, die dem ursprünglichen ähnlich sind.

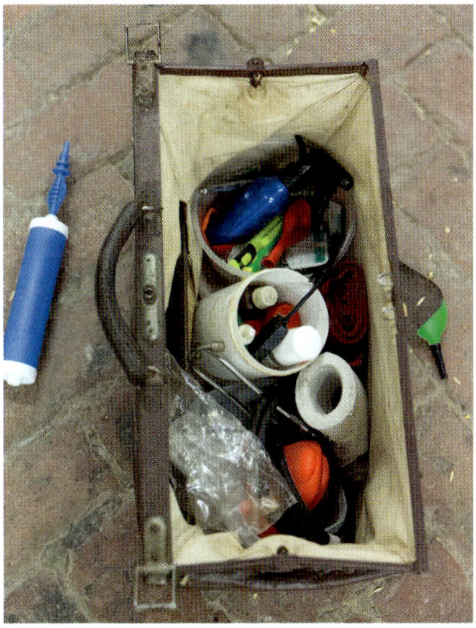

Sie brauchen keine Spezialausrüstung für Generalisierungsschritte.

Über Generalisierung gestalten Sie gezielt und kleinschrittig die Reize der Außenwelt, die auf Ihr Pferd zukommen. Die Einsatzgebiete sind neben dem Medical Training: Traumata, öffentliche Auftritte, Wettbewerbe, Turniere, Anhänger fahren und alles, was Ihr Pferd erschrecken oder gruseln könnte.

Verhalten ist das Ergebnis eines langen Lernprozesses. Hierbei wirken früher gezeigte Verhaltensweisen, die Begleitumstände dessen, was Ihr Pferd getan hat und was ihm dabei passiert ist, zusammen. All das beeinflusst die Entscheidungen in der aktuellen Situation.

Alle bisher erlebten Verstärker, Strafen und Löschdurchgänge (nicht verstärkte Handlungen) wirken auf das jeweilige Verhalten.

Wir kennen alle die sogenannte Reaktionsgeneralisierung, man kann auch von »schlampiger werden« sprechen: Eine Tätigkeit, z. B. Anhalten nach einer Parade, wird manchmal weniger prompt und/oder weniger sauber ausgeführt.

Die Reizgeneralisierung nutzen wir im Medical Training. Die auf Ihr Pferd einwirkenden Stimuli werden »verbreitert«, wobei idealerweise immer die gleiche Reaktion gezeigt wird. Das Antecedent A (s. S. 14) wird größer, bunter und breiter, und zwar so, dass Ihr Pferd immer noch genau das Richtige tun kann. Damit verdient es sich seine erwünschte Konsequenz: Click und Futter. Ein Verhalten ist umso solider, desto mehr Verstärker Ihr Pferd dafür bekommen hat. Insbesondere beim Spritzentraining (s. S. 120) hilft diese Vorgehensweise, um die Haut Ihres Pferdes nicht für das Vorbereiten auf die Impfung zu einem Schweizer Käse zu machen.

Für eine vertrauensvolle Kooperation beim Tierarzt sollten Sie die Trigger, Situationen und Eingriffe ausreichend generalisieren. Manch ein Pferd reagiert schon darauf, dass ein Mensch mit einem Stethoskop um den Hals erwartungsvoll an seine Seite tritt. Weitere Merkmale und Indizien für Ihr Pferd, dass jetzt etwas Unangenehmes passieren könnte, sind die Kleidung und Ausstattung des Tierarztes. Heutzutage sind sehr viele in Alltagskleidung unterwegs, es kann aber auch gut möglich sein, dass Mundschutz, Kittel, Gummistiefel oder gar ein Schutzanzug getragen werden.

Trainieren Sie Ihr Pferd mit unterschiedlicher Ausrüstung.

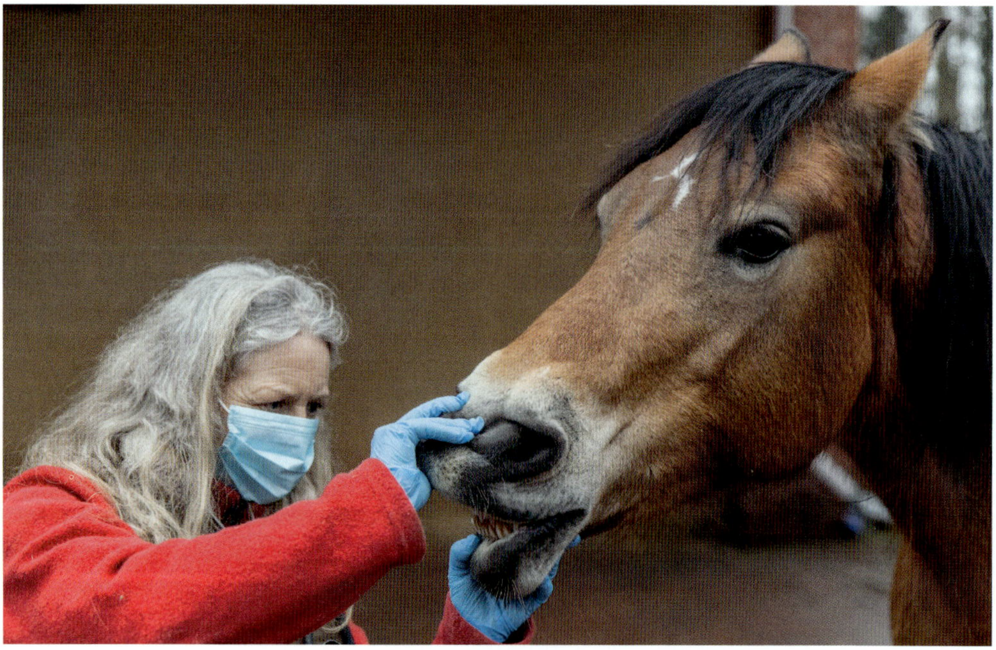

Auch Handschuhe verändern den Eindruck des Behandlers: Die Hände haben eine andere Farbe und keinen bzw. einen anderen Geruch. Außerdem trägt er keine Bauchtasche, hat aber dafür Gegenstände in seiner Brusttasche, sein Auto macht ein individuelles Geräusch und er trägt einen Koffer mit sich. Ein weiterer Faktor ist die Geschlechtszugehörigkeit. Es gibt Pferde, die sich von einem männlichen Tierarzt oder Hufschmied nicht anfassen lassen, bei einer Frau aber das Procedere mitmachen. Auch um Ihr Pferd an männliche Behandler zu gewöhnen, müssen Sie keine Fußballmannschaft zum Training einladen, Sie können Generalisierung und das Aftershave Ihres Mannes nutzen.

Steht ein Pferd mit zwei anderen am Haus und wird nur im Gelände gearbeitet, steht bei einem nötigen Klinikaufenthalt vor der Situation, dass dort viele Menschen unterwegs sind, Geräte hin- und hergerollt werden oder gar Dinge von der Decke baumeln. Auch diesem Schrecken können Sie im Vorfeld entgegenwirken.

## Vorgehen bei der Generalisierung:

*Kleinschrittiger Trainingsaufbau für 100 % gezeigtes Zielverhalten (= Stillhalten)*
*bei Generalisierungsschritten (= Veränderung der Situation)*
*mit 100%iger Bestärkung des Stillhaltens (= Click und Futter)*

Wenn sie nicht trainiert werden, sind akustische Reize oft der Auslöser für Erschrecken.

Das kann die Vorbereitung zum Röntgen ohne Sedierung sein.

## Zu generalisierende Reize

- *akustisch – Gehör*
- *optisch – Auge*
- *olfaktorisch – Geruch*
- *taktil – Tastsinn*
- *gustatorisch – Geschmack*
- *vestibulär, propriozepitv – Gleichgewicht*
- *Stimmung des Menschen*
- *Kombinationen – Wir wissen nie, was genau das Pferd alles verknüpft hat.*

Aversiv empfundene Reize werden über Distanz und mit kleinstschrittiger Annäherung trainiert. Das gewünschte Verhalten des Stillstehens sollte auf beiden Körperseiten etabliert sein, dann wiederholen Sie die gewünschte Medical Training-Maßnahme am Pferd. Sie können den Bereich »akustische Reize« mit einer Vielzahl von Geräuschen aufbauen.

Ein Helfer kann hierbei wertvolle Dienste leisten, weil so der Faktor »Distanz« leichter zu managen ist. Mögliche Geräusche sind: Kuhglocken, Hundegekläff, Luftpolsterfolie, Bobbycar, Luftballons; Werkzeuge: Föhn, Akkuschrauber, Flex, Schweißgeräte, Kompressor, Bohrhammer, Pürierstab, Kreissäge, Stichsäge, Mixer; Verbrennungsmaschinen: Auto, Trecker, Rad- und Hoflader, Mofa, Motorrad, Erntefahrzeuge; die menschliche Stimme, Geräusche von YouTube und viele mehr. Ihrer Fantasie sind im Training keine Grenzen gesetzt.

Optische Reize machen einen wichtigen Bereich der Generalisierung aus. Schauen wir uns einmal nur den Faktor »Mensch« an:

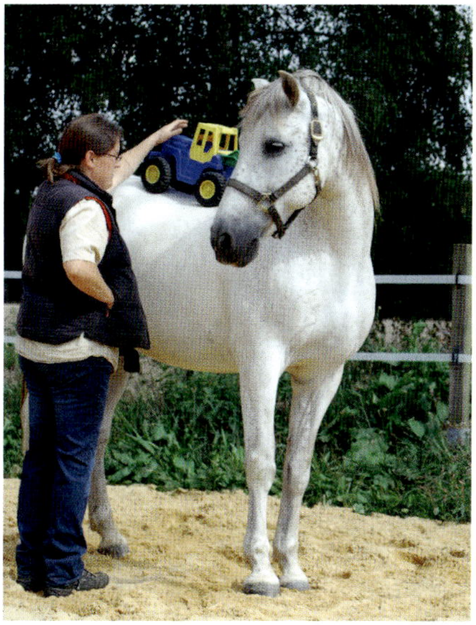

Mit etwas Training duldet er sogar das »Gerät« auf seinem Rücken.



Schauen Sie sich einfach zuhause um, mit welchen Utensilien Sie Ihr Pferd fit für den Tierarzt machen können.

Es gibt große, kleine, schmale und breite Menschen sowie unterschiedliche Kleidung und Arten zu gehen. Auch Körpersprache und -geruch variieren genauso wie die Stimme und die mitgeführten Accessoires. Die Art des Anfassens ist ebenfalls immer unterschiedlich: Manche klopfen am Hals, mache streichen über den Nasenrücken, andere führen beherzt den Halftergriff aus und manche fassen direkt unter dem Karabiner an.

Bedenken Sie auch das Einbeziehen der Tatsache, dass zwei Gehirnhälften beteiligt sind. Verändern Sie deshalb Winkel und Position Ihres Pferdes im Training immer wieder. So stellen Sie sicher, dass es auch in ungeplanten Situationen wie gelernt reagieren kann.

Insbesondere wenn die Behandlung draußen stattfindet, sollten Sie beachten, dass die Umgebung sich beständig verändert. Wenn am Tag der Lahmheitsuntersuchung gerade Heu angeliefert wird und auf dem Hof echtes Gewühl herrscht, sollte Ihr Pferd genauso gelassen und souverän damit umgehen können, als wäre es ein ruhiger Sonntagmorgen.



## Pferdeverhalten beschreiben

Haben Sie ein Pferd mit unschöner Biografie, beginnen Sie mit der Beschreibung des Verhaltens und der Auslöser. Anstatt zu sagen »Er hat Panik.« oder »Er ist total gestresst.« beschreiben Sie, was Ihr Pferd tut. »Er trappelt durchgehend von rechts nach links.«, »Er steigt und reißt sich los.« »Er tritt gezielt.« etc.

So vertrauensvoll kann Ihr Pferd beim nächsten Tierarztbesuch schauen.

Draußen auf dem Hof gibt es immer etwas zu gucken. Damit Ihr Pferd sich auf seine Aufgabe konzentrieren und stillhalten kann, sollten Sie unbedingt Abwechslung in Ihr Training einbeziehen.



Wenn Sie dann noch die Umgebung mit betrachten, können Sie so die genauen Auslöser erkennen: Was tun Sie, in welcher Distanz, in welcher Lautstärke, an welchem Ort, wer ist mit dabei, wonach riecht es, wie ist das Wetter, wie ist die Stimmung von Pferd und Mensch? Mit diesem Wissen können Sie dann gezielt über die Generalisierung in die Sicherheit hinein trainieren.

## Generalisierung »Tierarzt«

- *Besitzer führt Untersuchung durch*
- *Besitzer hält, Tierarzt-Darsteller führt gleiche Untersuchung durch*
- *Tierarzt-Darsteller und Besitzer verändern Kleidung*
- *Veränderung TA, Besitzer und anderer Ort/neuer Ort*
- *unbekannter Ort, gleiche Optik Menschen*
- *vertrauter Ort plus veränderte Optik*
- *vertrauter Ort, verändertes oder hinzugefügtes Equipment*
- *veränderter Ort, anderes Halfter, Pferdedecke*

## Generalisierung ist Veränderung

Erreichen Sie Zuverlässigkeit bei der Kooperation Ihres Pferdes, indem Sie die Vielzahl der Möglichkeiten in allen Variationen zum Generalisieren nutzen. Seien Sie kreativ und fragen Sie Ihr Pferd immer wieder: »Kannst du stillstehen, wenn ... an dir gemacht wird und sich folgendes ändert?«:

- Orte
- Bekleidung des Trainers
- Positionierung am Trainingsort/an einer Wand
- Einwirkung durch Strick/Halftergriff
- Menschen
- unterschiedlicher Beginn (vorne, von rechts, von links)
- Tageszeiten
- Wetter
- Umweltbedingungen und Tätigkeiten auf Hof/Weide, Kinder, andere Pferde in der Nähe, Stimmungen
- Gerüche (Schwein, Rind, ätherische Öle, Rauch, Deo, Parfum, Alkohol)
- Equipment an Kopf und Körper des Pferdes (z.B. verschiedene Halfter)
- Trainingsequipment (Stethoskop-Imitate, Staubsauger etc.)
- Geräte und Maschinen

Verändern Sie die *Antecedents* in so klugen Schritten, dass Sie immer ein gutes *Behavior* bekommen, um tolle *Consequences* bieten zu können. Vereinbaren Sie für den eigentlichen Behandlungstermin mehr Zeit mit Ihrem Tierarzt oder bitten Sie um einen reinen Testtermin.

Wenn Sie Ihre Generalisierungsschritte dokumentieren, fällt Ihnen das Aufdecken der Problemzonen leichter. Beginnen Sie immer in einem absolut sicheren Bereich und tasten sich langsam und mit einer guten Erfolgsquote an die Herausforderungen heran. Es macht für Ihr Pferd einen großen Unterschied, ob die Salbe am Putz- oder Trainingsplatz in das Auge gebracht wird oder ob Sie die Prozedur an einem anderen Ort ausführen. Sei es, dass Ihr Pferd diesen aus einem anderen Kontext wie z.B. dem Reiten kennt oder sich dort sonst nie aufhält.

Andere Sinneseindrücke zusätzlich zum Training können zu verändertem Verhalten Ihres Pferdes führen. Von daher ist eine einfache Drehung um 90 oder 180 Grad für die ersten Wiederholungen ausreichend. Sie brauchen hundert Prozent Zielverhalten, um die Anforderungen zu steigern.

# Plan und Doku Generalisierung

| Datum | Uhrzeit | Besonders/Anmerkungen |
|---|---|---|
| 25.11.2020 | 11:30 | windig |
| **Trainingsaufgabe:** | Augensalbe auftragen | Trainingsplatz: 10 x 100% |

| Generalisierungsschritt: | 5er Päckchen | Fehler bei |
|---|---|---|
| Pferd um 90° gedreht | IIIII | |
| um 180° gedreht | III FI Wdh IIIII | erste Berührung |
| um 270° gedreht | IIIII | |
| vor dem Paddock | IF FIII Wdh IIIII | Augenwinkel, erste B. |
| Hofeinfahrt | IIIII | |
| auf dem Reitplatz | FFF vor Platz III FI Wdh IIIII | Salbe rein |
| in der Gruselecke des Reitplatzes | FFF | annähern, erste B. |
| Mitte Reitplatz | IIF F I Wdh IIIII | annähern, Salbe rein |
| … | … | … |

GENERALISIERUNG

13

14

# KOMMUNIKATION ALLER ZWEIBEINIGEN BETEILIGTEN

Insbesondere weil das Thema Medical Training mit positiver Verstärkung in der Pferdewelt noch recht wenig verbreitet ist, ist es wichtig, dass alle beteiligten Menschen die gleiche Sprache sprechen. Die Kommunikation ist jedoch ein weitreichendes und zudem sensibles Thema.

Verständnis und Akzeptanz für andere Perspektiven und Standpunkte helfen Ihnen, Ihren Gegenüber dort abzuholen, wo er momentan steht. Denn dies ist nicht nur bei Ihrem Pferd wichtig! Es geht nicht darum, den anderen von der positiven Verstärkung zu überzeugen, sondern Ziel ist erst einmal nur, dass er bei Ihrem Training mitspielt. Hinterfragen Sie im Gespräch unbedingt Unklarheiten. Jeder Mensch assoziiert anders. Klare Absprachen machen allen bereits im Voraus das Training wie auch die Behandlungen wesentlich einfacher. Lassen Sie sich daher nicht auf Aussagen wie »Das kriegen wir schon hin« oder »Da werden wir uns schon einig« ein, ohne zu erfahren, was mit »hinkriegen« oder »einig werden« gemeint ist. Achten Sie stattdessen auf wirklich klare Absprachen und lassen Sie Ihr Gegenüber am besten seine »Aufgaben« nochmal wiederholen, um sicherzugehen, dass Sie beide dasselbe meinen. Seien Sie jedoch auch kompromissbereit, sofern es Ihrem Training nicht zuwiderläuft, und pochen Sie nicht nur auf Ihre Wünsche. Wenn Sie dem anderen etwas entgegenkommen, fühlt sich dieser eher verstanden und das wiederum führt zu einer positiveren Kommunikation.

## Kommunikation mit dem Behandler
### (Tierarzt, Hufschmied, Physiotherapeut etc.)

In der Kommunikation mit einer behandelnden Person sollte das Ziel sein, die Diagnostik und Therapie so zu gestalten, dass es für Ihr Pferd wenig traumatisierend und für alle Menschen trotzdem sicher ist. Meist ist es so, dass der Behandler aufgrund seiner bisherigen Erfahrungen im Berufsalltag die Grundeinstellung hegt, die beste Vorgehensweise bereits zu kennen. Das Medical Training ist möglicherweise eine komplett neue Herangehensweise für ihn. So kann es mitunter schwerfallen, die alltäglichen und routinierten Handgriffe und Vorgehensweisen anzupassen. Umso wichtiger sind die respektvolle Kommunikation und der geduldige, vorausschauende Umgang mit dem Behandler.

## Kommunikation vor der eigentlichen Behandlung

Für Sie als Pferdebesitzer beginnt die Kommunikation bereits beim Anruf des Hufschmiedes, des Therapeuten, in der Praxis oder Klinik. Hier kann es vorkommen, dass Sie mit jemandem sprechen, der von der Behandlung von Pferden nicht viel versteht oder lediglich unter Zeitdruck steht und somit das Gespräch schnell abhandeln muss. So ist es oft der Fall, dass letztendlich von den Informationen, die Sie Ihrem Gegenüber am Telefon mitteilen, nur wenige beim Behandler ankommen. Überlegen Sie sich daher genau, was Ihnen die wichtigsten Dinge sind, die Sie ihm bezüglich des kommenden Termins mitteilen möchten und bitten Sie ggf. um einen Rückruf des Behandlers vor Ihrem Zusammentreffen.

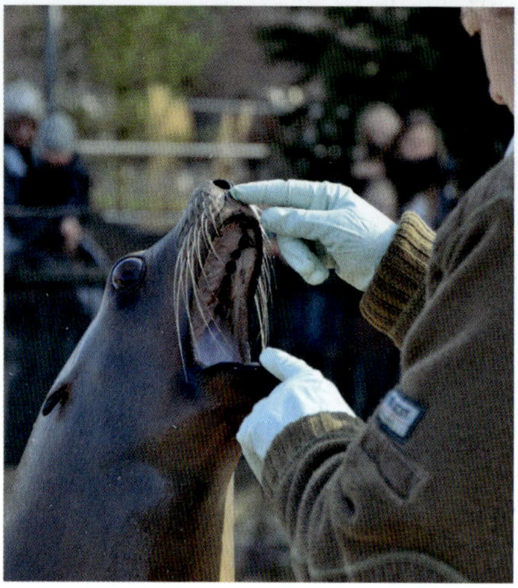

Ein Seelöwe ist mit seinen Zähnen nicht weniger gefährlich als ein Pferd und durch Training höchst kooperativ. Trainer: Ellen Wiborg, Zoo Kopenhagen

Klären Sie unbedingt die Details der Behandlung, bevor es an Ihr Pferd geht. Für Sie ist wichtig, dass Sie einen Überblick über das erhalten, was geplant ist. Das ist z.B. bei einem Impftermin noch ganz überschaubar. Wenn es jedoch um eine komplexere Behandlung geht, erhält man als Pferdebesitzer recht viel Input. Deshalb ist es in dem Falle ratsam, sich eine zweite Person dazu zu nehmen, die sich gedanklich – oder auch schriftlich – Notizen macht.

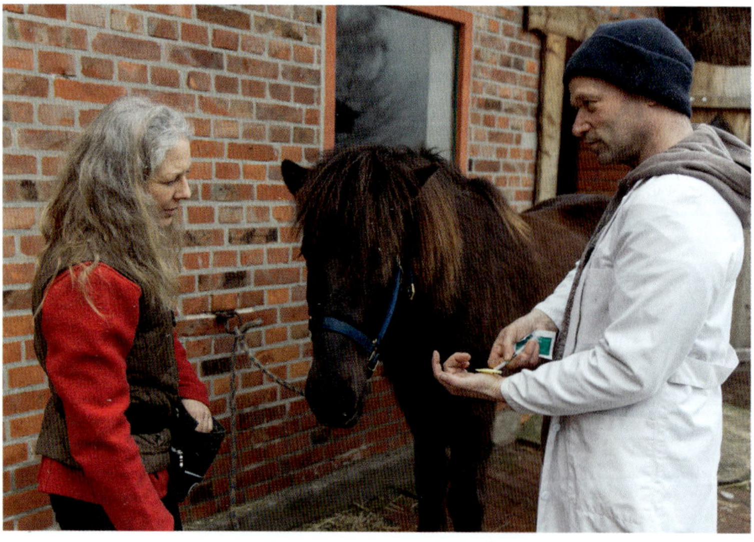

Lassen Sie sich von Ihrem Tierarzt erklären, was er vorhat.

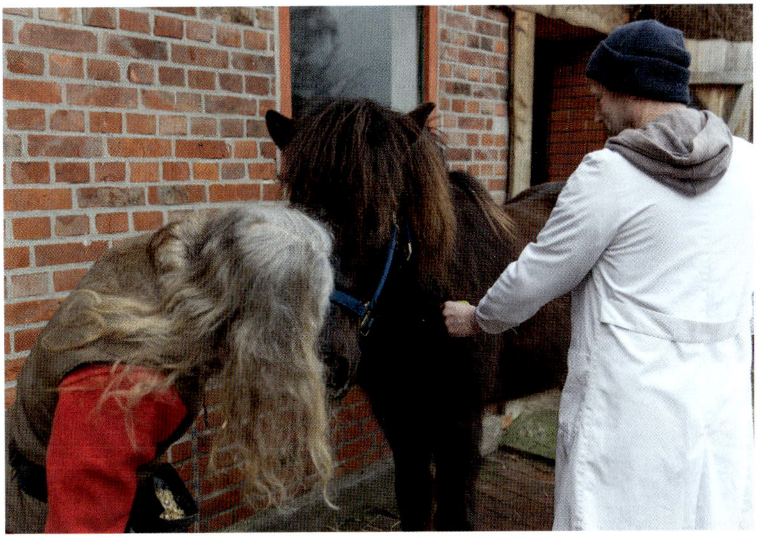

Wenn Sie die einzelnen Handgriffe sehen, können Sie besser einschätzen, wobei Ihr Pferd noch kooperieren wird.

Den Behandler zu fragen, ob er bereits Erfahrung mit Medical Training gemacht hat und welche Erfahrungen davon positiv oder negativ waren, hilft Ihnen, ihn dort abzuholen, wo er steht. Fragen Sie auch, was der Behandler sich von Ihnen und Ihrem Pferd wünscht und was ihm die Arbeit erleichtern würde. Möchten Sie z.B. Ihr Pferd auf Cushing untersuchen lassen, ist eine Blutabnahme zur Bestimmung des ACTH-Wertes unabdingbar. Wenn Sie nun aber wissen, dass Ihr Pferd sich (noch) kein Blut abnehmen lässt, verschieben Sie den Termin besser, um die Blutabnahme vorab ausgiebig zu trainieren. Es gibt immer mehrere Möglichkeiten und Sie haben durch Kommunikation die Möglichkeit, gemeinsam mit dem Behandler die beste Möglichkeit für Ihr Pferd zu wählen.

## Beispielfragen an den Tierarzt bei einem Einschuss:

- *Was soll alles gemacht werden?*
- *Wie soll es gemacht werden? Plan: entzündungshemmendes Schmerzmittel i.v. + Antibiotika i.m. spritzen + Angussverband*
- *Warum soll es so gemacht werden? Vor- und Nachteile abwägen: schnelle und effiziente Wirkung, jedoch Abwehr des Pferdes aufgrund einer Spritzenphobie*
- *Was wären die Alternativen? Entzündungshemmendes Schmerzmittel oral + Antibiotika oral verabreichen + Diathyyl-Paste auftragen*
- *Was wären jeweils die Konsequenzen? Pferd akzeptiert z.B. orale Eingabe und Paste, weniger Gefahr für alle Beteiligten*

Zeigen Sie Videos von Ihren bisherigen Trainingserfolgen, ein Film sagt mehr als tausend Worte.

## Den Profi abholen

Statt zu erwähnen, was Sie an der herkömmlichen Vorgehensweise schlecht finden, sollten Sie darauf hinweisen, was bei dieser gut läuft. Die bewährten Wege madig zu machen, erzeugt automatisch Abwehr. So könnten Sie Ihrem Behandler z.B. dafür danken, dass er Ihnen bisher immer zuverlässig zur Seite stand und Ihr Pferd kompetent behandelt hat. Erzählen Sie von den guten Erfahrungen mit Medical Training, z.B. an Wildtieren in Zoos, und verweisen Sie auf Doktorarbeiten zum Thema und die Universität Gießen. Im Internet finden sich einige überzeugende Praxisbeispiele, auch diese Videos können Sie Ihrem Behandler zeigen.

Es ist zudem von unschätzbarem Wert, wenn Sie Ihre Trainingsabläufe gefilmt haben und diese Videos nun zeigen können. So bekommt er einen viel besseren Eindruck von Ihrem Trainingsstand als von ausufernden Erklärungen, unter denen er sich nichts vorstellen kann. Er sieht genau, was bereits mit Ihrem Pferd möglich ist und wie Ihr Training aktuell aussieht. Besprechen Sie dann den geplanten Ablauf und berücksichtigen Sie dabei Ihren aktuellen Trainings- und Generalisierungsstand.

Wenn das benötigte Verhalten noch nicht einhundertprozentig trainiert wurde, sprechen Sie auch telefonisch vor der eigentlichen Behandlung an, dass der Termin aufgrund des Trainingsstandes eventuell länger dauern könnte und erklären Sie Ihre Bereitschaft, dadurch bedingt höhere Kosten zu tragen.

Scheuen Sie sich auch nicht davor, Ihren Tierarzt nach einem Trainingstermin zu fragen, um beispielsweise das Verbandanlegen zu trainieren. Möchten Sie sich einen Überblick über die Tierarztkosten gemäß GOT verschaffen, können Sie diese auf der Website der Bundestierärztekammer einsehen.

Fragen Sie vor Beginn, was möglich ist und was nicht. So besteht der Behandler verständlicherweise aus versicherungstechnischen Gründen darauf, dass Ihr Pferd an Halfter und Strick gehalten wird. Wenn Sie aber nun das Medical Training stets komplett frei trainiert haben, sollten Sie vor dem Behandlungstermin auch das Tragen des Halfters wie auch das Halten am Strick trainiert haben. Schließlich soll die Behandlungssituation möglichst nah an der des Trainings ein und im Ernstfall sollten nicht plötzlich neue Reize hinzukommen, die für Ihr Pferd ein Trigger sein könnten und die Behandlung dadurch erschweren.

Geben Sie Ihrem Gegenüber klare Handlungsanweisungen. Wie auch vorab im Rahmen der Generalisierung mit Personen aus dem privaten Bereich üben Sie idealerweise mit dem Behandler in Fünferpäckchen. Das ist sehr hilfreich, damit die für ihn noch ungewohnten Abläufe in der Behandlung besser funktionieren. Sollte er das als übertrieben empfinden, schieben Sie die Notwendigkeit ruhig auf Ihr Pferd. »Es hat das so gelernt! Es braucht das so.«

Vereinbaren Sie vorab Signalwörter wie z. B. »Jetzt« und »Stopp« für den Behandler. Er kann schneller reagieren und wie besprochen handeln, wenn Sie ihm ein »Jetzt« zurufen, als wenn Sie ihm sagen: »Mein Pferd berührt jetzt den Kooperator, Sie dürfen nun das Bein anfassen«.

Profis schätzen es sehr, wenn sie mit braven Pferden Umgang haben.

## Einstieg mit dem Behandler

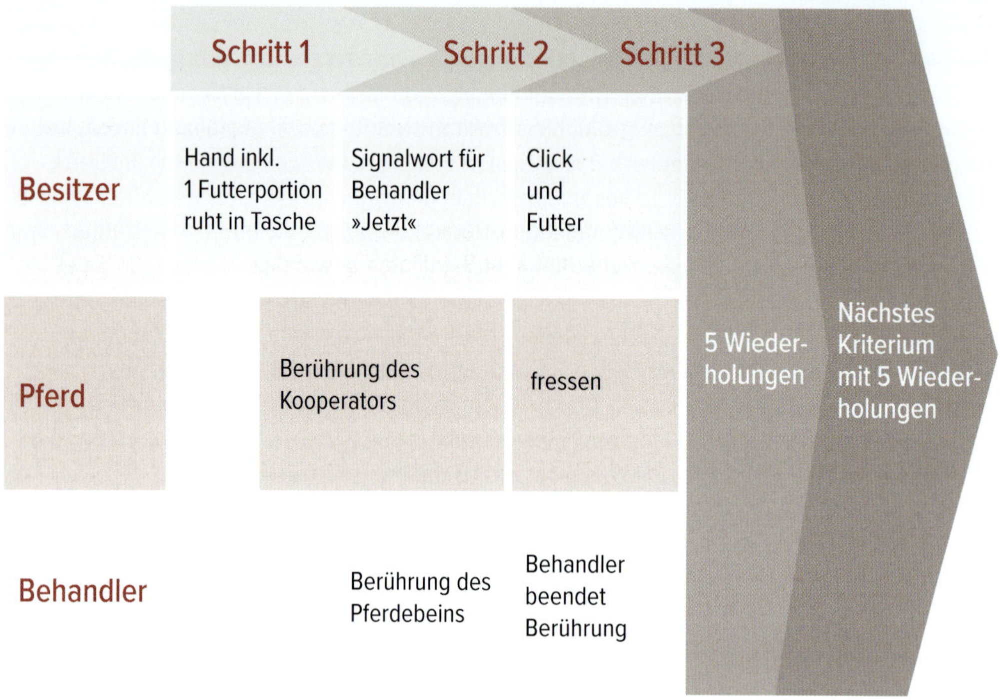


Wichtig ist auch das Training des Abbruchs einer Handlung. Durch die konventionelle Arbeit ist der Behandler meist gewohnt, auf die Bewegung des Pferdes mit Gegenhalten zu reagieren. Sehr schnell verfällt er hier in alte Muster. Umso wichtiger ist es, auf die Wichtigkeit eines Stopps bei Ausweichbewegungen Ihres Pferdes hinzuweisen. Ein Signalwort und Fünferpäckchen sind auch hier sehr zu empfehlen. Ist ein Fehler passiert oder benötigen Sie einen Moment zum Innehalten, können Sie bei Ihrem Pferd eine leichte Übung abfragen und diese belohnen. So bleibt ihr Pferd dabei und Sie haben zeitgleich kurz Luft, um evtl. etwas zu besprechen.

## Kompletter Behandlungsabbruch

Weisen Sie unbedingt auch darauf hin, dass Sie die Behandlung abbrechen möchten, wenn sich die Behandlungssituation anders als erwartet darstellt und Stress bei Ihrem Pferd auslöst. Auch wenn es sich wie eine Niederlage anfühlen mag, es ist ein Meilenstein zu einer besseren Beziehung zu Ihrem Pferd. Aus lerntheoretischer Sicht ist es natürlich ungünstig, wenn die Abwehrbewegungen Ihres Pferdes direkt als Konsequenz dazu führen sollten, dass es »seine Ruhe hat«.

Nutzen Sie die Zeit für einige deutlich harmlosere Handgriffe Ihres Tierarztes, die Sie ausgiebig bestärken, bevor Ihr Pferd wieder auf den Paddock darf. Viele Tierärzte würden in der Situation sicherlich die üblichen Methoden anwenden wollen, wie z.B. die Nasenbremse zu nutzen. Das könnte wiederum ihr gesamtes Training ruinieren und zudem einen gravierenden Vertrauensbruch bedeuten. Ein Abbruch der Behandlung ist allerdings nicht in jeder Situation möglich oder gesundheitlich vertretbar. Hat der Tierarzt beispielsweise gerade aufgrund eines Hufgeschwürs den Huf bis auf die Huflederhaut ausgeschnitten, den eigentlichen Abszess aber noch nicht geöffnet, muss aufgrund des Infektionsrisikos unbedingt ein nasser Verband angelegt werden.

Besprechen Sie in diesem Fall wieder mit Ihrem Tierarzt die Möglichkeiten und Konsequenzen und berücksichtigen Sie, dass die Sicherheit aller Beteiligten gewährleistet bleibt. Sollte es keinen anderen Ausweg geben als die Zwangsmaßnahme, dann bestehen Sie darauf, den Kontext zu ändern. Wechseln Sie z.B. den Ort, ziehen Sie sich schnell etwas anderes an oder nehmen ein anderes Halfter (s. S. 192).

Mit dem »Jetzt kann es ernst werden«-Halfter schaffen Sie einen anderen Kontext.

Seien Sie nicht frustriert und enttäuscht. Sicherlich finden sich einige Punkte, die bis hierher gut gelaufen sind. Konzentrieren Sie sich gedanklich darauf. Stehen Sie für Ihr Pferd und ihr Training ein und behalten Sie stets Ihr Ziel und die Vorteile dieses pferdefreundlichen und harmonischen Trainingswegs im Auge.

## Visualisierung

Sorgen Sie sich vor dem Termin, ob alles wie geplant funktioniert? Haben Sie Stress bei der Vorstellung, sich ein Nein des Behandlers einzuholen? Seien Sie zuversichtlich! Im Vorfeld nervös zu sein hilft weder Ihnen noch Ihrem Pferd. Zudem nimmt Ihr Pferd Ihren Gemütszustand wahr, somit ist Ihr emotionales Empfinden mitbestimmend für den Verlauf des Behandlungstermins. Unterstützend können Ihnen, wie auch Ihrem Pferd, homöopathische Mittel oder Bachblüten (Rescue Tropfen) helfen. Stimmen Sie sich mental auf einen positiven Verlauf der anstehenden Behandlung ein.

Visualisieren Sie dazu im Vorfeld konkret und facettenreich den positiven Ablauf der Behandlung. Wiederholen Sie gedanklich die Trainingsschritte, die »Wenn-Danns« und motivieren Sie sich, indem Sie sich vorstellen, wie Sie und der Behandler sich am Ende der Behandlung die Hände schütteln und von ihm ein anerkennendes: »Das lief ja prima!« erhalten. Stellen Sie sich vor, wie Sie nach dem Termin Ihrem Pferd dankbar um den Hals fallen und unendlich glücklich, stolz und erleichtert sind.

## Kommunikationsweg Trainer - Pferdebesitzer

Sind Sie in der Position des Trainers und möchten Ihrem Kunden das Medical Training mit positiver Verstärkung näherbringen, stellen Sie vor dem ersten Kundentermin unbedingt folgende Punkte klar:

- Im Training wird mit viel (und ggf. kalorienreichem) Futter gearbeitet.
- Es ist kaum möglich, eine zeitliche Einschätzung zur benötigten Trainingsdauer zu geben. Das wäre »Kaffeesatz-Leserei«, denn Sie wissen nicht, welche ungeplanten Herausforderungen Ihnen auf dem Trainingsweg begegnen werden.
- Der Pferdebesitzer sollte sich auf Hausaufgaben und neue Regeln einstellen.
- Wenn das Training nicht funktioniert, liegt es selten am Tier.

Sie können bereits vorab einige Fragen abklären, um einerseits ein Bild davon zu erhalten, was Sie im Training mit diesem Kunden und seinem Pferd erwarten könnte und sich andererseits bereits vor dem Termin eine grobe Herangehensweise überlegen zu können (s. S. 64).

Eine Sichtung von Videoaufnahmen des Trainings sind immer höchst aufschlussreich.

Es ist sehr hilfreich, wenn Sie schon vor dem ersten Treffen Videos des Pferdes bei der Behandlung bzw. dem Versuch einsehen. So erhalten Sie ein deutlicheres Bild des aktuellen Trainingsstandes Ihres Kundenpferdes bzw. des Problems. Gleichen Sie die Videos auch mit den Erzählungen des Besitzers ab. Gegebenenfalls empfindet der Besitzer ein Verhalten harmloser oder auch extremer, als Sie es selbst gemäß dem Video einstufen würden. So haben Sie zwei Kanäle, die Ihnen Infos für Ihre Einschätzung liefern.

## Der erste Medical-Training-Termin

Sie sollten zunächst in Erfahrung bringen, wie der aktuelle Stand des Pferdebesitzers in puncto Training ist und inwiefern er das Medical Training selbst erlernen möchte. Nur dann können Sie ihn optimal begleiten.

Sie können Ihre Kunden in drei Kategorien einteilen und entsprechend der Empfehlung vorgehen:

**Kunden mit Clickererfahrung**

- Bringen Sie in Erfahrung, ob Ihr Kunde alles Nötige selbst lernen möchte und Sie ihn anleiten sollen oder ob er Ihnen das Training überlassen möchte.

- Weisen Sie darauf hin, dass es ggf. mehr Zeit in Anspruch nimmt, wenn Ihr Kunde selbst lernen möchte, mit seinem Pferd das Zielverhalten zu trainieren.
- Wenn Sie Ihren Kunden anleiten, scheuen Sie sich nicht davor, Dinge vorzumachen. Das hilft häufig mehr als ausschweifende Erklärungen.
- Setzen Sie Techniktraining ohne Pferd ein, um die Trainerfähigkeiten Ihres Kunden zu verbessern.

**Kunden ohne Clickererfahrung, aber mit Zeit, Geschick und Willen**

- Fragen Sie Ihren Kunden, ob er bereit ist und zeitliche Kapazitäten dafür aufbringen kann, Hausaufgaben zu erledigen.
- Trainieren Sie ¾ der Zeit selbst mit Ihrem Kunden-Pferd bis zu einem Trainingsschritt, der gut funktioniert.
- Trainieren Sie dann die restliche Zeit die Abläufe mit dem Besitzer, festigen Sie diesen bestimmten Zwischenstand.
- Wählen Sie die Hausaufgaben so, dass Sie sich sicher sein können, dass Ihr Kunde diese erfolgreich ausführen kann.
- Besonders bei Kunden ohne Vorerfahrung ist Techniktraining ohne Pferd sehr wichtig.

Jetzt sollte der geplante Griff ans Pferd unter keinen Umständen beginnen, Höflichkeit ist oberste Pflicht.

**Kunden ohne Clickererfahrung, Zeit, Geschick und Willen**

- Trainieren Sie komplett allein Ihr Kundenpferd.
- Empfehlen Sie eindringlich, dass Ihr Kunde zwischen Ihren gemeinsamen Terminen nichts unternimmt, das in Richtung Ihres Trainings geht.
- Weisen Sie deutlich darauf hin, dass sich ein Training ohne Sie negativ auf den Lernprozess auswirken kann.

## Tipp: Medical Training bildlich dargestellt

*Um zu verdeutlichen, wie das Verhalten im Medical Training geformt wird, können Sie dem Kunden drei zunächst leere Gläser nebeneinanderstellen. Jedes Glas wurde mit einem Verhalten beschriftet. Wie es auch im Training passiert, füllen Sie nun die Gläser mit Leckerlis. Möglichst wenige Leckerlis sollten in den beiden Gläsern mit dem unerwünschten Verhalten (hier: Kopfbewegungen) landen. Das Glas mit dem gewünschten Verhalten (hier: Stillhalten) wird bis zum Rand gefüllt. Aus welchem Glas möchte nun das Pferd am liebsten trinken? Natürlich aus dem vollsten. Je mehr Masse auf dem gewünschten Verhalten aufgebaut wurde (je voller das Glas ist), desto eher zeigt das Pferd das gewünschte Verhalten (desto lieber trinkt es aus dem vollsten Glas). Wenn sich etwas richtig lohnt, ist das Pferd gerne bereit, genau dieses Verhalten immer wieder anzubieten.*

## Assistiertes Training (Besitzeranleitung)

Bevor Sie gemeinsam am Pferd trainieren, machen Sie Ihrem Kunden die nötigen Bewegungsabläufe vor, zeigen Sie ihm die Übung im Trockentraining ohne Pferd (Mensch-Mensch-Übung) und unterrichten Sie ihn erst danach mit seinem Pferd. Überlegen Sie immer wieder, was die nächsten Trainingsschritte sind, die Ihr Kunde gerade braucht.

Ihr Feedback nach jeder Ausführung gibt Ihrem Kunden wertvolle Informationen, schildern Sie ihm deshalb Ihre Beobachtungen. Fragen Sie aber auch nach seinen Beobachtungen. Das gibt Ihnen wiederum einen besseren Überblick über die Fortschritte Ihres Kunden, der Ihr weiteres Vorgehen bestimmen sollte. Wenn Sie z.B. bemerkt haben, dass sich der Kopf Ihres Kunden-Pferdes zehn Zentimeter nach oben bewegt hat, heißt das nicht, dass Ihr Kunde das auch wahrgenommen hat. So schulen Sie auch seine Beobachtungsgabe. Machen Sie deutlich, woran zu erkennen ist, wenn Ihr Kundenpferd zeigt: Das ist das, wozu ich jetzt »Ja« sagen kann. Genau das sollte nun mit Fünferpäckchen gefestigt werden. Ein Hilfsmittel, um die Beobachtungs- und Reflexionsfähigkeit Ihres Kunden zu fördern, ist das Filmen einzelner Trainingssequenzen. So können Sie im Training immer wieder Unterbrechungen setzen, in denen Sie mit dem Besitzer gemeinsam das aufgenommene Video anschauen und analysieren. Das direkte Konfrontiert-Werden mit seinem Verhalten veranschaulicht dem Kunden seine Fehler und zeigt ihm außerdem, wie nützlich Videoaufnahmen sein können.

Weisen Sie Ihren Kunden darauf hin, dass im Clickertraining das aversive Korrigieren des Pferdes kontraproduktiv für den Lernprozess ist. Üben Sie seine Zurückhaltung diesbezüglich in einem Trainerspiel (Mensch-Mensch-Übung).

Nehmen Sie sich Zeit für ausführliche Erklärungen.

## Beispiel Trainerspiel »Höflichkeit trainieren ohne zu korrigieren«

***1. Durchgang***

- *Ihr Kunde spielt ein Pferd, das immer wieder seine Nase in die Futtertasche stecken möchte.*
- *Sie scheuchen es mit einem »schschsch« und wedelnden Händen von der Tasche weg.*

***2. Durchgang***

- *Ihr Kunde spielt ein Pferd, das immer wieder seine Nase in die Futtertasche stecken möchte.*
- *Sie bleiben ruhig stehen, halten die Tasche zu und passen einen Moment ab, indem Ihr »Pferd« von der Tasche ablässt, um dann mit Click und Futter zu belohnen.*

Erwähnen Sie auf jeden Fall Verbesserungen, loben Sie in richtigen Momenten und lenken Sie den Fokus Ihres Kunden so auf die bereits erzielten Erfolge. Wenn Sie zudem auch Ihr Kundenpferd loben, wird das Ihren Kunden enorm motivieren.

Berichte und Videos von anderen Fällen können Ihrem Kunden zudem verdeutlichen, dass es viele Möglichkeiten gibt, das gewünschte Zielverhalten zu erreichen und dass es sich lohnt, durchzuhalten. Auch das motiviert zum Dranbleiben und weiterem Lernen.

Ein weiterer wichtiger Punkt ist das Thematisieren des Trainingsendes. Erklären Sie Ihrem Kunden, dass im Clickertraining das Beenden der Einheit eine negative Strafe für das Pferd darstellt. Gerade hat es seine Aufgabe noch gut absolviert und im nächsten Moment hört das leckere, spannende und tolle Training plötzlich auf (s. S. 31)!

Egal, ob das Wetter schlecht oder Ihr Pferd schmutzig ist, Videoaufnahmen sind immer sehr aufschlussreich.

Ein guter Plan hilft allen weiter.

## Hausaufgaben

Geben Sie Ihrem Kunden für die Hausaufgaben eine detaillierte Beschreibung an die Hand. Das gewünschte Zielverhalten und die Bewegungen, die der Mensch machen muss, sollten genau beschrieben werden. Zeigen Sie ihm auch dazu zunächst den Ablauf, gehen Sie diesen dann mit ihm in einer Trockenübung durch und üben Sie erst dann gemeinsam am Pferd. Es ist für Ihren Kunden sehr hilfreich, wenn Sie diese Einheit mit Erklärung filmen und zur Verfügung stellen. So kann er sich immer wieder genau anschauen, worauf es ankommt.

Kommunizieren Sie deutlich, dass es für den Trainingserfolg sehr wichtig ist, dass Ihr Kundenpferd von nun an nicht mehr ohne einen akustischen Marker aus der Hand gefüttert wird. Das sollte Ihr Kunde auch allen Personen weitergeben, die mit seinem Pferd agieren. Außerhalb der besprochenen Hausaufgaben sollte mit Ihrem Kundenpferd nichts im Hinblick auf das Trainingsthema unternommen werden.

Empfehlen Sie zur Vertiefung der Kenntnisse gerne das Buch »Clickerfitte Pferde« oder »Das richtige Timing« aus dem Müller Rüschlikon Verlag und die Webinare »Höflichkeit beim Clickern« und »Ninas Basics« der Steigerwald.T Online-Academy.

# Neue Spielregeln

Je nachdem, wie viel Vorerfahrung Ihr Kunde bereits mit Clickertraining hat, könnte ihm das Einhalten der folgenden Regeln schwerfallen. Weisen Sie jedoch darauf hin, wie wichtig es für den Erfolg ist und locken Sie mit der Vorstellung, wie das eigene Pferd entspannt in der Behandlung kooperiert.

---

## Spielregeln für den Pferdebesitzer:

- *im Alltag KEIN Keks OHNE Click (ggf. Zungenclick üben)*
- *für die Trainingseinheiten der Hausaufgaben:*
  - Futtertasche deutlich sichtbar umbinden
  - bei Beenden der Einheit, Kontext ändern (Futtertasche deutlich sichtbar abnehmen, Trainingsort wechseln)
- *im Anschluss etwas anderes Schönes machen (z.B. kraulen)*
- *nicht involvierten Personen verbieten, etwas in Richtung des Trainingsthemas zu unternehmen*
- *das Pferd nicht aversiv korrigieren*

---

# Wenn Lernen nicht eintritt

Sollten Sie an einen Punkt gelangen, an dem der Kunde die gewünschte Handlung nicht ausführen kann, versuchen Sie Ihre Wortwahl zu ändern und die Erklärung anders zu formulieren. Verdeutlichen Sie das Gemeinte mit bildlichen Beispielen, indem Sie es beispielsweise vormachen. Vielleicht hilft es auch, einen Zwischenschritt zu wählen. Bewahren Sie Geduld, lächeln und atmen Sie und überlegen Sie, wie Sie Ihren Kunden dort abholen können, wo er gerade steht.

Oft braucht es lediglich einige weitere Wiederholungen, bis das Erklärte nicht nur theoretisch begriffen wird, sondern auch in die Handlungen übergeht und von Ihrem Kunden ausgeführt werden kann.

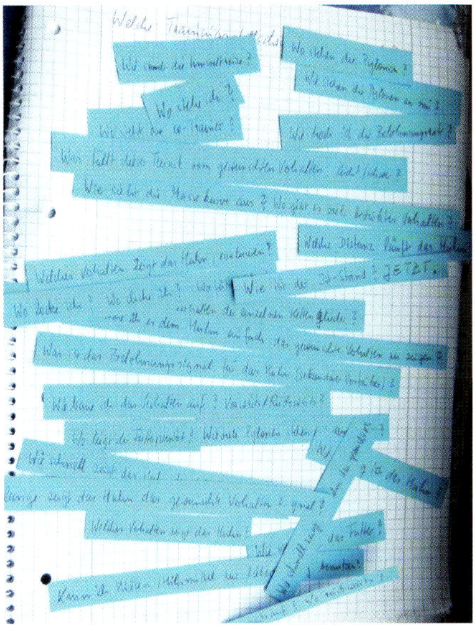

Eine Evaluierung der bisherigen Schritte leistet gute Dienste bei der Fehlersuche.

Zeigen Sie Verständnis. Verstehen ist nicht gleich entsprechend handeln – davon kann jeder Musiker oder Sportler ein Lied singen. Das Gelernte muss erst geübt und gefestigt werden.

## Im Ernstfall

Leider können eine akute Verletzung oder sonstige dringliche Umstände dazu führen, dass es zu einem Behandlungstermin kommt, während Ihr Kunden-Pferd noch nicht einhundertprozentig zuverlässig das Zielverhalten erlernt hat. Bereiten Sie Ihren Kunden darauf vor, wie im Ernstfall vorgegangen werden sollte. Sensibilisieren Sie ihn dafür, dass er auf keinen Fall die Gesundheit seines Pferdes riskieren sollte und den Behandler im Notfall auf konventionelle Weise agieren lässt (s. S. 192).



## Kommunikation Behandler -> Besitzer

Es gibt mittlerweile Hufbearbeiter, die ihre Preise nach Aufwand staffeln. So wird ein echter Anreiz dafür geschaffen, dass sich der Besitzer aktiv um eine Verbesserung des Trainingszustands bemüht. Höhere Kosten fallen in den Lernbereich der negativen Verstärkung: Der Kunde möchte dies vermeiden und beginnt deswegen mit Training. Wie noch können Sie als Schmied oder Therapeut Ihren Kunden nahebringen, dass es nicht nur in monetärer Hinsicht lohnenswert ist, sich um die Lösung des – meist offensichtlichen – Problems zu kümmern?

Meist ist es schlichte Unwissenheit über die Möglichkeiten, Verhalten über Training zu verändern. Allzu oft wird die Ursache in der »dominanten« Persönlichkeit des Pferdes gesehen. Klären Sie darüber auf, dass jedes Pferd mit den entsprechenden Konsequenzen kooperatives Verhalten lernen kann. Es gibt immer mehr Trainer, die sich in diesem Bereich fortbilden und hilfreich bei der Lösung des Problems zur Seite stehen können. Erzählen Sie von erfolgreichen Beispielen und verweisen Sie auf dieses Buch.

## Fazit

**Je mehr Menschen, die mit Pferden zu tun haben, von den Möglichkeiten des Medical Trainings erfahren, desto einfacher wird die Kommunikation über das gemeinsame Ziel »Pferdewohl«.**

Rein logische Argumente können nur greifen, wenn irgendein Empfangsbereich bereits dafür da ist. Der Mensch bleibt jedoch mit Vorliebe bei dem, was er kennt und was er gewohnt ist, es sei denn, persönliche Erlebnisse verändern seinen Horizont.

> »Wenn du möchtest, dass Menschen ein Schiff bauen, lehre sie die Sehnsucht nach dem weiten, endlosen Meer.«
>
> *Antoine de Saint-Exupery*

Seien Sie deshalb nicht missionarisch, sondern berichten Sie von positiven Erfahrungen mit dem Medical Training und wie schön es ist, ein vertrauensvoll kooperierendes Pferd zu behandeln.

**Wir wünschen allen Pferden und ihren Menschen ein harmonisches Miteinander!**

- Pferdephysiotherapeutin
- Heilpraktikerin für Psychotherapie
- ***TOP-Trainerin der Tierakademie Scheuerhof
- Autorin

# NINA STEIGERWALD

Nina Steigerwald ist für viele untrennbar mit dem Begriff »Pferdewippen« verbunden. Als gelernte Therapeutin für Menschen hat sie sich während ihrer Arbeit als Pferdephysiotherapeutin auf die Suche nach präventiver Arbeit für Pferde gemacht. Durch das Clickertraining entdeckte sie Wege, Pferden einzelne und gezielte Bewegungen beizubringen. Gemeinsam mit ihrem Mann entwickelte sie unterschiedliche Geräte, die kombiniert als »True Horse Agility« Kopf und Körper schulen. Auf der Equitana und anderen Pferdeveranstaltungen tritt sie mit ihrem Team auf.

Sie lebt mit ihrer Familie auf einem Hof in Niedersachsen. Vier Ponys genießen dort auf einem Paddock Trail mit einem Kilometer Laufwegen ihr Leben, hinzu kommen Hunde, Schafe und viele Hühner.

Sie besucht regelmäßig Fortbildungen bei Viviane Theby und Tiertrainern, wie z.B. Bob Bailey, Parvene Farhoody und Ken Ramirez und ist selbst ***TOP Trainerin der Tierakademie Scheuerhof. Sie ist Autorin von Fachartikeln, Büchern und DVDs über Clickertrainig, u.a. »True Horse Agility«.

Seit 2014 unterrichtet sie Tiertrainer aus allen Sparten mit dem Konzept der Chicken-Camps in operanter Konditionierung. Auf Hof Steigerwald finden verschiedene Ausbildungen statt: Der »Trainingsspezialist Pferd«, der Steigerwald.T-»Wippentrainer« und der Steigerwald.T- »Medical Trainer« verhelfen vielen Menschen zu einer feineren Kommunikation mit dem wunderbaren Wesen Pferd.

**www.steigerwald-t.de**

# Danke

Mein Dank geht an viele großartige Menschen. Wieder einmal hat Claudia König vom Müller Rüschlikon Verlag mir mit einem neuen Thema eine Chance gegeben und mich tatkräftig unterstützt. Das wunderbare Layout kommt aus der Hand von Nicola van Ravenstein.

Ich danke meinen Wegweisern in die Welt der positiven Verstärkung, Katja Frey und Viviane Theby, für ihre bis heute andauernden, inspirierenden Impulse. Die Mitglieder der Tierakademie Gemeinschaft und der TOP-Trainer sind ein stetiger Ansporn, meine Fähigkeiten zu verbessern. Mich freut es besonders, dass dieses Buch von den TOP-Trainern (www.toptrainer-net.) empfohlen wird. Diese Gruppe von engagierten Trainern aus allen Sparten haben sich auf die Fahnen geschrieben, effektives und tierfreundliches Training noch mehr zu verbreiten.

Meinen Eltern danke ich dafür, dass sie mir den Glauben an die Möglichkeiten des eigenen Potenzials mitgegeben haben und meinem wunderbaren Mann für seine Geduld, Gelassenheit und Unterstützung.

Annette Pedersen (www.zoo.dk) bin ich dankbar für ein stetes Wirken für einen tiergerechten Umgang durch beständige Trainerfortbildung und Rebecca Pflug (www.rebecca-pflug.de) für ihre Einblicke in die Arbeit als Pferdedentistin.

Den Teilnehmern der Ausbildungsgruppen danke ich für ihr Engagement für mehr Pferdewohl und allen Pferdebesitzern und Schülern dafür, dass sie neue Wege im Umgang mit Pferden gehen.

Allen Pferden danke ich für ihre Einzigartigkeit und für das, was ich von ihnen lernen durfte.

Ich danke Samantha Krost-Reuhl (www.medizinpropferd.de) für ihre Einsichten in den tierärztlichen Pferdepraxisalltag und die kompetente Mitarbeit beim Ausbildungsprojekt.

Ein riesengroßer Dank geht an alle Damen aus dem Buch-Team, die mich unermüdlich und unter Zeitdruck beim Schreiben, Sichten und Korrigieren unterstützt haben:
Regine Witten (www.plus-r-pferdetraining.de)
Dorothea Jahn (www.click-by-click.de)
Dr. Sarah Pöthig (www.clickclackglueck.de)
Gwendolyn Schubert (www.clickerlabor.com)
Jaclyn Wollscheid (www.jawollvplus.wordpress.com)
Carina Prantl (www.medicaltrainingpferd.jimdofree.com)
Ann-Kathrin Raile und Svea Sigwart

*Ihr seid großartig!*

Besonders dankbar bin ich der Fotografin Maike Klein (www.maike-klein.de) für ihr professionelles Auge und ihre Kreativität, kombiniert mit Einsatzbereitschaft und Begeisterung für Medical Training.

# Stichwortverzeichnis

Pferd
Trainings-
spezialist
Nina Steigerwald

# Zum Weiterlesen

Jana Ebinger, Katja Frey, Viviane Theby: **Das richtige Timing – bei der Bodenarbeit und beim Reiten**, Müller Rüschlikon, Stuttgart 2017

Dr. Dorothea Johnen: **Blutabnahme beim Hund trainieren: Mit Medical Training entspannt zum Tierarzt**, Easy Dogs 2020

James E. Mazur: **Lernen und Verhalten** (Pearson Studium – Psychologie), Pearson Studium 2006

Ken Ramirez Animal Training: **Successful Animal Management Through Positive Reinforcement**, Corpus Publishing Limited 2019

Nina Steigerwald: **True Horse Agility: Gymnastizierung mit Spaß und Schwung**, Müller Rüschlikon, Stuttgart 2019

Viviane Theby, Katja Frey, Nina Steigerwald: **Clickerfitte Pferde – Gesund, geschickt und gut erzogen**, Müller Rüschlikon, Stuttgart 2015

Viviane Theby: **Verstärker verstehen: Über den Einsatz von Belohnung im Hundetraining**, Kynos, Nerdlen 2018

Viviane Theby: **Pferde gymnastizieren mit dem Clicker**, Müller Rüschlikon, Stuttgart 2014

Viviane Theby: **So lernen Pferde**, Müller Rüschlikon, Stuttgart 2014

# Bildnachweise

**Felix Ebinger:** S. 35 rechts, 47, 62, 219 oben; **Karen Frost Knudsen:** S. 75, 266 oben; **Joost Harenborg:** S. 282; **Michaela Hares:** S. 18; **Maike Klein:** S. 8, 10, 11 oben, 14, 16, 19 unten, 20, 26 oben, 27 oben, 29 oben, 30, 31, 32, 37, 38 oben, 41 oben, 42 unten, 44, 49, 50, 51 oben, 56, 57 links, 60, 67, 69, 71, 84, 86, 87 oben, 89, 90 links, 91, 92, 93 unten, 94, 95, 96, 98, 100, 103, 104, 106, 108, 109, 110, 111, 112, 113, 118, 119, 121, 120, 122, 125, 128, 129 unten, 130, 134, 136, 137, 140, 141 oben, 142, 144, 145, 146 links, 148, 153 links, 154, 159 unten, 162, 164, 169, 172, 174, 178, 180, 183, 187, 188 oben, 191, 194, 195, 196, 197, 200, 203, 204, 205 unten, 209, 210, 212, 215, 217, 219 unten, 220, 221, 223, 224, 226, 227, 229, 231, 232, 234, 235, 236, 237, 238, 239, 240, 241, 242 unten, 244 unten, 245, 246, 247, 248, 249, 250, 251, 252, 254, 255, 256, 260, 264, 266 unten, 267, 268, 271, 273, 278, 284; **Samantha Krost-Reuhl:** S. 7, 19 oben, 156 oben, 171, 186; **Claudia Mühlenweg:** S. 13. 46, 52, 78; **Annette Pedersen:** S. 4, 6, 23 oben; **Conny Roth:** S. 214; **Nina Steigerwald:** S. 11 Mitte, 11 unten, 12, 15, 21, 25, 27 unten, 29 unten, 35 links, 36, 38 unten, 40, 41 unten, 42 oben, 43, 45, 48, 51 unten, 53, 57 rechts, 58, 59, 65, 66, 72, 74, 80, 81, 82, 83, 90 rechts, 93 oben, 97, 101, 105, 114, 115, 117, 123, 126, 129 oben, 131, 132, 138, 139, 143, 146 rechts, 149, 150, 151, 153 rechts, 159 oben, 161, 165, 167, 173, 176, 177, 179, 181, 185, 188 unten, 190, 192, 201, 202, 205 oben, 206, 242 oben, 244 oben, 253, 257, 259 unten, 261, 269, 274, 275, 276, 277, 279, 281; **Viviane Theby:** S. 23 unten, 26 unten, 55, 73, 87 unten, 99, 107, 127, 133, 141 unten, 156 unten, 208, 222, 228, 258, 259 oben

STROHM
Hufbeschlagartikel
Ihr Partner für Hufbeschlag & Hufbearbeitung
Die Hufe Ihrer Pferde liegen uns am Herzen. Wir verfügen über ein umfangreiches Sortiment an Hufeisen, Hufnägeln und Werkzeugen namhafter Hersteller sowie speziellem Hufschmiedebedarf wie Ambosse, Gasöfen und Maschinen.
Alles für Hufbeschlag und Hufpflege unter einem Dach
Andreas Strohm GmbH & Co. KG · Ikarusstr. 26 · 40474 Düsseldorf · Germany
Tel.: +49 (0)211 - 650 40 80 · E-Mail: info@strohm.de · www.strohm.de · www.hufschuhe.de

Die gesunde Belohnung
getreide- und melassefrei
WÖLBCHEN BUSSI
Der kleine Leckerbissen
WIESENBUSSI
Der schmackhafte Belohnungswürfel
Unser Expertenteam berät Sie gerne. Online: www.agrobs.de · Telefon: 08171.9084-600
AGROBS®
Das Alpenvorland im Futtersack!